우유 한잔의 과학

들어가며...

'우유 한잔의 과학'을 출판하며

식문화적으로 보면 유즙은 건조하고 서늘한 기후에서 살아가는 사람들이 주식처럼 이용하는 식품이다. 강우량이 부족하여 쌀농사가 거의 불가능한 서아시아 지방에서 시작된 유목생활은 비가 적고 서늘한 유럽으로 전파되어 목축업으로 크게 발전하였고, 우유는 육류와 함께 그들의 중요한 식품이 되었다. 우리의 식생활에서 빼놓을 수 없는 밥과 된장국처럼 서양 사람들은 빵과 우유를 먹고 살아왔다고 해도 과언이 아니다. 그들에게 우유는 신이내린 천록의 식품으로 조상 대대로 이용하여 왔다. 서양 사람들의 체격이 우리보다 크고 체력이 강인한 것은 빵과 우유 그리고 고기를 주식으로 해온 그들의 식습관 때문이라 해도 부인할 사람은 별로 없을 것이다.

필자는 얼마 전 호주 및 뉴질랜드의 낙농산업을 둘러보고 돌아왔다. 드넓은 초지위에서 한가롭게 풀을 뜯고 있는 젖소들의 모습을 보면서 국토가 비좁은 우리의 낙농 현실이 얼마나 열악한지 실감할 수 있었다. 약 35조에 달하는 국내의 농업생산액 중에서 축산업은 11조 3천억원이나 차지하는 중요한 산업임에도 불구하고 우유를 생산하는 낙농가 수는 1998년 이후부터 폐업하는 농가가 많아져 이제는 7,000여 가구까지 줄었고, 그동안 눈부시게 발전해 왔던 유가공 산업도 성장이 정체된 한계산업으로 생각하는 사람들이 많다. 철저한 방목 위주의 경영을 하는 낙농선진국들은 농후사료에 의존하는 우리나라에 비해 국제곡물가의 등락에 따른 영향이 적고, 젖소의 경제수명이 길며, 요즘 국제적 이슈로 부상하고 있는 동물복지 문제도 심각하지 않다. 이들 낙농국가에서 생산된 고급 유제품이 자유롭게 국내시장을 점령한다면 국내 유가공산업은 과연 살아남을 수 있을까?

지난 60년대만 하더라도 낙농산업은 농업의 패러다임을 바꾸는 기회였다. 특히 낙농산업을 육성한 덕택으로 가난과 궁핍에 벗어나는 계기를 마련하였다고 말하는 사람들이 주변에는 많다. 그러나 보릿고개에 허덕이던 시절에는 영양이 듬뿍 들어있는 최고의 완전식품으로 회자되던 우유가 포식시대인 오늘에 와서는 건강을 해치는 기피식품으로 심지어는 독소로 혹평되는 지경에 이르게 되었다. 극히 일부의 학자들이 포함된 우유반대론자들은 국제적으로 활동하면서 우유 및 유제품의 영양학적 진실을 왜곡하고, 육류 및 우유의 과잉섭취에 따라 생길 수 있는 건강상의 문제를 우유가 범인인 것처럼 소문을 내고 있다. 듣기만 해도 끔찍한 제목의 외국서적이 번역되어 팔리고 있는 것을 보면 마음이 무겁고 걱정스럽기 짝이 없다.

그래서 오랫동안 우유와 관련된 학문을 강의해 왔던 몇 명의 학자들이 뜻을 모아 '유과학연구회'를 결성하였고, 건강과 우유의 섭취를 걱정하는 대중들에게 우유 및 유제품의 식품학적, 영양학적 진실을 알리는 책을 써야겠다고 결의를 하였다. 솔직히 대학교수들이 집필한 책이라서 대중들이 읽기에는 부담스러운 현학적인 내용과 표현들이 있음을 송구스럽게 생각한다. 필자들은 인간이 우유를 이용하게 된 유구한 역사적 기록을 찾고 현대의 눈부신 과학으로 연구된 학술논문과 자료들을 수집, 정리하여 본 도서를 출판하게 되었다.

학문적 깊이가 일천하여 이 책이 우유의 건강 증진 효과를 충분히 기술하지 못한 점을 너그럽게 이해하여 주기 바라며, 아무쪼록 우유에 대한 왜곡된 정보를 바로잡고 진실을 알리는 길잡이로 이용되기 바란다.

본 도서가 출판되기까지 바쁘신 중에도 불구하고 원고를 집필하여 주신 여러 교수님들의 노고에 감사드리며, 어려운 여건에도 흔쾌히 출판을 허락하신 주식회사 드림디앤디 최영안 사장님 이하 직원 여러분 그리고 낙농자조금관리위원회의 지원에 대하여 심심한 감사의 말씀을 드린다.

2010. 4

저자대표 연세대학교 교수 윤성식

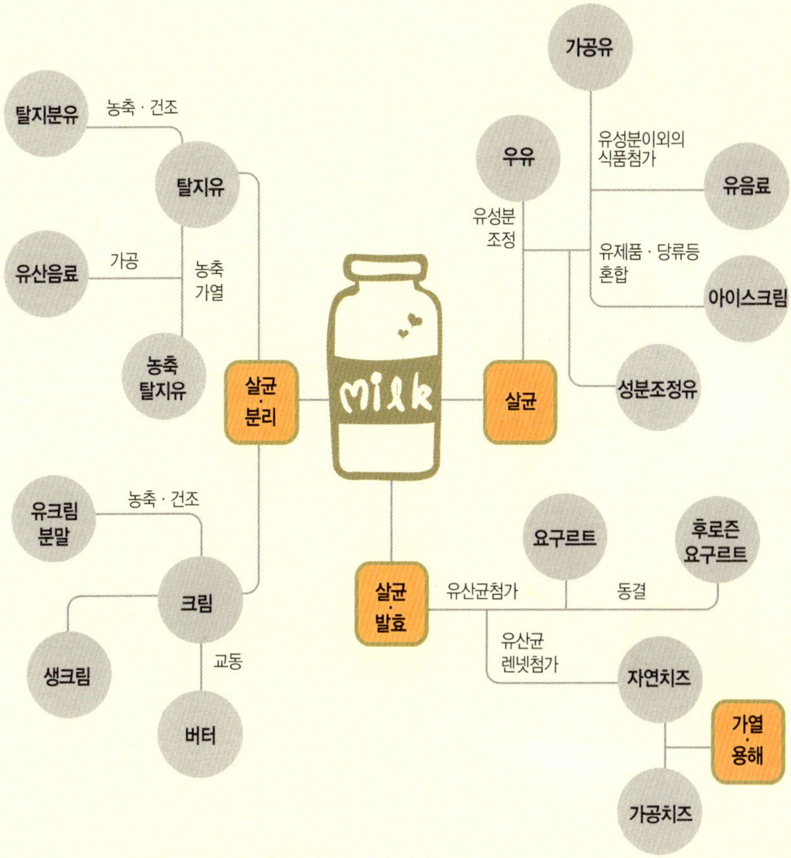

▲ 우유를 이용한 각종 유제품 지도

| CONTENTS |

우유 한잔의 과학

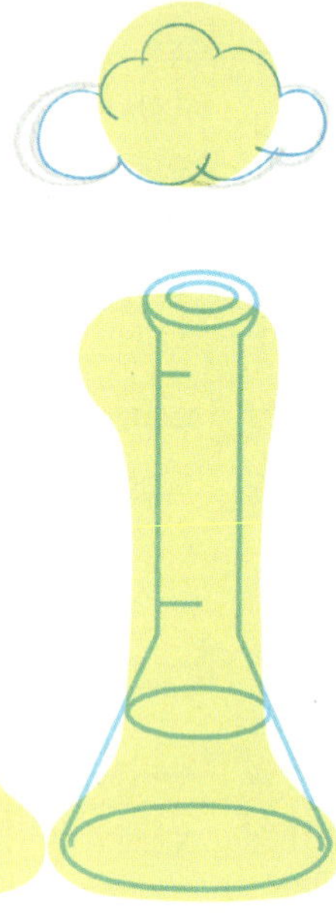

01.

정충일

| 유가공학 |

현 한국 낙농유가공기술원 원장

주요약력 건국대학교 축산대학 교수
서울우유 공장장, 생산 상무

저 서 우유 · 유제품 미생물학(유한문화사)
축산식품미생물학(유한문화사)

제1장

인류의 역사와 함께해 온 우유

- 인간은 언제부터 우유를 마시기 시작한 것일까
- 우리나라의 우유와 관련된 역사적 고증
- 낙농근대화로 우리나라에 대중화 된 우유
- 우유는 인류의 건강에 크게 공헌해 왔다

⊙ 우유는 대략 기원전 4,000~6,000년 경 부터 인류의 식품으로 이용되었다.

⊙ 동의보감에는 '우유죽을 항시 복용하면 노인에게 가장 좋다' 라고 기록되어 있다.

⊙ 청소년시기의 올바른 식생활 습관은 평생 건강을 좌우할 만큼 중요하며, 우유의 학교급식은 자라나는 아이들에게 우유와 친근해지도록 하는 아주 바람직한 방법으로 각국의 연구조사결과에 따라 권장되고 있다.

⊙ 골다공증 예방에는 칼슘함량이 높고, 칼슘흡수에 도움이 되는 여러 성분들이 함께 들어 있는 우유가 최적이라는 사실이 많은 연구조사 결과에서 확인되고 있다.

인간은 언제부터 우유를 마시기 시작한 것일까?

우유는 아주 오랜 옛날부터 인류에게 영양을 공급해 주는 귀한 식품으로 이용되어 왔으며 그 역사적인 기록은 많은 곳에서 발견되고 있다. 인류학자들에 따라 인류가 우유를 식품으로 이용하기 시작한 연대에 대해서는 다소 차이가 있으나 대략 기원전 4,000~6,000 년경으로 추정되고 있다.

현재까지 문헌이나 고대 유물에서 발견된 것들을 종합해 보면 기원전 6,000년경으로 추정되는 스위스 누샤텔지역에서 발견된 질그릇 조각이 우유와 관련된 가장 오래된 기록으로 알려져 있다. 이 질그릇은 당시의 사람들이 치즈를 만들면서 유청과 커드를 분리할 때 사용했던 그릇으로 밝혀졌고 유프라테스Euphrates계곡 근처에서 발견된 벽화에서도 기원전 3,000경의 우유와 관련된 선조들의 생활상이 그려져 있다. 또한 기원전 3,000년경으로 추정되는 구약성경 출애급기를 보면 유대인의 이상향인 가나안을 '젖과 꿀이 흐르는 땅' 으로 표현, 우유를 언급하고 있으며 기원전 2,000년경 바비로니아에서는 암소를 숭배하고 에집트에서는 우유를 '풍요의 여신' 으로 받들었다는 역사적 사실이 확인되었다.(9)

이러한 사실로 미루어 보아 우유를 최초로 이용한 지역은 지금의 중동지방이며 이 지역을 기점으로 인접하고 있는 유럽지역에 널리 전파되었으리라고 추정된다. 또한 기원전 400년 경, 의학의 아버지라 불리는 히포크라테스도 우유를 가장 완전한 식품이라고 기술하였으며 13세기경에는 몽고의 징기스칸이 아시아를 정복하고 유럽까지 영토를 확대하면서 병사들에게 '건조유(乾燥乳)' 를 휴대케 하였다고 한다.(1)

오늘날에 와서 우유는 특히 서양인들에게 종교적, 사회적으로 신(神)의 영감(靈感)을 받아 인간을 위해 특별하게 만들어진 '거의 완벽에 가까운 자연식품' 이라는 인식이 마음속에 자리 잡고 있으며 특히 자라나는 어린이들에게는 필수적으로 우유를 먹여야 한다는 신념이 확고하게 서 있다.

영국의 엘리자베스 여왕은 '우유는 신이 주신 가장 고귀한 선물이다' 라고 극찬한바 있으며 처칠수상도 '우리가 할 수 있는 가장 안전한 투자는 2세들에게 우유를 마시게 하는 것이다' 라고 말할 정도로 우리 식탁에서 빼 놓을 수 없는 중요한 식품으로 인정을 받고 있다.

1929년에 존스홉킨스대학의 영양학자인 맥콜럼 박사는 인류 영양을 위한 우유의 가치를 인정하고 '우유와 유제품을 충분히 먹고 산 민족은 건강한 신체로 장수를 누리고 있으며 특히 유아 사망률이 낮고 경제적 · 예술적 · 과학적으로 많은

발전을 이룩하였다' 라고 주장한 바 있다.

이러한 우유의 이용은 역사적으로 인류를 번영시킨 원동력이었다. 실제로 국민의 평균수명이 70세 이상이고 세계의 문화와 과학을 지배하는 거의 모든 나라들의 연간 1인당 우유 소비량이 100kg이상인 반면, 평균수명이 50세 이하인 후진국 국민의 우유 소비량은 극히 낮은 수준에 머무르고 있다는 사실로도 어느 정도 우유가 그 나라 국민의 건강과 얼마나 밀접한 관계가 있는가를 짐작할 수 있다.

이와 같이 서구에서는 오래전부터 우유와 유제품을 영양식품으로써 유아와 환자의 생명을 유지시켜주고 영혼과 육체를 발달시켜 주는 하늘의 식품으로 받아들였으며, 신에게 바치는 신성한 제물로 이용하여 왔고 우유생산량에 따라 그들의 번영과 풍요를 확인하였다.

19세기 중반에 들어오면서 영양학의 발달과 함께 우유는 인간에게 필요한 거의 모든 영양소들을 골고루 함유하고 있다는 사실이 과학적으로 증명되면서 우유의 생산과 소비는 크게 늘어나게 되었다.

우리나라의 우유와 관련된 역사적 고증

02

우리나라에서 우유와 관련된 역사적 고증은 삼국유사, 고려사, 이조실록 등에서 찾아 볼 수 있다.

백제 의자왕 때 복상이라는 사람이 일본에 건너가 당시 효덕천왕에게 유락(乳酪)을 만들어 바쳤다는 내용이 삼국유사에 기록되어 있으며, '고려사' 에는 우왕 때 국가상설기관인 '유우소(乳牛所)' 라는 목장을 설치하여 왕실과 귀족 등 높은 지위를 가진 사람들이 우유를 마셨다고 기록하고 있다. 또한 이러한 유우소는 조선시대에도 그대로 이어져 이곳에서 생산되는 우유는 왕의 진상품으로 특별히 관리되고 귀히 여겼다는 사실을 이조실록에서 확인할 수 있다.

또한 조선 순조 때 학자 홍석모가 지은 세시풍속서 '동국세시기' 에 의하면 궁중 내의원에서 우유를 타락죽(駝酪粥 : 찹쌀에 우유를 넣고 끓인 죽)으로 만들어 임금과 신하들에게 나누어 주었다는 기록이 나온다.

'조선왕조실록' 에는 인종 1년 신하들이 "주상의 얼굴빛이 초췌하고 잠을 주무시지 못하며 심기가 답답하고 열이 나서 때때로 놀라고 두근거리신다고 하니, 다른 의약은 효험이 없고 타락은 심열을 제거할 수 있으니 타락을 드시라"고 청하는 장면이 기록되어있다. 숙종 때는 아무리 지위가 높아도 왕이 특별히 하사한 낙죽(우유죽)이외에는 먹지 못하도록 한 기록 등을 찾아 볼 수 있다.

'승정원일기'에는 고종 38년, 타락죽에 들어갈 우유를 진상하지 못한 담당 관리를 면직하고 관련자를 모두 처벌해야 한다는 상소에 고종이 이번에는 특별히 용서한다는 기록도 있다.

이처럼 그 당시 우리나라에서는 왕이라 해도 우유를 아무 때나 마실 수 없을 만큼 귀했으며 특별한 날이나 몸이 아플 때만 먹는 보양식이었다. 조정 대신들도 동짓날 같은 특별한 날에만 임금이 하사한 우유를 맛볼 수 있었다. 보통 해마다 10월 그믐부터 정월까지 내의원에서 우유를 넣은 음식을 만들어 신하들에게 나눠 주었다고 한다. 이와 같은 사실을 살펴볼 때 우리나라에서도 오래전부터 우유를 왕족이나 고위관리들의 보신과 보양 목적으로 이용하였음을 알 수 있다.

한편, 우리나라 의학 문헌에서 '우유는 구토와 구역질을 다스리고 대장을 좋게 하여 황달을 없앤다' (본초강목), '우유는 허약한 몸을 보하고 갈증을 덜어준다' (명의별록), '우유죽을 항시 복용하면 노인에게 가장 좋다' (동의보감) 라고 전하고 있다.(5)

낙농근대화 정책으로 우리나라에 대중화 된 우유

이처럼 높은 신분의 사람들의 귀한 영양식 또는 의약품으로 사랑을 받아 오던 우유가 일반인들에게까지 알려지기 시작한 것은 1902년 구한말 농상공부 기사로 근무하던 프랑스인 쇼트가 홀스타인 젖소를 국내에 들여오면서부터였다. 그 후 선교사들이 자가 소비용으로 젖소를 1~2두씩 들여오면서 우유가 왕실의 테두리를 벗어나 일반 대중들도 이용하게 된 계기가 되었다. 따라서 우유가 일반대중에게 이용되기 시작한 것은 최근 100년간의 일이라 할 수 있다.

일제 강점기의 낙농은 일본인 소비자들을 위한 일본인들의 전유물(專有物)이었다. 일본인 거주자가 늘어나면서 젖소의 두수는 1910년에 452두에 달했으며 그 후 총독부의 정책적인 지원으로 젖소두수가 계속 증가하여 해방직전인 1944년에는 2,661두까지 늘어났다.

1937년 7월 조선총독부 고시 제 573호로 설립인가를 받아 경성우유동업조합(현 서울우유협동조합의 전신)이 탄생되었으며 이것이 우리나라 최초의 근대식 우유처리장의 효시라고 볼 수 있다. 초창기 경성우유동업조합의 1일 우유처리량은 2톤 정도에 지나지 않았으나 그 당시 자가소비 수준에 머물고 있던 우유를 상업적으로 제품화하여 경성(현재 서울)지역 소비자들에 배달하게 된 첫 시발이라고 할 수 있다.

그 후 우리나라에서 낙농업의 근대화가 이루어진 것은 1961년 제1차 경제개발 5개년 계획에 의한 축산진흥정책이 수립되면서부터였다. 이러한 계획에 따라 매년 1,000여 두의 젖소를 외국으로부터 들여와 농가에 축산을 장려하면서 젖소의 사육두수는 급속한 증가를 보였고 이와 더불어 국민소득 증가에 따른 식생활 개선 등으로 우유소비도 크게 늘어나 우리나라의 낙농산업 발전에 큰 원동력이 되었다. 2009년 말 현재 우리나라의 젖소 사육두수는 44만 두에 이르며 연간 220만 톤의 우유를 생산하기에 이르렀다.

우유는 인류의 건강에 크게 공헌해 왔다

신생아(新生兒)와 우유

모든 동물의 갓 태어난 새끼에게는 어미의 젖보다 더 좋은 것은 없으며 갓 태어난 새끼는 모든 장기의 발달과 소화능력이 미숙하기 때문에 산후 최초 몇 개월간은 자기 어미의 젖 이외에 다른 동물의 젖을 먹이는 것은 여러 가지 부작용이 따를 수 있다. 따라서 인간의 갓난아기에게는 모유가 최상의 식품인 셈이다.

특히 출산직후 약 2주간 나오는 모유는 초유(初乳)라 하여 각종 영양성분 외에 질병에 대한 저항력을 길러주는 락토페린lactoferrin 등 특수 면역물질을 많이 포함하고 있기 때문에 가급적 초유를 먹이는 것이 바람직하다. 현재 세계보건기구를 비롯하여 많 은 나라에서 적어도 태어나서 6개월까지 반드시 모유를 먹일 것을 권장하고 있다.

그러나 어린 아기가 어느 정도 다른 식음료를 소화흡수 할 능력을 갖추게 되는 시기(6개월 이후)가 되면 모유만으로는 영양공급에 한계가 있어 여러 종류의 이유식이나 과즙 등으로 필요한 수분, 지질, 단백질, 탄수화물, 미네랄, 비타민 등을 보충해 줄 필요가 있다.

모유를 대신하여 갓난아기에게 분유를 먹이는 이유는 무엇일까? 모유와 우유의 비교는 2장에서 자세히 설명하고 이곳에서는 우유의 특징만을 간단히 알아본다.

무엇보다 먼저 우유에는 세포의 성장을 촉진하는 성분들이 있어 감염 후 조직의 손상을 회복시키는데 유효하다는 것이 많은 실험을 통해 확인되고 있다. 사람의 질병을 일으키는 로타바이러스 감염의 경우 우유단백질이 생체방어의 기능을 지니고 있음이 실험적으로 입증되었고 따라서 다른 병원체에 대해서도 우유단백질이 생체 방어적 기능을 갖고 있을 가능성은 충분히 있다. 우유에 함유된 락토페린, 락토페록시다제, 라이소자임 등의 성분이 세균증식을 억제한다는 사실은 이미 잘 알려져 있으며 이러한 성분들이 세균성 질병에 대한 생체 방어적 기능을 나타내고 있다.

또한 우유를 마시면서 나타나는 몇 가지 단점으로는 유당불내증lactose intolerance과 우유알러지가 있다.

우유알러지는 신생아나 어린이들에게서도 간혹 나타나고 있는데 이러한 증상은 우리가 자주 먹는 계란, 콩, 땅콩, 새우, 게 등과 같은 고단백질 식품일수록 자주 발생하는 현상이기도 하다. 갓난아기의 경우 모유이외의 다른 식품을 이물(異

物)로 간주하기 때문에 우유를 먹일 경우 알러지반응이 나타 날 수도 있다. 우유는 다른 식품에 비해 가장 이물성이 적은 편이긴 하지만 그래도 우유에 대한 알러지반응을 보일 경우에는 병원에서 간편하게 알러지검사를 하여 개개인의 특성에 따라 적절한 음식을 선택하는 것이 바람직하다.

성장기 어린이를 위한 우유

초등학생 때부터 중, 고등학생의 시기는 일생 중 신장 및 체중증가가 가장 왕성하게 이루어지는 기간으로 이 때 몸에서는 충분한 영양섭취를 요구한다. 특히 이 시기에 우유섭취가 더욱 중요해지는 이유는 신체가 성장하는데 필요한 단백질, 지질 이외에 칼슘의 주요 공급원으로 우유를 대처할 만한 영양식품이 별로 없기 때문이다. 특히 하루에 필요한 칼슘요구량은 800 ~ 900mg 으로 일생 중 가장 높아지며 이 때 칼슘을 충분히 섭취해야 평생 튼튼한 골격을 유지할 수 있다.

실례로 일본낙농유업협회에서 고교생을 대상으로 이들이 중학생 때 섭취한 우

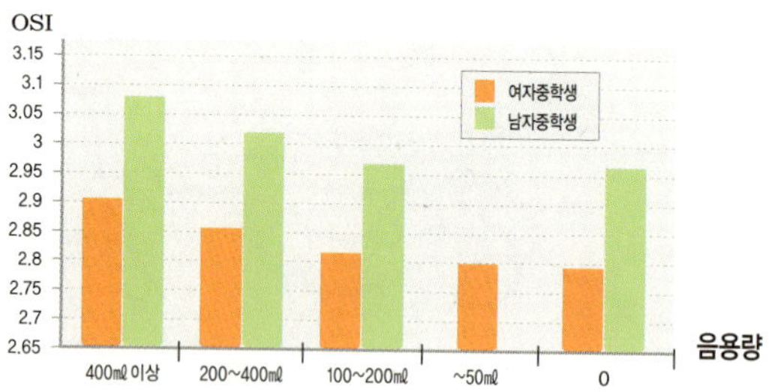

(그림 1) 중학생시기의 우유섭취량에 따른 골질량(2005) 《2005년 일본낙농유업협회 조사자료》

OSI : AOS-100이라는 초음파를 이용하여 발꿈치의 골량을 조사하는 방법으로 초음파의 투과속도(SOS)와 투과지표(TI)를 측정하여 2가지의 지표에서 음향적 골 평가치(OSI)를 산출한 것임.

유의 양에 따른 골질량(骨質量)과의 관계를 초음파를 이용하여 조사한 결과(그림1) 우유섭취량에 비례해서 골질량이 증가하고 운동에 의해 골질량이 증가하는 상승효과가 나타났음을 알 수 있다.[8]

중국 국립 영양연구소도 2002년 도시지역과 시골지역의 3~6세 입학 전 어린이의 우유 섭취량과 키와 몸무게에 대한 상관관계를 조사하였는데 도시지역 어린이들은 평균 46.9%가 농촌지역의 어린이들은 8.2%가 우유를 섭취하고 있으며 우유와 유제품을 많이 섭취한 지역의 어린이일수록 키와 몸무게가 훨씬 컸던 것으로 나타났으며 2009년 국내에서 실시한 연구에서도 우유섭취량이 낮은 아이들의 골밀도가 상대적으로 낮은 것으로 조사됐다.[3,4]

이와 같은 결과를 살펴보더라도 이 시기에 올바른 식생활 습관을 갖고 충분한 영양섭취를 한 아이는 평생 동안 건강하게 사는데 커다란 도움이 되고 있다는 사실이 확인된다. 따라서 우유의 학교급식 실시는 자라나는 아이들에게 우유를 마시는 일에 친근해지도록 하는 방법이며 아울러 평생건강을 위해 매우 바람직한 일이라 할 수 있다.

우유는 성인을 위한 건강식품

우유는 성장기 어린이뿐 만 아니라 성인에게도 필요한 중요한 식품이다. 우유의 칼슘과 비타민 B_2 등은 쌀을 주식으로 하는 우리나라의 식생활에서 부족하기 쉬운 영양소이며 또한 동물성보다는 식물성 식품을 주로 섭취하는 우리에게는 영양보충 및 개선에 효과적인 식품이라 할 수 있다.

2007년 국민건강영양조사보고서(보건복지부)에 따르면 우리나라 국민 1인당 하루 칼슘 평균섭취량은 461.8mg으로 한국인 영양권장량의 63.4%에 머무르고 있으며 이중 흡수율과 체내 이용률이 높은 낙농제품의 섭취율은 20%에 불과하고 59.0%는 다른 식물성식품을 통해서 섭취하고 있는 것으로 조사됐다. 칼슘은 모든 연령대에서 권장수준의 75% 미만을 섭취하는 것으로 나타났는데 특히 만 12~18세 청소년과 만 65세 이상 노인의 평균섭취량은 권장량의 50% 미만인 것으로 나타났다.

우리나라에서의 우유섭취량은 아동기에는 비교적 높으나 성인기나 노년기로 가면서 섭취량이 현저히 낮아지며 50세 전후가 되면 그 섭취량은 매우 낮아지고 있다. 이러한 결과는 '우유는 어린애들이 마시는 것' 이라는 그릇된 고정관념과 성인은 '우유 섭취에 의해 혈중 콜레스테롤 수치가 증가' 한다거나 또는 '우유를 마시면 속이 불편하다' 는 등의 이유로 우유섭취를 꺼리는 경우가 많기 때문으로 유추할 수 있다.

그러나 실제 국내에서 행해진 연구결과들을 종합해 보면 대체로 하루 1잔(200mL) 정도의 우유를 천천히 씹듯이 마시거나 약간 데워서 조금씩 마시는 연습을 계속하면 무리 없이 마실수 있음이 확인 되었다. 이 정도의 우유를 꾸준히 섭취할 경우 그렇지 않은 경우에 비해 오히려 유익한 콜레스테롤인 혈중 HDL 콜레스테롤 수치를 높여 관상동맥심장질환에 유익한 효과를 기대할 수 있는 것으로 나타났다.

폐경기 여성의 건강한 뼈를 유지하기 위한 우유

여성의 최대골밀도는 30세를 전후해서이며 이때부터 폐경기까지 매년 골밀도가 감소하여 폐경기 직후에는 10년에 12%씩 급속하게 감소한다.(3)

이는 폐경에 의해 칼슘대사와 관련이 있는 여성호르몬인 에스트로겐 분비가 급속 히 감소되면서 뼈의 파괴를 촉진시키는 파골(破骨)세포가 증가하여 뼈의 칼슘 침착을 감소시키기 때문이다. 일단 골밀도(骨密度)가 낮아지면 본래 상태로의 회복이 불가능하며 중년이후 특히, 폐경이후 골다공증 등으로 여성으로서의 삶의 질을 현저히 저하시키는 원인이 될 수 있다.

또한 이 시기는 폐경에 따른 증상인 비만과 콜레스테롤의 증가가 우려되는 시기이기도 하다. 그러나 이때 뼈의 구성성분인 칼슘과 비타민 D_3의 섭취와 적당한 운동을 병행함으로써 어느 정도 골질량의 감소를 방지할 수 있다. 따라서 우유는 이 시기의 여성에게 좋은 칼슘공급원인 동시에 최근 연구에서 밝혀졌듯이 '항비만효과' 도 볼 수 있다.(8) 비만과 콜레스테롤이 염려가 될 경우 우유지방을 줄인 저지방우유나 발효유를 섭취하는 것도 한 방법이 될 수 있다.

건강한 노년을 위한 우유

건강하게 오래 사는 것은 모든 노인들의 소망일 것이다. 우리나라는 2000년을 기해 65세 이상이 7%를 넘어서 고령화 사회로 진입하였으며 은퇴 후 제2의 삶을 살아야 하는 노인의 삶의 질에 대한 관심이 높아지고 있다.

노인들의 삶의 질을 떨어뜨리는 요인은 몇 가지가 있지만 그중 골다공증에 의한 척추와 고관절 등의 골절은 행동에 제약을 주기 때문에 삶의 질을 저하시키는 주요 요인으로 대두되고 있다.

우리나라 사람들의 골다공증 유병률에 대한 자료는 전체적으로 조사된 바는 없지만 보건복지부 산하 질병관리본부의 조사결과에 따르면 우리나라 60세 이상 여성 노인 중 절반이상이 골다공증을 앓고 있을 정도로 노년층의 골다공증 유병률은 예상 외로 높다.

노년이 되면 신체의 신진대사 기능이 줄어들면서 기초대사량이 낮아지고 에너지 요구량도 떨어진다. 또한 노인들은 치아가 튼튼하지 못하여 다양한 식품섭취에 어려움이 생기고 식욕과 소화능력도 낮아지며 신체적인 기능이 저하된다. 노

년기에는 몸 안에서의 단백질 생합성능력 저하로 체중변화는 없으면서 근육이 줄어들고 체지방이 증가하는 신체적 특징을 나타내며 영양불균형으로 인한 여러 가지 건강상 문제를 야기한다. 즉, 부적절한 식이섭취는 만성 영양결핍 상태를 초래하고 신체적, 정신적 활동의욕을 감소시키며 면역기능이 떨어져 각종 질병 감염률도 높아지게 된다는 것이다. 특히 칼슘섭취 부족에서 오는 골다공증은 노후 생활에 많은 불편을 끼치게 된다는 사실을 염두에 두어야 한다.

우유는 칼슘함량이 높을 뿐만 아니라 칼슘흡수에 도움이 되는 여러 성분들이 함께 들어있고 흡수율도 높아 골다공증예방에 도움이 된다는 연구조사 자료가 많이 있다. 실제 국내에서 조사된 연구에서 4개월 동안 하루 1잔의 우유를 섭취한 노인의 경우 골다공증발생이 감소하고 골밀도가 증가하였다는 연구결과가 이러한 사실을 뒷받침하고 있다.(7)

골다공증에 대해서는 예방이 최우선이며 예방을 위해서는 평소 칼슘섭취를 많이 하는 것이 필수다. 우유는 노인들도 쉽게 마실 수 있는 영양원이다. 우유는 칼슘뿐만이 아니라 타 식품에 비해 소화흡수가 잘 되는 양질의 단백질과 미네랄, 비타민 등을 골고루 함유하고 있기 때문에 건강유지를 위해서는 노인들이 꼭 마셔야 할 음료라 할 수 있다.

우리나라 노인들의 경우 어린 시절부터 우유를 거의 마시지 않았기 때문에 더욱 소화에 문제가 있을 수 있다. 그러나 우유를 따뜻하게 데워서 소량씩 마시거나 현재 시판되고 있는 유당을 사전에 효소 처리한 우유(유당분해우유) 또는 식이섬유 등이 보강된 발효유를 마시는 것도 도움이 될 수 있다.

다시 말하자면, 우유와 유제품에는 소화흡수가 잘 되는 유지방과 양질의 단백질이 풍부하며 특히 노인들에게 결핍되기 쉬운 비타민 A, 비타민 B_2, 칼슘 등의 영양소가 많이 함유되어 있다. 소화흡수가 용이한 유지방은 노인들에게 부족하기 쉬운 열량공급원이며 우유단백질은 노화로 인한 신진대사상의 문제를 극복하고 근육단백질의 손실을 억제하는데 필요한 단백질공급원으로 이상적이다.

필자의 주변에서도 전에는 우유를 전혀 마시지 못하던 60대의 사람들이 의사의 권유로 우유를 마시면서 골다공증으로 인한 통증개선에 크게 도움이 된 사례들을 종종 접하곤 한다.

제2장

우유와 모유는 무엇이 같고 어떻게 다른가?

- 우유와 모유의 성분조성상의 차이
- 모유의 놀라운 생명력
- 신비로운 모유의 성분과 기능
- 모유 대용식, 조제분유

⊙ 사람의 모유와 우유의 주요성분을 비교해 보면 단백질의 경우, 우유는 3.4%로 모유의 1.1%와 비교하여 3배가량 많고 미네랄은 우유가 모유에 비해 2.5배가 량 높다.

⊙ 모유의 흡수율은 거의 100%에 가까우며 아기의 성장과 발달에 필요한 영양소와 함께 면역 물질도 함유되어 있어 면역 기능이 미숙한 신생아를 각종 감염으로부터 보호하는 매우 중요한 역할을 한다. 모유를 비롯한 모든 동물의 젖은 갓 태어난 새끼들에게는 있어 '하늘이 내리는 천록(天祿)' 이다.

⊙ 분유제조회사들은 신생아의 소화능력 등을 감안하여 모유의 성분조성과 유사한 영양설계를 하여 분유를 제조한다. 예를 들어 우유단백질에 대한 알러지를 감소시키고 소화력을 돕기 위해 가수 분해된 유단백을 이용하는 등 두뇌, 면 역, 성장, 소화흡수, 변성, 그리고 알러지에 이르기까지 모유의 패러다임을 적극 도입하고 있다.

우유와 모유의 성분

조성상의 차이

인간의 모유와 우유의 주요성분을 비교해 보면 당질인 유당함량의 경우 모유는 우유에 비해 월등히 높을 뿐 만 아니라(모유 7.2%, 우유 4.7%) 다른 모든 포유동물 중에서도 가장 높다. 그러나 단백질의 경우 우유가 3.4%로 모유의 1.1%와 비교하여 3배가량 많고 미네랄은 모유에 비해 2.5배가량 높다.(2) 지방은 모유 3.5%, 우유 3.7%로 별 차이가 없지만 유당을 제외한 다른 성분들은 구성내용에 있어 많은 차이점을 보인다.(표 1)

(표 1) 모유와 우유의 구성 성분과 비율 (단위: g/100mL)

항목	총 고형분(%)	지방(%)	단백질		유당(%)	미네랄(%)
			카세인(%)	유청(%)		
모유	12.0	3.5	0.4	0.7	7.2	0.2
우유	12.5	3.7	2.8	0.6	4.7	0.7

우유단백질에는 여러 가지 필수아미노산이 골고루 그리고 풍부하게 들어있지만 구조가 모유단백질과 100% 같지는 않다. 이러한 다른 구조로 인해 아이들은 우유를 소화시킬 때 모유와는 다른, 즉 아미노산의 배열순서가 다른 단백질을 이물질(異物質)로 판단하고 이에 대한 방어 작용을 하는데 이 면역반응이 알러지로 나타나는 것이다.

우유의 카세인성분은 인을 함유한 단백질로 전체 단백질의 약 80%를 차지한다. 카세인은 다시 세 가지 성분, 즉 알파카세인(전체 카세인의 70%), 베타카세인(27%), 카파카세인(3%)으로 분류하며 산(酸)에 의해 침전하는 성질을 지니고 있다.

반대로 모유가 지니고 있는 카세인 함량은 약 0.4%로 매우 낮다. 이는 모유에 들어있는 단백질 전체의 40%에 해당하며 나머지 60%는 유청단백질이라는 성분이다. 특히 모유의 유청단백질은 우유에 비해 알파 락트알부민의 함량이 높고 우유에 많은 베타 락토글로불린은 없다.(표 2)

(표 2) 모유와 우유의 단백질 비교(4)

항목	모유	우유
함량(g/100mL)	1.1	3.3
카세인:유청 비율	40:60	20:80
카세인	베타카세인	알파카세인
유청	알파 락트알부민	베타 락토글로불린
타우린, 아르기닌	4~4.5%	3%
소화흡수력	매우 빠르다	빠르다

(표 3) 모유와 우유의 지방산 조성 비교 (g/100mg)

*탄소 수	이름	녹는 점(℃)	우유	모유
4:0	뷰틸산	-8	-	-
6:0	카프로산	-4	0.8	미량
8:0	카프릴산	16	0.6	0.2
10:0	카프린산	31.3	1.7	1.2
12:0	라우르산	43.5	2.5	4.6
14:0	미리스트산	54.4	9.3	5.5
16:0	팔미트산	63.1	30.4	20.5
16:1	팔미트올레산	45	1.4	3.2
18:0	스테아르산	69.6	14.9	6.8
18:1	올레산	13.4	28.6	36.4
18:2	리놀레산	-5.2	3.4	15.0
18:3	리놀렌산	-11.3	0.3	2.1
20:4	아라키돈산	-49.5	-	-

* 탄소수 : 앞자리 수는 지방산 중 탄소 수, 뒷자리 수는 이중결합수를 나타낸다.

자료 : 식품영양소함량자료집(2009)

우유와 모유의 지방산조성을 보면 우유에는 포화지방산 비율이 높고 불포화지방산이 낮은 반면 모유에는 반대로 포화지방산이 적고 불포화지방산 함량이 높다.(표 3) 우유지방은 포화지방산 비율이 높기 때문에 지방의 융점이 높아 실온에서 굳어지는 성질이 있다.

이와 같이 모유와 우유는 성분조성상의 차이뿐 아니라 서로 종(種)이 다른 포유동물의 젖이라는 점에서 각각의 특이성(特異性)을 지니고 있다. 모유와 우유가 개별적으로는 아무리 완벽한 영양식품이라 하더라도 종이 다른 동물의 어린새끼에게는 소화 · 흡수에 문제를 야기할 수 있다는 것이다. 따라서 어느 정도 소화흡수 능력이 갖춰지기 전까지는 인간의 아기에게는 모유가, 송아지에게는 우유가 최고의 식량인 셈이다. 그러나 소화능력이 충분히 갖추어 진후에는 자연적으로 다른 음식을 찾게 되는데 그중 어린 아기에게는 포유동물의 젖이 가장 이상적이라 할 수 있지만 필요할 때 쉽게 구해지지 않고 양적인 확보도 쉽지 않다. 이러한 측면에서 바라볼 때 우유 · 유제품은 어린아이에게 영양과 소화성, 편의성, 경제성 면에서 가장 좋은 영양 공급원이라 할 수 있다.

02 모유의 놀라운 생명력

모든 동물의 젖은 놀라운 생명력을 갖고 있다. 어미가 새끼를 분만한 다음부터 얼마동안은 어미의 젖 하나만으로 새끼가 성장하는데 필요한 모든 영양소가 완벽하게 공급된다. 대부분의 갓 태어난 새끼는 젖을 빠는 것 이외에는 스스로 할 수 있는 것이 아무것도 없을 정도로 모든 것이 미숙하다. 그러나 태어나자마자 어미의 젖을 빨기 시작하면서 하나씩 하나씩 모양이나 기능을 갖춰가게 된다.

인간의 젖(母乳)을 보면 완벽한 영양을 공급하는 역할 외에 놀랍게도 아기의 성장정도에 따라 자연스럽게 성분이 변하고 날씨에 의해서도 거기에 맞춰 성분이 변한다는 사실이 입증되었다. 놀라운 사실은 더운 여름철에는 아기가 많은 수분을 필요로 하기 때문에 수분이 많은 젖이 분비되고 추운 겨울에는 보다 열량이 높은 젖이 분비된다는 것이다. 또한 영양 흡수율이 거의 100%에 가깝기 때문에 설사와 변비, 알러지같은 질병발생율이 낮다.

모유의 주된 탄수화물 공급원은 유당(乳糖)이다. 유당은 장(腸) 안을 산성(酸性) 환경으로 만들어주기 때문에 pH가 낮아져 몸에 해로운 미생물이 번식하지 못하고 유산균이나 비피도박테리아와 같은 유익한 세균이 잘 자랄 수 있는 환경을 만들어 준다. 또한 뇌의 에너지원으로 활용되는 포도당glucose의 공급원이 되며 칼슘과 인, 마그네슘의 흡수를 촉진한다.

모유의 단백질은 카세인(모든 필수아미노산을 함유하고 있는 인단백질의 하나), 유청단백질, 비단백태질소NPN 성분으로 나뉜다. 이 성분들은 소화흡수성과 아미노산(몸을 구성하는 단백질의 기본 구성단위)균형이 우수해 아기의 성장발달에 가장 이상적이다. 특히 유청단백질의 하나인 알파 락트알부민은 시스틴(시스테인)과 트립토판 등 아기에게 중요한 아미노산을 풍부하게 함유하고 있기 때문에 단백질 이용효율이 매우 높다. 더불어 모유에는 아기의 지방 소화흡수와 중추신경 발달에 필요한 타우린도 풍부하다.

모유에 함유된 지방은 3.5% 정도로 다른 동물의 젖에 비하면 낮은 편이지만 아기의 성장에 필요한 에너지의 주공급원이며 세포막구성에 중요한 역할을 한다. 특히 뇌 성장에 필요한 도코사헥사에논산DHA이나 아라키돈산 등의 불포화지방산과 아기의 성장발육에 필요한 필수지방산인 리놀레산이 풍부하다.

모유의 지방은 아기가 젖을 먹는 시간에 따라 달라지는데 젖을 먹기 시작할 때(먼저 나오는 젖)는 지방이 적고 젖을 한참 빤 다음(나중 나오는 젖)에는 지방이 많아진다. 이렇게 젖 먹는 시간에 따라 지방의 양이 달라지는 것은 아기의 식욕

을 조절하기 위한 것으로 추측되고 있다. 즉, 젖을 먹기 시작할 때는 식욕을 갑자기 떨어뜨리지 않도록 하기 위해 지방을 감소하여 배출하고 어느 정도 배가 부르게 될 즈음에 비로소 지방 함유량을 높인다는 것이다.

또한 모유에는 아기에게 필요한 비타민과 미네랄이 충분히 들어있다. 모유에 들어있는 무기질(골격, 조직, 체액에 포함되어있는 칼슘, 인, 철분, 요오드 등)의 양은 우유보다 적지만 우유에 함유된 무기질보다 흡수가 더 잘되며 따라서 아기의 신장에도 부담이 적다. 그 외에 모유에는 면역과 단백질 합성에 관여하는 뉴클레오티드와 리보핵산RNA 등 아기의 몸을 만드는 데 필요한 여러 성분이 함유되어 있다.

현재도 모유에 대한 연구는 계속되고 있지만 그 신비로운 엄마 젖의 비밀은 아직까지도 다 밝혀지지 않고 있다.

신비로운 모유의

성분과 기능

모유의 여러 가지 성분들이 상호작용하여 체내에서 일어나는 현상들을 보면 신비롭기만 하다. 현재까지 알려진 성분과 기능들을 문헌에서 발췌하여 종합해 보자.

뇌와 신경계발달을 돕는 물질

모유에는 아기의 두뇌와 신경계 발달에 꼭 필요한 뉴클레오티드와 도코사헥사에논산, 아라키돈산 등의 불포화지방산, 콜레스테롤, 타우린, 시스테인 등의 물질이 적절한 비율로 들어있다.

뉴클레오티드는 성장과 면역 등 광범위한 생리적 기능에 관여하며 도코사헥사에논산과 아라키돈산은 뇌세포를 증가시키고 기억학습능력을 개선하는 것으로 알려져 있다. 물론 도코사헥사에논산이 모유에만 들어있는 것은 아니다. 등 푸른 생선에도 들어있고 식품에 첨가되는 인공 도코사헥사에논산도 있다. 하지만 도코사헥사에논산이라고 해서 다 같은 것은 아니다. 엄마 젖 속에 있는 도코사헥사에논산은 다른 성분들과 조화를 이뤄 흡수되기 쉬운 형태가 되어 아기의 두뇌 발달에 더욱 효율적이다.

감염과 질병으로부터 보호

모유에는 아기의 성장과 발달에 필요한 영양소와 함께 면역물질도 함유되어있어 면역 기능이 미숙한 신생아를 각종 감염으로부터 보호하는 매우 중요한 역할을 한다. 많은 연구결과에서 밝혀졌듯 모유를 먹고 자란 아기는 질병발생률이나 사망률이 훨씬 낮은 것으로 나타났다. 특히 설사와 같은 소화기관의 질병, 폐렴이나 기관지염, 중이염과 같은 호흡기관의 질병을 낮추는 데도 효과가 있음이 인정되고 있다.[3]

아울러 분만초기에 분비되는 초유는 면역보물창고로 장과 기관지점막면역에 중요한 기능을 담당하는 분비형 면역글로불린 A[sIg A]가 다량 포함되어 있어서 아기에게 가장 흔한 기관지 및 장으로부터의 감염을 차단해준다.[7] 강글리오시드는 콜레라 독소가 장에 달라붙지 못하도록 막아주며 시알산 화합물 역시 세균과 독소, 바이러스가 아기의 소화관에 침투하는 것을 방어하고 감염과 설사 등으로부터 아기를 지킨다.[3]

한편, 모유 속에는 올리고당과 같은 유산균증식인자가 있는데 올리고당은 장에서 소화흡수가 되지 않기 때문에 그대로 대장에 도달하게 된다. 이때 모유의 여러 가지 올리고당들은 비피도박테리아와 같은 유익한 균들의 에너지원이 되어 유산균이 대장에서 잘 증식할 수 있도록 돕는다. 그 결과 비피도박테리아가 생산한 젖산 등 유기산이 장 속 pH를 낮춰 병균이 증식하는 것을 억제한다. 모유에는 이 밖에도 항균 물질인 라이소자임, 락토페린, 락토퍼록시다제 등 감염방어인자가 함유되어 있다.

알레르기 예방

요즘 심각한 문제가 되고 있는 알러지성 질환은 단연 아토피다. 그리고 아기에게 흔히 일어나는 질병인 설사, 그 중에서도 신생아들이 가장 조심해야할 것은 우유단백질에 의한 알러지증상이다. 아기의 경우 면역계와 장 점막이 미숙하여 단백질 식품이 소화되지 않은 상태에서 장 점막을 통과하여 알러지를 일으키고 또 심한 위장(소화기관 중 위, 소장, 대장 등을 포함하는 부분)질환이 나타날 수 있다.

일반적인 식품알러지는 그 식품을 먹었을 때만 간헐적으로 나타나지만 우유를 주식으로 하는 아기는 우유알러지 증상이 지속적으로 나타나기 때문에 문제가 될 수 있다. 하지만 모유에는 우유알러지의 원인이 되는 베타 락토글로불린이 거의 들어 있지 않다.

(표 4) 초유(初乳)에 들어 있는 성분과 주요 기능 (6)

성분	주요 기능
면역글로불린 G (Immunoglobulin G)	바이러스, 세균, 곰팡이와 같은 외부 유해 자극으로부터 신체를 보호한다.
락토페린(Lactoferrin)	항균 활성을 통해 세균의 성장을 억제하고 면역세포의 활성을 촉진한다.
IGF(Insulin-like Growth Factor)	정상적인 신체 기능이 형성되도록 세포의 증식과 발달을 조절하고, DNA 합성에 관여한다.
분비형면역글로불린A (Secretory Immunoglobulin A)	소화관에서 항원성을 갖는 외래 단백질의 흡수를 억제하여 장의 면역 기능을 향상시킨다.
TGF-β(Transforming Growth Factor-β)	세포의 성장 분화에 관여하며, 면역 시스템을 조절한다.
EGF(Epidermal Growth Factor)	세포의 성장 분열 분화를 촉진하며, 유전자 합성에 관여하는 신호 전달을 자극한다.

최근 연구에 의하면 모유 속에 들어있는 다양한 성분이 알러지 방패 막 역할을 하는 것으로 밝혀졌는데 분비형 면역글로불린의 경우 알러지 원인물질이 몸 안으로 들어오지 못하도록 방어하는 것은 물론 몸 밖으로 배설하는 효능을 지니고 있다. 따라서 모유를 먹는 아기는 자연스럽게 알러지가 예방된다. 이 밖에 모유에 많이 들어 있는 지방산인 감마 리놀렌산은 아토피성 피부염증상을 개선하는 효과도 있는 것으로 알려져 있다.

최적의 단백질 공급원

모유의 단백질은 크게 유청단백질, 카세인, 비단백태질소NPN 성분으로 구분되는데 유청단백질의 약 50%를 차지하는 알파 락트알부민은 필수아미노산인 시스틴(시스테인)과 트립토판 등을 풍부하게 함유하고 있어 단백질 이용효율이 매우 높다. 또한 유청단백질에는 방향족 아미노산Aromatic Amino Acid 등이 상대적으로 적게 들어있어 뇌 질환을 줄인다. 그리고 비단백태질소에는 뉴클레오티드와 여러 가지 세포 성장인자가 들어있어 신체조절기능에 중요한 역할을 담당한다. 뉴클레오티드는 면역기능 활성화와 장내 유해균의 생육을 억제하는 것은 물론 지능 및 시력발달에 중요한 작용을 한다.

이처럼 모유에 함유된 단백질은 근육을 키우면서 간에 부담을 주지 않는 완벽한 영양성분이라고 할 수 있다.

두뇌발달에 좋은 아미노산, 타우린 함유

타우린은 황(黃)을 함유하고 있는 아미노산인 시스테인으로부터 합성되며 특히 간과 뇌에서 활발한 합성이 일어나고 우리 몸 거의 모든 조직과 체액에 존재한다. 모유에는 풍부하게 들어있지만 우유에 함유된 타우린의 양은 모유의 1/10정도밖에 되지 않는다.

최근 연구결과 타우린은 두뇌 발달, 심장근육의 수축, 삼투압조절, 생식기능, 지질의 소화흡수 등에 꼭 필요한 물질로 밝혀졌다. 심장 등 순환계와 내분비계에도 중요한 역할을 담당하고 아울러 면역체계의 유지 및 항산화 활성에 관여한다는 보고도 있다.

아기의 성장과 밀접한 관계가 있는 타우린의 기능

① **두뇌 기능 :** 포유류의 중추신경계에 다량 함유된 타우린은 신경자극전달을 억제하는 기능이 있다. 신경조직에 저 산소 또는 산화적 스트레스를 가하면 흥분성 신경전달물질이 과도하게 유리되어 흥분독성이 나타나는데 이때 타우린은 흥분독성을 억제하고 신경조직을 보호하는 기능을 한다.

② **담즙산의 배출 :** 타우린은 간에서 글리신과 함께 담즙산을 만들어 장으로 배출하게 되는데 이러한 작용은 지방의 유화 및 흡수를 돕는다. 그 결과 총 콜레스테롤과 몸에 좋지 않은 LDLLow Density Lipoprotein 콜레스테롤을 저하시키고 또한 지방대사를 촉진시킨다.

③ **시력 보호 :** 타우린은 망막의 광수용체Photoreceptor 부위에 다량 함유되어 있는데 타우린이 부족하면 망막기능이 퇴화하여 실명할 수도 있다. 망막의 광수용체 세포막에 존재하는 인지질에는 다른 세포막에 비해 다가불포화지방산이 다량 존재한다. 타우린은 이러한 다가불포화지방산이 자외선이나 기타 산화제에 의해 과산화 되는 것을 억제시켜 막 구조의 안정화를 꾀하는데 결과적으로 시력보호기능을 하게 되는 것이다.

④ **심장근육 보호 :** 타우린은 심근세포 속에 칼슘이 지나치게 쌓이는 것을 막아 심장근육을 보호하는 것으로 알려져 있다. 심근보호기능에 관한 또 다른 기능으로는 항산화 기능을 들 수 있다. 타우린은 몸에 해로운 활성산소를 없애고 지질의 산화를 억제함으로써 세포막을 안정시킨다.

⑤ **생식과 발달 :** 거의 모든 동물세포에 고농도로 존재하는 타우린은 주요조직이나 기관의 정상적인 발달과 밀접한 연관이 있다. 특히 임신기간 중의 타우린결핍은 유산과 사산의 확률을 높이고 태아의 두뇌와 망막 등 주요기관의 정상적인 발달을 저해하며 구조적인 변화를 초래하는 것으로 알려져 있다.

아기에게 꼭 필요한 필수지방산

아미노산에 필수아미노산이 있는 것처럼 지방산에도 필수지방산이 있다. 필수지방산의 주요기능은 세포막의 구조적 안정성 유지, 두뇌발달, 시각기능유지, 피부보전 등이다. 필수지방산이 부족하면 면역계와 신경계에 이상을 초래하며 학습능력이 떨어지는 등 각종 질환을 유발하기 때문에 충분한 양의 섭취가 필요하다.

주요 필수지방산으로 동맥경화 · 뇌경색 · 심근경색 · 뇌졸중 · 고혈압 예방 효과가 있는 알파 리놀렌산 α-Linolenic Acid, EPA Eicosapentaenoic Acid, 콜레스테롤치를 저하시키는 리놀레산 Linoleic Acid, 뇌신경, 망막 기능의 유지 및 알러지질환 예방효과가 있는 아라키돈산 Arachidonic Acid 등이 있다.

면역력을 강화하는 락토페린

락토페린 Lactoferrin은 철분과 결합되어 있는 당단백질이며 특히 면역 보물창고로 불리는 초유에 많이 들어있다. 이 락토페린은 모유 유청단백질의 24%를 차지하며 각종 세균과 곰팡이의 증식을 억제하는 항균작용을 한다. 세균번식에 필요한 철분을 세균이 이용하기 전에 미리 차단하여 세균의 증식을 억제하는 역할을 한다. 특이한 점은 락토페린은 인체에 유용한 유산균에 대해서는 일체 작용하지 않는다는 것이다. 오히려 아기 장 속의 비피도박테리아를 증식시켜 몸에 나쁜 병원균을 물리칠 수 있도록 돕는다. 락토페린의 또 다른 기능은 면역력을 증가시킨다. 인체의 면역기능은 외상, 항생제 사용, 질병 및 영양실조 등에 의해 약화되며 이때 체내 면역기능의 저하로 인해 감염의 가능성이 매우 높아진다. 그러나 락토페린은 항균작용과 식균작용을 통해 손상된 면역기능을 활성화시켜주는 기능이 있다. 그 외에 장 속의 철분 이동을 원활하게 이루고 장 세포 증식을 촉진한다.

모유 대용식,
조제(調製) 분유

모유로 아기를 키우는 일은 예술적 행위이며 그것을 통해 얻어지는 보상은 무엇과도 견줄 수 없는 위대한 것이라고 생각하고 있다. 그러한 이유로 모든 엄마들은 아기를 훌륭하고 건강하게 키우기 위해 온갖 노력을 아끼지 않는다.

엄마에게서 분비되는 모유는 아기에게 필요한 영양뿐 아니라 아기의 소화력, 면역력, 장운동기능, 대사나 배설기능 등이 고려된 최고의 식량이라 할 수 있다. 또한 모유에는 면역물질 IgA와 락토페린, 라이소자임 등이 많이 들어있어 모유를 먹은 아이들이 분유를 먹은 아이들보다 병에 대한 저항력이 강하고 튼튼하다는 사실은 이미 많은 연구에 의해 입증된바 있다.

모유수유에는 확실히 몇 가지 이점이 있다. 엄마의 유방은 언제나 수유를 할 준비가 되어있으며 데울 필요도 없고 세균오염의 걱정과 분유를 사기위해 들어가는 비용을 따로 걱정할 필요가 없다. 또한 모유를 수유하는 여성의 경우 대부분 자궁암이나 유방암과 같은 여성계 질환에 대한 예방효과를 보고 있는 것으로 나타났으며 수유기간 중 체지방이 줄어들어 임신전의 몸매로 빠르게 회복되는 등 최근 모유수유의 장점이 크게 부각되고 있다. 그밖에 모유수유로 인해 엄마와 아기 모두에게 생성되는 긴밀한 정서적 유대관계야말로 매우 중요한 의미를 담고 있다. 엄마가 아기를 안고 수유할 때 아기와 엄마, 둘의 모습에서 느껴지듯이 이 세상의 그 무엇과도 비교될 수없는 순수함과 평화를 엿볼 수 있다. 이러한 장점들이 부각되면서 세계보건기구를 비롯하여 많은 나라에서 생후 일정기간(대략 6개월 정도)까지는 반드시 모유를 먹일 것을 권장하고 있다.

그러나 어디든 문제는 생기게 마련이다. 모유수유에 대한 이점을 알고 모유를 먹이고 싶지만 모유가 충분히 나오지 않거나 유전적요인 또는 엄마의 질병, 직장근무, 신체적 장애, 미용상의 이유와 아기질병 등으로 모유수유를 못하는 여성들이 많이 있다. 지역마다 차이가 있지만 대개 엄마들의 50%정도가 위에서 열거한 여러 가지 이유로 모유를 먹이고 싶어도 그렇게 하지 못하고 있다.

모유의 성분조성과 유사한 영양설계로 제조되는 분유

모유수유를 하지 못하는 엄마들을 위해 모유와 유사하게 특수 조제된 유아용 분유들이 시판되고 있다. 과학적인 지식과 진보된 기술이 총동원되어 모유와 유사한 성분 및 기능을 가지고 한국인 영양소권장량에 맞추어 필요한 성분들을 적절하게 가감하여 만들어진 것이 조제분유이다. 그러나 이것은 어디까지나 모유를 먹을 수 없는 아기들을 위한 대체식량일 뿐 그 자체가 모유가 아니라는 사실을 확실하게 해둘 필요가 있다. 현재 세계보건기구를 비롯하여 많은 나라에서는 조제분유가 모유를 대신할 수 있을 것이란 소비자들의 오해를 막기 위해 조제분유의 광고를 법적으로 제한하거나 금지하고 있다.

무엇보다도 모유는 아기에게 필요한 모든 영양을 완벽하게 공급해주지만 아기가 대개 6개월 이상이 되면 월령 및 체중증가에 따른 영양소의 필요량이 모유가 공급할 수 있는 수준을 넘어서게 되어 영양부족 현상이 나타날 수 있다는 사실을 염두 해 두어야 한다. 따라서 아기의 소화흡수 능력이 향상되면 이유식이나 다른 여러 가지 소화되기 쉬운 식품을 통해 단백질, 지방, 탄수화물 및 특히 부족 되기 쉬운 철분, 칼슘, 비타민 D 및 필요한 미네랄을 보충해 줄 필요가 있다.

갓 태어난 아기는 엄마로부터 나오는 젖 이외의 다른 것은 소화시킬 능력이 없기 때문에 모유와 성분조성상의 차이가 많은 우유를 그대로 신생아에게 먹일 경우 많은 무리가 따르게 된다. 이러한 이유로 분유제조회사들은 신생아의 소화능력 등을 감안하여 모유의 성분조성과 유사한 영양설계를 하여 분유를 제조하고 있다. 예를 들어 우유단백질에 대한 알러지를 감소시키고 소화력을 돕기 위해 가수 분해된 유단백을 이용하는 등 두뇌, 면역, 성장, 소화흡수, 변성, 그리고 알러지에 이르기까지 모유의 패러다임을 적극 도입하고 있는 것이다.(4)

조제분유를 먹이는 경우에는 제품구매에 따른 비용부담과 먹이기전에 조제하고 젖병을 살균해야 하는 등 번거로운 일이 따르지만 엄마를 자유롭게 해방시킬 수 있다는 장점이 있다.

특히 최근에는 조제분유 제조에 우유로부터 추출한 여러 가지 특별한 생리적인 기능을 발휘하는 물질들을 이용하고 있으며 이러한 방법을 통해 만들어진 여러 종류의 제품들이 시판되고 있다. 일반 조제분유 외에 액상 조제유, 설사방지용 분유와 '글리코마크로펩타이드' Glycomacropeptide를 이용한 알러지방지용 분유도 있다.

제3장

우유는 인간에게 완전식품에 가깝다

- 우유는 인간의 지혜로 개발된 가장 우수한 천연식품이다
- 우유의 식품 · 영양적 가치
- 우유를 이루고 있는 성분과 다양한 기능
- 우유라는 식품을 바라보는 여러 시각
- 건강을 위해 가장 중요한 것은 올바른 식습관을 생활화하는 것이다

⊙ 동물의 젖에는 질병으로부터의 방어를 위한 각종 면역물질과 성장촉진 물질, 양질의 단백질과 두뇌 발달을 위한 성분 등이 들어 있다. 이러한 성분들은 그 동물이 환경에 적응하면서 살아남기 위해 오랜 기간 유전적 변이를 통해 최적의 선택으로 이루어 진 것이며 종족의 번식과 보존을 위한 자연의 섭리이다.

⊙ 단백질의 영양적 가치는 이를 구성하고 있는 아미노산이 우리 인체가 필요로 하는 아미노산들을 얼마나 잘 충족시키는가에 따라 달라지는데 우유단백질은 각종 아미노산 외에도 인체 내에서 합성되지 않는 필수아미노산을 많이 함유하고 있어 더욱 영양적 기능이 높다.

⊙ 마리온 네슬 교수(뉴욕 대학 영양학 과장, FDA자문위원)는 '우유도 하나의 식품이다. 다만 문제는 양이다. 유당분해 능력이 없는 사람은 다른 음식을 먹으면 되고 우유를 소화할 수 있고 좋아하는 사람은 우유를 마시되 적당한 만큼 마시면 되는 것이다' 라고 말했다.

⊙ 성인이 하루에 우유를 2잔 마시면 단백질과 기타 영양소 섭취에 도움이 될 뿐만 아니라 하루에 필요로 하는 필수아미노산을 공급받는데 충분하다. 이 필수아미노산들이 부족하면 곧바로 건강에 문제가 생기게 된다.

우유는 인간의 지혜로 개발된 가장 우수한 천연식품이다

우리가 매일 먹고 있는 식품들의 원료를 살펴보면 말 그대로 천태만상이다. 곡류나 과일처럼 식물이 자신들의 대를 잇기 위해 만들어지는 것도 있고 꿀처럼 곤충들이 주변 환경에 대비하여 자신들의 먹이로 사용하기위해 생산하는 것도 있다. 또한 가축이나 물고기 혹은 야채와 같이 그대로 날로 먹거나 약간의 조리나 가공을 거쳐 섭취하는 것도 있다. 이러한 것들은 처음부터 우리 인간들이 먹도록 설계되어진 것은 아니었다. 그러나 인류가 오랜 기간 살아오면서 식량으로 발달되어 왔으며 우유도 마찬가지로 야생동물을 길들여 가축화하면서 처음 식량으로 이용되어진 것이다. 지구상에는 약 4,000종 이상의 포유동물이 있으며 동물마다 제각각의 특성에 맞게 젖을 생산하고 있고 그 성분조성도 동물의 종류에 따라 크게 차이가 난다.(표 1)

(표 1) 각종 동물의 젖의 평균 성분조성(%)

동물	수분	지방	단백질	유당	미네랄	전고형분	무지고형분
젖소	87.29	3.66	3.42	4.92	0.71	12.71	9.05
사람	87.79	3.80	1.20	7.00	0.21	12.21	8.41
양	80.60	8.28	5.44	4.78	0.90	19.40	11.12
산양	87.81	3.80	3.50	4.10	0,79	12.19	8.39
돼지	80.63	7.60	6.15	4.70	0.92	19.37	11.77
말	89.86	1.59	2.00	6.14	0.41	10.14	8.55
코끼리	85.63	3.12	3.20	7.42	0.63	14.37	11.25
고양이	83.05	4.50	7.00	4.85	0.60	16.95	12.45
개	74.55	10.20	3.15	11.30	0.80	25.45	15.25
토끼	68.50	13.60	12.95	2.40	2.55	31.50	17.90

동물들은 제 각기 성장속도가 다르며 발달하는 부위도 다르다. 인간의 아기는 출생 후 몸무게의 2배가 되는 기간이 대개 180일 정도인데 비해 대다수의 동물들은 훨씬 더 빠르다.(표 2) 또한 태어난 후 일정기간동안 인간의 아기는 대부분의 시간을 잠을 자면서 보내는 반면, 동물들의 새끼는 적의 공격을 피하기 위해 태어나자마자 곧바로 서거나 걸어야 한다. 이러한 이유로 동물의 새끼들은 빨리 성장해야 하고 따라서 젖의 농도는 사람의 것보다 높으며 특히 근육과 골 조직을 만드는데 필요한 단백질과 미네랄 함량이 상대적으로 높다. (표 2)

(표 2) 포유동물의 발육속도와 유즙조성과의 관계

동물	생후체중이 2배로 되는 기간(일)	유 즙 (%)		미네랄성분(%)	
		단백질	미네랄	칼슘	인
사람	180	1.6	0.2	14.9	7.2
말	60	2.0	0.4	21.0	13.6
소	47	3.5	0.7	17.1	14.3
염소	19	4.3	0.8	17.7	15.6
돼지	18	5.9	0.9	26.5	17.6
면양	10	6.5	0.9	22.6	16.5
개	8	7.1	1.3	23.6	15.7
고양이	7	9.5	1.1	–	–
토끼	6	14.0	2.2	25.1	17.2
쥐	6	12.0	2.0	26.1	23.2

이와 같이 모든 포유동물의 젖은 어린새끼에게 완벽한 영양을 공급해주고 외부에서 들어오는 여러 가지 질병이나 위험으로부터 어린새끼를 지켜주고 건강한 생명체로 키워주기 위해 필요한 모든 성분들이 다 들어있다.

동물의 젖에는 질병으로부터 방어를 하기 위해 각종 면역물질과 성장촉진 물질, 양질의 단백질과 두뇌 발달을 위한 성분 등이 들어 있는데 이러한 성분들은

완전식품이란?

완전식품의 사전적인 의미는 '건강상 필요로 하는 영양소를 모두 지닌 단독 식품'으로 정의되고 있다. 세상에는 어미의 젖 이외에 어떠한 식품도 사람에게 '완전식품'이란 용어는 해당되지 않는다. 왜냐하면, 단일식품으로 어떠한 것도 인간이 성장하고 활동하는데 필요한 영양과 에너지를 골고루 충족시킬 수 있는 것이 없기 때문이다.

그 동물이 환경에 적응하면서 살아남기 위해 오랜 기간 유전적 변이를 통해 최적의 선택으로 이루어진 것이며 종족의 번식과 보존을 위한 자연의 섭리이다. 이러한 이유로 각종 동물의 젖은 자기새끼에게 필요한 모든 성분을 고루 갖춘 '완전식품' 이라 불리고 있다.

그 중 우유는 여러 동물의 젖들 중에서 인간에게 영양적으로 가장 완전에 가까운 식품이며 양적인 면과 경제적인 면에서 인간이 가장 편리하게 이용할 수 있도록 오랜 기간을 통해 개발된 식품이다. 현재 우유는 마시는 음료형태 외에도 발효유, 분유, 버터, 치즈, 아이스크림 등 다양한 제품으로 소비되고 있을 뿐 아니라 이유식이나 제빵, 제과 등 수많은 제품에도 우유가 널리 이용되고 있다.

이러한 장점들 때문에 동서양을 막론하고 전 세계에서 매년 약 5억 톤의 우유가 생산, 소비되고 있으며 어디에서나 손쉽게 구해서 먹을 수 있다. 아마 단일식품으로는 쌀, 밀과 함께 가장 많은 인구가 애용하는 식품일 것이다.

젖소의 우유 생산의 비밀

동물이 새끼를 낳으면 유방조직의 유선(乳腺)세포에서 젖 성분이 합성되어 유선을 거쳐서 젖꼭지를 통해 나오게 된다. 모든 포유류의 젖은 유방 안에 있는 유선에서 분비되며 유선의 기본구조는 모두 같다.

젖소는 풀 등의 사료에서 소화 흡수한 영양소를 각 영양소의 기본단위인 아미노산, 지방산 등의 형태로 유선세포에 공급하여 유성분을 합성한다. 면역단백질과 혈청알부민 등의 몇 가지 성분을 제외하고는 대부분의 주요 유성분이 이 유선세포의 여러 기관에서 합성된다.

단백질, 유당, 지방 등의 중간물질들은 세포질과 미토콘드리아에서 합성되며 단백질과 지방은 유선세포의 세포질 내막에서 합성되고 유당의 합성, 단백질의 변형, 단백질 집합체인 카세인 덩어리는 골지체Golgi apparatus에서 이루어진다.

젖소가 목초를 먹고 단백질과 영양이 풍부한 우유를 생산하는 비밀은 젖소의 위가 지니고 있는 특징에 있다. 젖소의 위는 복부의 4분의 3을 차지하고 있는데 네 개로 나누어져 있다. 가장 큰 위가 제1 위이며 섭취한 사료가 이곳에 모아지게 된다. 젖소는 제1, 제2 위에 들어간 사료를 다시 입으로 가지고 와 하루에 6~10시간 정도의 시간으로 천천히 씹어 분쇄한 다음 다시 제2, 제3 위로 보낸다. 이러한 과정을 반복하여 계속하는 동물을 반추(反芻)동물이라 한다.

제1 위는 소위 발효 탱크라고 할 수 있다. 제1 위에는 미생물이 다량으로 생육하고 있으며 반추위발효라고 하는 소화활동을 하고 있다. 제2, 제3 위는 수축과 이완을 반복하여 제1 위의 내용물을 교반하거나 이동을 조절하고 있다.

제4 위는 사람과 동일한 기능을 가지고 있는 위로써 이곳에서 처음으로 소화액이 분비되고 소화가 진행이 된다. 소장에서는 더 큰 소화액의 작용을 받아서 단백질 및 휘발성 지방산 등을 분해흡수하고 혈액을 통해 전신으로 운반한다.

젖소는 이렇게 혈액을 통해 운반된 영양성분을 이용하여 유방의 유선세포에서 우유를 생산하고 있다.

우유 1L를 만들기 위해서는 400~500L의 혈액순환을 필요로 하는데 젖소는 하루 평균 10,000L도 넘는 혈액을 유방으로 보내고 있다.

유지방은 전신에 축적되어 있는 체지방이나 휘발성지방산으로부터 합성이 되고 있으며 유당은 간에 저장되어 있는 포도당과 갈락토오스로부터 합성이 이루어진다. 미네랄이나 비타민은 혈액으로부터 직접 유선세포내로 들어오고 제1 위의 미생물이 체내에서의 합성에 관여하고 있다.

젖소도 사람과 마찬가지로 약 280일 정도의 임신기간을 거쳐 새끼를 낳게 된다. 젖소는 출산 후 한 달 정도가 지나면 또 다시 임신이 가능하며 송아지는 생후 2달 정도 지나면 이유가 가능하기 때문에 보통 산 후 2~3개월 후에 수정을 한다. 임신 5개월 경 부터는 유량이 줄어들기 시작하며 다음 분만을 준비하기위해 분만예정 2달 전부터는 우유착유를 중지한다. 이러한 주기로 1년에 1회 분만을 하게 되면 일 년에 10개월 정도 착유가 가능하다는 계산이 나온다. 젖소 한 마리의 유량은 하루에 평균 20~30kg정도로 1년에 6,000~9,000kg의 우유를 생산할 수 있으며 젖소 한 마리가 일생동안 약 20,000~30,000kg의 우유를 생산한다고 볼 수 있다.

이와 같이 젖소는 사람에게는 필요 없고 맛없는 조악한 식물을 섭취하여 그것에서 높은 영양과 많은 양의 우유를 생산하는 실로 놀라운 동물이라 아니할 수 없다.

우유의 식품 · 영양적인 가치

식품을 선택하는데 있어서 영양적인 가치를 제일 먼저 염두에 두어야하지만 색, 맛, 조직, 가공성, 형태 등의 식품적인 가치도 매우 중요하다.

이상적인 식품은 인간의 생명활동 즉 운동, 성장, 대사, 정신활동, 번식 등의 활동을 위해 필요한 영양소들을 골고루 함유하고 있어야 하며 소화가 잘 되어야하고 흡수율 또한 높아야한다.

우유의 가공성과 이용성을 보면 우유는 액상상태이기 때문에 가공처리 및 음용하기에 편리할 뿐 아니라 소비형태의 다양화가 쉽다. 또한 우유로부터 필요한 성분들을 분리하여 크림, 버터, 치즈 등 소비목적에 맞게 다양한 형태로 가공을 할 수 있다는 장점도 지니고 있다.

우유의 식품적인 가치

① 우유는 모든 연령층의 사람이 손쉽게 이용할 수 있는 식품이다.

② 우유는 먹기에 편리하고 버리는 부분이 없다.

③ 소비자의 용도에 맞게 가공 처리하여 발효유, 버터, 연유, 분유, 치즈, 아이스 크림 등 다양한 형태의 제품을 만들 수 있다.

④ 요리에서 우유 · 유제품은 다른 식품과 잘 어울린다.

⑤ 가공법이 다양하여 식품의 선택 폭이 다양하다.

우유의 영양적인 가치

어떤 식품의 영양적인 가치는 그 식품이 가지고 있는 영양소의 종류와 양과 함유되어 있는 영양소들이 우리 몸 안에서 얼마나 효율적으로 소화 · 흡수 · 이용되는가에 따라 평가된다.

식품의 영양소라는 것은 우리의 생명활동(육체적, 정신적 작업, 신체의 성장, 대사 및 배설, 번식 등)을 영위하기위해 외부로부터 섭취해야 하는 물질을 말하는데 나이, 성별, 체중, 건강상태 등에 따라 영양소의 요구형태가 달라진다.

① 우유는 거의 완전에 가까운 식품이라 할 정도로 우리 인간이 생명활동과 건강을 유지하는데 필요한 단백질, 지방, 탄수화물, 미네랄, 비타민 등을 골고루 다 함유하고 있다.

② 우유는 소화이용률이 높다. 우유에는 조섬유와 같은 난소화성(難消化性) 성분이 없기 때문에 체내 흡수율이 90% 이상이다.

③ 주요 단백질 성분인 카세인은 뛰어난 기능성이 있다. 단백질은 다수의 아미노산으로 연결되어 있는데 우리 몸 안에서 아미노산으로 분해되어 신체의 구성 성분으로 이용된다.

우유의 주 단백질인 카세인은 아미노산의 구성 비율이 소화되기 쉬운 구조로 되어 있고 위장 내에서 산이나 효소에 의해 응고된 후 소화가 촉진되도록 만들어져 있다. 뿐만 아니라 카세인이 분해되는 과정에서 만들어지는 펩타이드에는 칼슘의 흡수를 촉진시키거나 혈압을 낮추는 등 많은 생리적인 기능이 있는 것으로 알려져 있다.

우유의 성분과 다양한 기능들

우유가 함유하고 있는 성분들의 다양성

우유 100mL를 건조시켜 수분을 제거하면 약 12g 내외(수분은 88%)의 고형분이 남게 되며 우유 100mL을 기준으로 볼 때 단백질 3.0~3.4g, 지방 3.5~4.0g, 탄수화물인 유당(乳糖) 4.5~5.0g, 칼슘, 철분, 나트륨 등을 함유한 총 미네랄은 0.7g 정도가 함유되어 있다.

▶ 우유단백질의 약 80%는 카세인이라는 단백질로 구성되어 있으며 나머지는 유청단백질로 되어 있다. 카세인은 칼슘, 인, 구연산등과 결합한 형태로 존재하고 있는데 치즈를 만들 때 두부처럼 응고되는 성질을 지니고 있다.

유청단백질은 알파 락트알부민, 베타 락토글로불린, 혈청알부민, 면역단백질 등 여러 가지 수용성 단백질로 구성되어 있다. 물론, 모든 영양소가 각각의 영양적인 특성을 갖고 있지만 단백질은 우리 몸에서 생명활동의 촉매인 효소나 호르몬으로, 근육 또는 신경체로, 또는 우리 몸에 산소를 공급해주는 적혈구 등을 구성하는 매우 중요한 성분이다. 단백질의 영양적인 가치는 구성하고 있는 아미노산이 우리인체가 필요로 하는 아미노산들을 얼마나 잘 충족시키는가에 따라 달라지는데 우유단백질은 각종 아미노산 외에도 인체 내에서 합성되지 않는 필수아미노산을 많이 함유하고 있어 더욱 영양적인 기능이 높다고 할 수 있다.

▶ 우유의 지방은 우유 맛을 좌우하며 영양학적으로는 에너지 및 기타 지용성

필수아미노산

생체 내에서 생합성 되지 못하여 외부로부터 음식물을 통해 공급되어야만 하는 8종의 아미노산(methionine, tryptophan, threonine, valine, isoleusine, lysine, phenylalanine)

비타민 및 필수지방산을 포함하는 중요한 성분이다.

우유의 지방성분으로 글리세라이드, 인지질 및 스테롤과 미량의 지용성 비타민, 유리지방산 등이 있다. 이들 성분은 거의 우유지방구(脂肪球)에 존재하며 지방구의 크기는 직경이 0.1~10㎛이며, 대부분은 2~5㎛이다. 우유의 지방구는 균질처리하면 미세하게 작아져 소화율이 높아지게 되며 흰색에 가까운 우유 빛을 나타낸다.

우유 속에 들어있는 지방성분 중의 하나인 콜레스테롤은 부정적인 면이 지나치게 강조되어 우유도 마치 성인병의 주범인 것처럼 오해하는 경우가 종종 있다. 그러나 콜레스테롤은 우리가 생명활동을 하는데 없어서는 안 될 중요한 영양소로 우리 몸의 간에서 매일 약 1,000~1,200mg의 많은 양이 생합성되고 있다. 정상적인 사람이 우유 한 컵의 콜레스테롤 함유량(약 25mg)정도로 문제가 된다고는 보기 어려우며 다른 식품들과 비교해도 (예를 들면, 달걀 한 개에는 250mg 수준의 콜레스테롤함유) 결코 많다고 할 수 없다.

그러나 혈중 콜레스테롤 수치가 높아 우려되는 사람의 경우에는 적은 양이라도

콜레스테롤

동물성 식품에만 존재하며 우리가 생명을 유지하고 정상적인 인체내 기능을 위해서 꼭 필요한 성분으로 성호르몬과 담즙산의 합성, 세포막과 신경초의 주요 구성성분이다.

문제가 될 수 있기 때문에 우유를 마실 경우 지방을 제거한 탈지유나 저지방우유를 섭취하는 것도 한 가지 방법이 될 수 있다.

▶ 우유의 탄수화물은 대부분이 유당으로 우유 내에 4.5~5.0%가 함유되어 있으며 이외에 포도당, 갈락토오스, 올리고당이 극미량 함유되어 있다. 우유가 약간의 단맛을 내는 것은 모두 유당에 의한 것이며 감미도는 설탕의 약 1/3 수준이다. 또한 발효유 제조 시 유산균에 의해 분해되어 각종 유기산을 생성하며 발효유제품의 독특한 맛과 향을 만들어낸다.

이러한 유당은 사람에 따라서 우유를 마실 때 속이 불편하거나 설사를 일으키는 유당불내증의 원인물질로 작용하기도 하지만 장내에서 유산균의 증식을 촉진하거나 칼슘의 용해 및 체내 흡수를 높이는 기능을 가지고 있다. 최근 유당불내증 환자들을 위해 우유에서 유당을 제거하거나 효소 처리하여 유당을 분해시킨 우유도 시판되고 있다.

▶ 미네랄은 우유 중의 약 0.7%를 차지하며 여기에는 우유 1컵(약 200mL) 당 칼슘 220mg, 칼륨 270mg, 나트륨 100mg, 마그네슘 25mg, 그 외 인, 염소, 황, 철분, 셀레늄 등 미량의 무기질이 함유되어 있다.

미네랄성분은 인체 내에서 역할과 기능이 제각기 다르지만 칼슘은 성인기준으로 체중의 1.5~2.0% 정도인 750~1,000g이 들어 있으며 뼈와 치아의 형성, 혈액응고, 근육수축과 이완, 심장의 규칙적인 박동, 신경의 흥분과 자극전달, 효소의 활성화 등 중요한 생리조절기능을 담당하고 있다.(2)

▶ 칼륨은 신경계의 자극전도, 골격근의 수축과 이완, 혈압유지 등의 역할을 하며 마그네슘은 뼈의 구성 물질로써 그리고 체내에서 에너지를 필요로 하는 반응에 필수적인 요소로 작용한다. 그 외 신경 및 근육의 세포막전위의 유지 등의 역할을 하기 때문에 건강한 뼈를 유지하기 위해서는 마그네슘의 섭취도 중요하다.

▶ 인은 칼슘과 함께 골격과 치아를 구성하는 성분으로 혈액과 세포내에서 체내의 산-염기 평형을 조절하는 완충제로, 세포내에서는 핵산, 인지질의 구성요소로써 탄수화물의 에너지대사, 효소활성화 등의 기능을 수행한다.

▶ 특히, 우유에는 많은 양의 칼슘이 함유(100g중에는 110mg 정도)되어 있어 칼슘의 훌륭한 공급원임은 물론 비타민 B_2, B_{12}, 판토텐산, 인등의 공급원으로도 매우 중요하다. 우유의 칼슘은 단백질에 붙어 있어서 단백질이 흡수될 때 함께 흡수되며 유산(乳酸)은 소장에서 흡수되지 못한 칼슘성분이 췌장에서 분비한 탄산수소나트륨과 만나 생긴 탄산칼슘으로부터 칼슘을 떼어낸 후 유산칼슘의 형태로 다시 변화시켜 물과 함께 흡수시켜 주는 작용을 한다.

▶ 그 외에 나트륨은 세포외액에 존재하여 세포외액량, 산-염기평형, 세포막전위조절, 세포막에서 물질의 능동수송 등의 기능을 하고 있으며 철분은 혈액의 구성 물질로 산소운반에 중요한 역할을 하고 셀레늄은 항산화작용을, 황은 함황아미노산을 구성하며 인체 내 주요 유기화합물의 구성요소로써의 역할을 담당한다.

▶ 우유의 비타민에는 지용성 비타민으로 우유 100mL 당 비타민 A(136~176 IU), D(0.5~4.4 IU), E(20~184 μg), K(미량)가 들어 있으며, 수용성 비타민으로 B_1, B_2, B_6, 니코틴산, 판토텐산, 비오틴, 비타민B_{12}, 엽산, 비타민 B_{13}, 콜린, 미오이노시톨myoinositol, 비타민 C등이 골고루 함유되어 있다.

생리활성물질로 부각되고 있는 우유

우유에는 인간이 활동하는데 필요한 에너지를 공급하거나 몸을 이루고 있는 구성성분으로써의 역할을 담당하는 일반적인 영양성분 외에도 특정의 기능을 가진 생리활성물질을 많이 포함하고 있다는 사실이 최근 밝혀지고 있다.

(표 3) 우유의 구성성분과 생리효과

구분	주요성분	구성성분명	생리효과
단백질	카세인	알파카세인	칼슘흡수 촉진
		베타카세인	칼슘흡수 촉진
		카파카세인	위산분비 억제
	유청	알파락트알부민	칼슘흡수 축진
		베타락토글로불린	비타민 A 공급가능
		프로테오스펩톤	비피도박테리아 증식
		면역글로불린	질병예방
		락토페린	철분흡수촉진, 유해균 생육억제
탄수화물	유당	알파유당	칼슘흡수촉진, 비피도박테리아 증식촉진
		베타유당	에너지원, 뇌세포 구성 성분
지방	지방산	지방산	에너지원
	인지질	레시틴(PS, PE 등)	두뇌 및 세포막 구성성분
미네랄	칼슘, 인		뼈 성장, 발육
	칼륨, 나트륨		체액성분
비타민	수용성	비타민 B 외	각기병 예방 등
	지용성	비타민 A,D,E	피부 및 장관점막 생성

우유단백질의 경우 분해될 때 생성되는 혈압을 낮추는 기능을 가진 펩타이드나 칼슘흡수를 촉진시켜 주는 펩타이드Casein Phosphopeptide ; CPP를 비롯하여 유익한 균인 비피도박테리아 증식인자(비피도박테리아 증식 펩타이드), 아미노산인 트립토판에서 생성되어 잠을 잘 오게 하는 멜라토닌 등이 그 대표적이며 그 외에도 면역을 강화시켜주는 면역글로불린, 철분흡수를 도와주면서도 항생제와 같은 기능을 가진 락토페린 Lactoferrin 등이 있다.

우유지방에는 건강기능식품의 원료로 인증된 체지방 감소기능을 하는 CLA Conjugated Linoleic Acid, 뇌의 발달과 정상적인 두뇌기능을 유지하는데 필요한 콜린Choline, 두뇌활성물질이면서도 암세포억제기능을 가지고 있다고 밝혀지고 있는 강글리오시드Ganglioside 등이 생리활성물질로 밝혀졌다. 탄수화물로는 비피도박테리아를 선택적으로 증식시켜 장을 건강하게 유지하는데 도움이 되는 여러 종류의 올리고당 등이 있으며 아직까지도 각종 연구에 의해 계속해서 밝혀지고 있다.

칼슘의 대명사, 우유

칼슘은 인체 내 미네랄 성분 중 가장 많은 양을 차지하는 원소로 인체 내에는 약 750~1,000g 이 들어 있다. 그중 99%는 뼈와 치아를 구성하며 나머지 1%는 혈액과 모든 세포에 퍼져있어 뼈 조직이 분해되고 새로 만들어지는 대사에 관여하고 있다. 세포내에서 칼슘은 세포막의 내부와 외부사이를 이동하면서 신경과 근육세포의 자극을 전달하여 근육을 움직이게 하고 출혈시 혈액을 응고시키는 지혈제역할도 한다. 또한 신경흥분억제, 세포막의 투과성조절, 백혈구의 탐식작용, 각종 호르몬과 효소의 분비 등 여러 가지 중요한 생리적 기능을 수행하고 있다.

우리가 뼈와 치아의 건강을 유지하고 칼슘의 생리적 기능을 원활하게 하기위해서는 어느 정도를 섭취하는 것이 좋을까? 2005년 제정된 한국인 영양섭취기준에서는 20세 이후 성인 남녀는 700mg, 12~19세는 750~800mg, 50세 이상의 여성에게는 800mg의 칼슘을 매일 섭취하도록 권장하고 있다.

그렇다면 실제로 우리가 매일 음식물로부터 섭취하는 칼슘의 양은 얼마나 될까? 미국과 같이 우유나 유제품을 일상적으로 먹는 나라의 경우 하루 동안 섭취하는 칼슘량 중 75%를 유제품으로부터 얻는다고 한다. 반면 우유를 적게 먹는 한국 등 아시아 국가와 아프리카 등에서는 칼슘섭취량의 대부분을 곡류, 채소, 어패류 등으로부터 얻고 있는데, 미국이나 유럽인들이 아시아 사람들 보다 키가 크고 골격이 잘 발달된 것도 우유, 유제품섭취와 관련이 있는 것으로 알려져 있다.

발육이 왕성한 어린이와 청소년시기에 칼슘을 충분히 섭취하지 못할 경우 칼슘 부족으로 정상적인 뼈의 성장을 기대하기 어렵다.

우리가 칼슘을 이야기 할 때 반드시 짚고 넘어가야 할 것은 '어떤 식품에 칼슘이 얼마나 들어 있는가' 보다는 '우리 몸에서 실제로 흡수하여 이용되는 양이 얼마나 되느냐'를 살펴보아야 할 것이다. 칼슘과 같은 미네랄은 식품에 함유된 양과 체내에서 흡수하여 이용되는 양이 서로 크게 차이가 나기 때문이다. 일반적으로 우리가 음식을 통해 섭취하는 칼슘의 흡수율은 5~30% 정도에 지나지 않는다. 멸치에는 칼슘과 단백질이 풍부하나 칼슘이 체내에 흡수되기 쉬운 형태로 존재하지 않으며 일반 콩류나 곡류에 함유된 칼슘도 대체로 생체이용성이 낮다.(3)

이에 비해 우유는 칼슘의 흡수를 촉진시키는 유당과 펩타이드, 구연산, 비타민 D 등이 함께 들어있어 타 식품에 비해 칼슘의 흡수이용률이 높아 더욱 식품으로써의 가치가 높다 할 수 있다.(3)

우유라는 식품을 바라보는 여러 시각

우유는 오래전부터 많은 영양학자나 의사들에 의해 그 영양학적 우수성이 입증되어 세계 대부분의 나라에서 국민들이 애용하고 있는 대표적인 식품이다. 그러나 최근 극히 일부학자나 의사들에 의해 우유에 대한 부정적인 견해들이 간혹 매스컴에 등장하면서 소비자들의 혼란을 야기하는 경우가 발생하고 있다.

극단적인 예로 부정적인 시각을 이끌고 있는 우유반대론자들

예를 들면, 어떤 사람들은 '오래살고 싶으면 우유를 마시지 말라' 하고 또 다른 이는 '사람이 우유를 마시는 것은 소에게 고기를 먹이는 것과 마찬가지이다', '평생우유를 마신 사람은 동맥경화를 앓는다', '우유는 철분 결핍성 빈혈의 원인이다' 라거나 '우유지방은 콜레스테롤 덩어리다' 또는 '아토피 피부염의 원인은 우유의 독성 탓이다' 라고 하면서 그럴듯한 이유를 들어 설명하고 있다.

또 어떤 우유반대론자는 우유가 키 크는데 도움이 되기는커녕 골다공증 예방에도 효과가 없다고 주장하며 또 미국의 어떤 의사는 "우유는 산성식품이기 때문에 골다공증 예방에 아무 도움이 되지 않는다"(7)고 발표하여 오랫동안 우유를 마셔온 많은 소비자들은 이제까지 알고 있던 상식과는 너무나도 상반된 내용을 접하고 의문과 충격을 받고 있다.

그들의 주장을 보면 너무 극단적인 예를 가지고 부정적으로 해석하려는 경향이 많이 엿보이고 있다. 오랫동안 수많은 영양학자나 의사들의 실험연구결과 우유가 뛰어난 식품이라고 입증되었고 일반소비자들도 우유가 좋다는 것을 오랜 경험을 통해 알고 있다. 지구상의 어떠한 것도 100% 좋거나 100% 나쁜 것은 없다. 또한 이 세상에는 독이 없는 식품이 없다고 할 정도로 모든 먹거리들은 긍정적인 면과 부정적인 면을 가지고 있다. 심지어 물도 잘못 마시면 물 중독 증상이 나타난다고 한다. 즉, 어느 시각에서 보느냐에 따라 약이 될 수도 있고 독이 될 수도 있다는 사실이다. 이 세상의 모든 식품은 영양성분이나 맛, 기능이 모두 다르지만 필요하기에 존재하며 나름대로 자기의 역할을 수행하고 있는 것이다.

어떤 사람들은 '유아기가 지나서 다른 동물의 젖을 먹는 동물은 인간 외에는 없다' 또는 '송아지도 일정기간이 지나면 더 이상 어미젖을 안 먹는데 만물의 영장인 인간이 우유를 마셔야 할 이유가 없다'(7)라고 주장하기도 한다. 그러나 이 지구상의 모든 생물계는 먹이사슬로 연결되어 있다. 초식동물은 풀을 먹고 육식동물은 초식동물을 잡아먹고 살아간다. 식물도 토양속의 각종 미생물이 생산한 양분으로 자란다. 이 지구상의 어떠한 생물도 같은 종끼리 식량을 해결하는 일은 거의 없다. 마찬가지로 인간이 우유나 고기, 계란을 먹는 것은 지극히 당연한 일이 아닌가? 미국의 어느 의사가 말하듯이 '소의 젖을 먹는 것은 인간뿐이다'가 아니라 인간의 지혜로써 우유라는 훌륭한 영양식품을 개발한 것이다.

국내 또는 일본에서 발간된 책들 중 우유에 대한 부정적인 시각이 들어있는 내용을 살펴보면 대부분이 육류위주의 식생활을 하는 서구인들을 대상으로 조사한 자료들인데 이것을 식생활문화가 전혀 다른 동양인에게 그대로 적용하고 있다. 서구인들은 우유소비량이 우리보다 3~4배 많은데다 빵을 주식으로 하기 때문에 거의 매일 우리와는 비교할 수 없을 정도로 많은 양의 육류를 먹고 있다. 따라서 언제나 지방 과다섭취 상황에 놓여 있다고 해도 과언이 아니다. 그러한 사람들을 대상으로 하여 얻은 실험결과를 우리에게 동일하게 적용한다는 자체가 모순이고 또한 극히 일부 사람들의 데이터를 마치 모든 사람에게 해당되는 것처럼 말하는 것도 합리성이 떨어진다고 볼 수 있다.

오랜 기간을 걸쳐 과학으로 입증된 우유

우유가 영양학적으로 우수한 식품일 뿐 아니라 훌륭한 칼슘원으로써 어린이와 청소년들이 성장하는데 크게 기여하고 있다는 사실은 오랜 기간을 거쳐 과학적으로 입증이 되어왔으며 현재도 많은 학자와 의사들의 연구결과가 이를 뒷받침하고 있다. 또한 확실하게 증명된 사실은 1970년대 이후 우리나라에서 우유의 학교급식 실시로 어린이들의 신장과 건강이 크게 향상되었다는 점이라 할 수 있다.

수백, 수천 년간 인간의 식생활문화에 깊이 뿌리를 내리며 건강에 크게 이바지한 공은 도외시한 채 그럴듯한 말로 소비자들과 일반대중을 현혹시킴으로써 우유와 관련된 산업에 종사하는 수많은 사람들과 특히, 자라나는 어린아이들을 비롯한 국민의 건강에 미치는 영향을 그냥 수수방관하며 지켜보아야 하는 것일까?

사람의 신체구조와 기능은 천차만별이다. 키가 큰 사람, 작은 사람, 뚱뚱한 사람, 마른 사람, 성질이 급한 사람, 온순한 사람 등이 있는가 하면 간에 열이 많은 사람, 위장이나 신장기능이 약한 사람, 혈압이 높은 사람, 낮은 사람, 콜레스테롤 수치가 높은 사람, 낮은 사람 등 개인 간의 특성이 이렇듯 모두 다른데 어떻게 일률적으로 어느 것은 좋고 어느 것은 나쁘다고 단정 지을 수 있을까?

아무리 몸에 좋은 성분이라도 그 필요량이 사람마다 다르고 연령층에 따라서도 달라질 뿐 아니라 동일한 사람이라 할지라도 기분이 좋을 때와 나쁠 때 몸 안에서 소화흡수나 대사기능이 달라지기 때문이다. 따라서 어떤 사실을 평가할 때 어느 한쪽 면만 보아서는 오류를 범하기 쉬우며 나무와 숲을 함께 보는 지혜가 필요하다.

또한 우유가 훌륭한 식품이라 할지라도 체질상 잘 맞지 않는 사람도 분명히 있다. 마리온 네슬 교수(뉴욕 대학 영양학 과장, FDA자문위원)가 말했듯이 '우유도 하나의 식품이다. 다만 문제는 양이다. 유당분해 능력이 없는 사람은 다른 음식을 먹으면 되고 우유를 소화할 수 있고 좋아하는 사람은 우유를 마시되 적당한 만큼 마시면 되는 것이다.'

건강을 위해 가장 중요한 것은 올바른 식습관을 생활화하는 것이다

요즘은 노인들은 물론이고 젊은 사람들도 비타민이나 미네랄과 같은 영양성분들을 즐겨 먹고 있다. 더욱이 많은 사람들이 각종 광고나 매스컴 등을 통해 얻은 자기 나름대로의 지식으로 늘 칼슘, 철분, 비타민 등이 부족하다고 생각한다. 실제로 우리나라 사람들의 영양조사 연구결과를 보면 많은 사람들이 칼슘, 철분과 일부 비타민섭취가 부족한 것으로 나타나고 있다. 그러나 본인의 식생활상태는 점검해 보지도 않고 규격화된 비타민제품이나 칼슘보충제 등의 건강보조식품만을 먹는다고 영양상의 모든 문제가 다 해결될 수 있을까?

우리가 늘 먹는 육류, 생선, 야채, 해조류 등은 생명체이다. 우유나 달걀도 역시 생명체에서 생겨난다. 그러한 성분 안에는 기본적인 영양성분 외에도 우리가 아직 잘 모르는 미지의 이로운 특성을 가지는 성분들이 있으며 음식물에 존재하는 많은 성분들이 서로 연관된 상호작용을 통해 우리 몸 안에서 매우 복잡한 신진대사를 거쳐 우리에게 필요한 대부분의 새로운 성분들이 생합성 되고 우리가 아직 잘 모르는 플러스알파도 만들어지는 것이다. 따라서 건강보조식품은 어디까지나 영양보충식이지 우리가 일상 먹는 음식과는 근본적으로 다르다.

건강한 삶을 영위하기위해서는 매일 먹는 음식의 식단을 자기에게 맞게 조절하여 종합적이고 균형 있는 영양을 섭취하는 것이 중요하다. 즉, 비만이거나 칼로리 섭취가 너무 많은 사람은 지방함량이 낮은 식품으로, 반대로 운동량이 많거나 한창 자라나는 어린이 · 청소년들에게는 지방, 단백질 함량이 높은 고칼로리 식품이 필요할 것이다.

필자는 영양학자는 아니지만 40여 년간 식품업계와 학계에 종사하면서 '건강을 위해 영양을 섭취하는데 특별한 정답이 없다'는 사실을 절감하고 있다. 사람에 따라 모두 건강상태나 소화흡수 능력이 다르고 연령층이나 음식을 섭취할 당시의 사람의 기분에 따라서도 몸 안에서의 대사기능이 달라지기 때문이다.

음식으로 인해 건강문제가 발생하는 원인은 대체로 편식과 과식, 무분별한 인스턴트 식품섭취 등에서 자주 발생한다. 따라서 자기의 몸 상태를 고려하여 알맞

은 음식을 선택하고 적절한 양을 골고루 섭취하며 적당한 운동을 한다면 대부분 자기에게 필요한 영양은 따로 보충하지 않아도 별 문제가 없고 이렇게 하는 것이 올바른 식생활의 지름길이라고 생각한다.

우리의 몸을 구성하고 있는 약 60~70조개의 세포들은 각각의 독립된 생명체로써 우리의 건강에 절대적인 영향을 미친다. 다시 말해 우리의 신체를 구성하고 있는 한 개 한 개의 세포가 건강하면 우리의 몸은 건강해지고 그렇지 못하면 문제가 생긴다는 것이다. 이러한 세포들은 제각각의 수명이 있어 수명을 다하면 소멸되고 새로운 세포로 교체되어야 하는데 우리가 먹은 음식물이 분해되는 과정에서 생성된 최종 분해물질들이 복잡한 대사과정을 거쳐 다시 우리의 몸에 필요한 새로운 세포를 만드는데 이용된다.

성인이 하루에 우유를 2잔 마시면 단백질과 기타 영양소섭취에 많은 도움이 될 뿐만 아니라 하루에 필요로 하는 필수아미노산을 공급받는데 충분하다. 사람의 뼈는 약 90일이 지나면 새로운 뼈세포로 대체되어야 하는데 조골세포와 파골세포는 항시 새로 만들어지고 없어지는 뼈세포의 균형을 유지한다. 만일 이때 칼슘이 부족하면 조골세포의 움직임보다 파골세포의 움직임이 활발해지면서 골다공증을 초래하게 된다. 나이가 들수록 가볍게 넘어져도 골절상을 당하기 쉬운데 이것은 대체로 뼈 속에 칼슘이 부족해 나타나는 경우가 대부분이다.

이제는 상식으로 자리매김 된 우유의 중요성, 뼈 속 깊이 새길 말이지 않을까.

우유 한잔의 과학

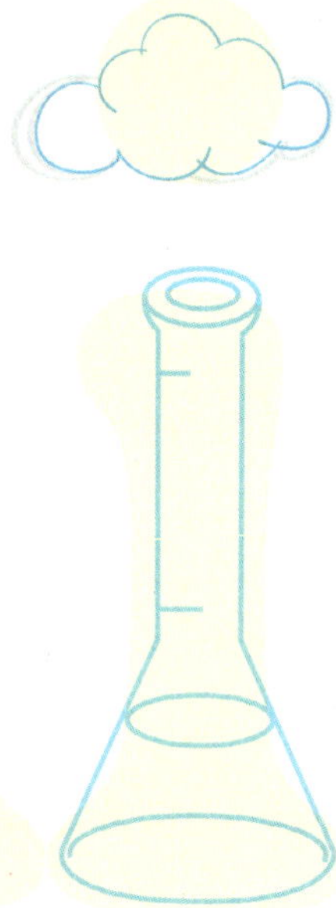

02.

엄애선

| 식품영양학 |

현 한양대학교 식품영양학과 교수

주요약력 미국 오클라호마대학교 의과대학 초빙교수
국무총리실 식품안전정책위원회 전문위원

저　　서 식품 미생물학 (파워북)
암을 이기는 한국인의 음식 54가지
(연합뉴스)

제4장

우유의 학교급식은 청소년들의 칼슘섭취를 높인다

- 미국은 칼슘 충분섭취량을 기준화하여 권장하고 있다
- 우리나라 칼슘급원 식품은 우유가 1위, 섭취량은 50%수준
- 우리나라 우유 급식의 현황
- 학교 우유급식은 사춘기 청소년시기 뼈 성장의 원동력
- 선진국의 우유급식 모범사례를 벤치마킹하자
- 학교 우유급식에 대한 제언

⊙ 일본은 1954년 학교급식법에 의해 우유급식이 시작된 이후 2004년까지 50년 동안 중학교 3학년생의 신장이 남학생은 18㎝, 여학생은 11㎝가 성장한 것으로 나타났는데 이러한 결과는 학교급식에서 우유를 제공한 요인이 가장 큰 이유로 파악되고 있다.

⊙ 우리나라에서는 한국인 영양섭취기준(2005년)에 따라 아동 및 청소년에 대한 칼슘 권장섭취량을 9~11세 800mg, 12~14세 900~1,000mg, 15~19세 900~1,000mg으로 정하고 있다

⊙ 해외에서 운영되고 있는 학교급식의 우유프로그램을 벤치마킹하여 우유급식을 의무적으로 시행하고, 우유의 다양화로 선택의 폭을 넓히고, 철저한 유통관리와 학생대상의 영양교육을 실시한다면 학생들의 우유섭취율은 더욱 향상될 것이다.

미국은 칼슘 충분섭취량을 기준화하여 권장하고 있다

우유는 단일식품 중 단백질, 탄수화물 등 다량영양소와 칼슘, 마그네슘, 인, 철분, 비타민 A, 비타민 B_2, 비타민 C, 수분 등의 영양소가 골고루 함유되어 있어 영양적으로 매우 우수한 식품이다.(27) 아동기 및 청소년기에는 신체적인 성장발달이 급격히 이루어지는 시기로 영양소의 공급이 그 어느 때보다 중요하다. 특히 청소년기에는 유아기 이후 신장 및 체중의 발달이 급격히 증가되어 신장은 어른 신장의 20~25%를 청소년기에 얻고 체중과 골격계는 50%를 이 시기에 얻게 된다.(32) 따라서 이 시기에는 단백질, 지방, 탄수화물, 비타민과 철, 칼슘, 아연, 마그네슘 등 무기질의 균형 잡힌 영양소 섭취가 반드시 이루어져야 한다. 특히 칼슘은 뼈를 구성하고 골밀도를 높이는데 없어서는 안 될 중요한 영양소 중 하나로 우유 및 유제품에 많이 함유되어 있다.

또한 아동기나 청소년기에 섭취하는 우유가 성인기의 뼈 건강을 위해서도 좋다는 결과는 여러 연구에서 보고된 사실이다.(24,25,33) 예를 들어 3,251명의 20세 이상 백인여성을 대상으로 실시한 미국의 NHANES 조사결과를 바탕으로 대상자들의 아동기(5~12세) 및 청소년기(13~17세)에 섭취한 우유섭취빈도를 질문한 연구가 있었다. 연구자들은 우유섭취빈도와 골밀도Bone Mineral Density; BMD, 골무기질량Bone Mineral Content; BMC 및 13세 이후 골절경험과 50세 이후 골절경험의 상관성을 분석하였는데 그 결과 어렸을 때 우유의 섭취경험이 이후 골절의 위험

을 확실하게 낮추었으며 이와 함께 높은 골량을 유지하였다고 밝혔다.(25)

이러한 이유로 우유는 성장기 어린이와 청소년뿐만 아니라 성인에게도 매우 중요한 식품이다.

한편 미국 농업연구청Agricultural Research Service; ARS소속 영양학자인 Bowman은 청소년기 여학생들이 성장해 가면서 우유섭취량이 점차 줄어든다는 연구결과를 보고하였다.(17) 이 연구에서는 12~19세 여학생 732명을 대상으로 조사한 결과, 12세 여학생이 우유 섭취량이 가장 많았고(78%의 섭취율) 탄산음료는 가장 적게(1일 9온스) 섭취하는 것으로 조사되었다. 이와는 반대로 19세 여학생의 경우 우유 섭취량이 가장 적었고(36%의 섭취율), 탄산음료 섭취는 가장 높게(1일 약 14온스) 나타났다. 이에 따라 미국에서는 우유의 섭취를 다음과 같이 권고하고 있다. 미국 농무부 US Department of Agriculture; USDA와 보건복지부 Department of Health and Human Services; HHS에서는 2~8세 어린이에게 1일 2컵의 우유를, 9세 이상 어린이에게는 1일 3컵의 우유를 섭취할 것을 권장하였다.(20, 34) 또한 미국 과학한림원 National Academy of Sciences에서는 4~8세 어린이의 칼슘 충분섭취량을 1일 800mg으로, 9세 이상 어린이는 1,300mg으로 충분섭취량으로 기준화하고 이를 권장하고 있다.

우리나라 칼슘급원식품은 우유가 1위, 섭취량은 50%수준

쌀 등 곡류를 주식으로 하는 우리나라의 식생활 특성상, 칼슘, 비타민 B_2 등의 영양소가 가장 부족하기 쉽다. 실제로 우리나라 2007년 국민건강영양조사에 따르면, 우리나라 국민 1인 1일 당 평균 칼슘섭취량이 461.8mg(남자 519.7mg, 여자 403.5mg)으로 권장섭취량의 63.4%에 그쳤다.(그림 1) 이 중 6~11세 어린이의 섭취량은 446.6mg, 12~18세 청소년의 섭취량은 472.7mg이었으며 청소년기의 섭취량은 권장섭취량의 50% 미만에 불과했다.

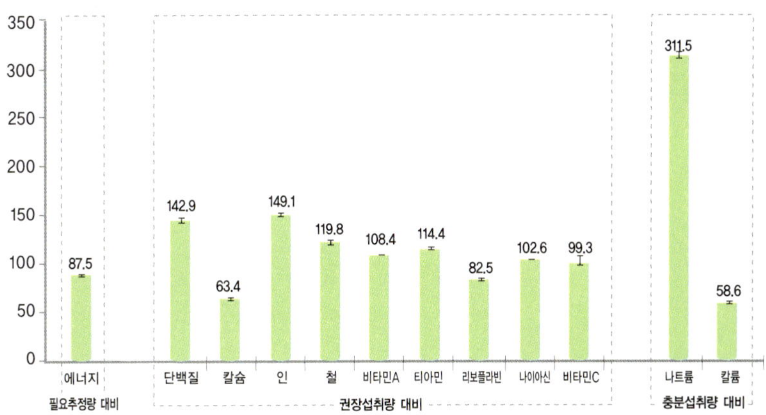

(국민건강영양조사, 2008)

(그림 1) 영양섭취기준 대비 칼슘 섭취비율

칼슘급원식품은 우유(68.8mg)와 배추김치(37.9mg) 등으로 이 중 1위는 우유가 차지하고 있으며 우리나라 국민 1인 1일 당 우유섭취량은 남자 69.9mg, 여자 67.7mg으로, 전체적으로는 68.8mg으로 나타나고 있다.(4) 그러나 앞에서도 살펴본 바와 같이 현재의 칼슘섭취 수준은 권장섭취량(2005년 한국인 영양섭취기준 근거 9~11세 800mg, 12~14세 900~1,000mg, 15~19세 900~1,000mg)에 크게 미달되는 수준으로 이에 대한 적절한 해결방안이 필요하다. 현재 우리나라를 포함한 해외 여러 나라에서도 학교 우유급식을 통해 체내 칼슘을 보충하려는 노력을 기울이고 있다. 실제로 그동안 우유급식을 통해 어린이들의 칼슘섭취가 1.5배가량 높아졌고 단백질, 철분, 인, 칼륨, 비타민 A 등의 섭취에도 도움을 주었으며 (7,13) 학생들의 체위가 과거에 비해 향상된 것으로 나타났다.

우유 중에 들어있는 칼슘의 중요성과 칼슘이 부족하기 쉬운 우리의 식생활을 고려하여 자라나는 초 · 중 · 고등학생의 우유 섭취를 촉진할 수 있도록 학교에서의 우유급식 활성화 방안을 모색하고 있다.

우리나라 우유 급식의 현황

우리나라 학교급식은 1992년에 확대사업을 추진한 이후 2003년에는 전국 초 · 중 · 고등학교에서 전면 시행되었다. 학교 우유급식은 1970년에 수도권 지역 초등학생들을 대상으로 처음 시작되어 1986년부터는 중 · 고등학교까지 확대되었다.

유상급식제로 우유급식의 감소화 현상

이러한 정부의 우유급식 시행으로 2005년 우유급식의 현황은 초등학교 76.9%, 중학교 21.6%, 고등학교 7.3%, 특수학교 91.4%로 나타났다. 그러나 전체적으로 초 · 중 · 고생들의 우유급식은 47.6%로 연령이 증가할수록 우유급식

에 따른 섭취비율이 현저히 감소하는 현상을 보이고 있다.

우리나라의 학교 우유급식은 기본적으로 의무사항이 아니고 학생들의 의사에 따라 자율적으로 시행되고 있고 우유급식비를 학부모가 부담하는 유상급식제이기 때문에 향후 우유급식을 시행하는 학교의 수가 점점 더 감소될 것으로 예상된다.[1] 이는 대부분의 OECD 국가들이 아동 및 청소년의 우유급식비의 일부나 전액을 보조하는 것과는 대조적이다. OECD 국가 중 일본(2004년 기준)의 경우에도 우유 급식률이 97.2%로 47.6%인 우리나라와는 큰 차이를 보여주고 있다.[1]

우유의 맛이 우유섭취 감소의 주요한 장애요인

2007년 국민건강영양조사에 따르면 우리나라 국민은 비교적 건강한 식생활을 하고 있으나 칼슘, 철, 비타민 A, 비타민 B_2 등은 한국인 영양섭취기준보다 평균적으로 낮았으며 그 중에서도 칼슘의 평균 섭취량은 영양섭취기준의 63.4%로 가장 낮은 수준이었다. 특히 중 · 고등학생 연령대인 12~18세 청소년의 칼슘섭취량이 49.3%로 가장 낮았으며 초등학생 연령대인 6~11세 아동은 59.9%에 불과하여 성장기 아동 및 청소년의 칼슘섭취 부족이 심각한 수준인 것으로 나타났다. (표 1)

(표 1) 아동 및 청소년의 칼슘 섭취량

연령(세)	칼슘 평균섭취량(mg) 평균(표준오차)	영양섭취기준에 대한 섭취비율(%) 평균(표준오차)
6~11	446.6(17.3)	59.9(2.4)
12~18	472.7(18.1)	49.3(1.9)

(국민건강영양조사, 2008)

이와 같이 우유섭취가 저조한 데에는 여러 이유가 제시되고 있으나 그 중에서도 '우유의 맛' 이 우유급식 섭취량 감소의 주요한 장애요인으로 생각된다.(10)

전국 4,769명의 초 · 중 · 고등학생을 대상으로 학교우유급식 실태조사를 진행한 결과 대부분의 조사대상자가 우유의 영양적인 가치와 섭취의 중요성에 대해서는 잘 인식하고 있었다. 초 · 중 · 고등학생 모두 흰 우유를 섭취하고 있었으나 딸기나 바나나, 커피 등의 향이 첨가된 가공우유를 가장 선호하는 것으로 나타났다. 현재 우유급식의 만족도에 따른 섭취비율은 초등학생이 가장 높았고 중학생, 고등학생의 순이었으며 우유를 마시지 않는 이유로는 초등학생은 '집에서 먹는 우유와 달라서', '배가 아파서' 이었고 중 · 고등학생은 '맛이 없고 냄새가 싫어서' 등으로 나타나 '우유의 맛' 이 우유급식 섭취량 감소의 주요한 장애요인으로 분석되었다. 우유급식 시 학생들의 우유섭취 여부를 지도하는 교사는 5.4~25.5% 수준에 머물렀으며 특히 중 · 고등학교로 갈수록 교사의 우유급식 지도가 거의 이루어지지 않고 있는 실정이었다.(2,10)

또한 우유급식 시행 학교가 비 시행 학교에 비해 점심급식에서의 칼슘섭취량이 약 1.5배 높았으며 권장량에 대한 평균 칼슘섭취량의 비율은 우유급식 시행 학교에서는 43~51%인데 비해 비 시행 학교의 경우 24~28%이었다. 점심급식으로 우유급식을 시행하지 않는 학교의 경우 칼슘섭취량이 매우 저조하여 우유가 칼슘공급에 중요한 역할을 하고 있음을 알 수 있었다.(8)

학교 우유급식은 사춘기 청소년시기
뼈 성장의 원동력

우유를 섭취하게 되면 전혀 섭취하지 않은 경우와 비교하여 에너지, 지방 및 칼슘의 섭취량이 높아진다. 국내외에서는 우유에 함유되어 있는 칼슘이 체내 건강에 미치는 영향을 파악하고자 많은 연구들이 진행되고 있다. 특히, 아동 및 청소년기의 성장발달이나 비만에 미치는 영향에 대해 살펴보면 다음과 같다.

우유가 초등학생의 성장발달에 미치는 영향을 파악하기 위해 서울 소재 초등학생 793명을 대상으로 3일 동안 식생활 및 신장, 체중, 체성분, 골무기질량과 골밀도 등의 신체계측을 조사한 결과, 고학년 여자어린이의 경우 우유 및 유제품을 많이 섭취한 어린이가 적게 섭취한 어린이에 비해 골밀도가 훨씬 높았다.(3)

청주시에 거주하는 초등학교 5~6학년 중 240명의 우유급식 참여학생과 120명의 우유급식 비 참여학생을 대상으로 학교와 가정에서의 우유섭취 실태를 조사한 결과, 우유급식 참여자가 비 참여자에 비해 칼슘섭취량이 279.8mg 더 높은 것으로 조사되었다. 이들의 칼슘섭취량이 차이나는 가장 큰 이유는 우유의 섭취 여부에 따른 것이다.(2)

고농도의 칼슘섭취와 운동을 병행하는 경우 아동의 골밀도에 미치는 영향을 조사하기 위해 113명의 건강한 여자어린이에게 칼슘 800mg을 함유한 우유제품과 칼슘이 들어있지 않은 위약을 1년간 매일 공급하였다. 그 결과 전신의 경우 6.3%, 척추 11%, 발목 8.2% 등 골밀도에 미치는 영향이 칼슘섭취와 운동을 병행한 군에서 유의적으로 높게 나타났다. 연구자는 연구결과를 통해 아동기에는 운

동과 함께 칼슘을 섭취하는 것이 바람직할 것이라고 결론 내렸다.(18)

중국 베이징에 위치한 9개 초등학교에 재학 중인 757명의 10세 소녀를 대상으로 2년 동안 우유섭취와 뼈 성장과의 관계에 대하여 연구를 수행하였다.

연구대상은 330mL 칼슘 강화우유 섭취군(n=238), 330mL 콜레칼시페롤(5~8ug) 강화우유 섭취군(n=260), 대조군(n=259)의 총 3군으로 무작위 선별하였다. 연구 시작시점과 연구진행 12개월 및 24개월째에 골무기질량을 측정한 결과, 신장(0.6% 이상), 앉은키(0.8% 이상), 체중(2.9% 이상), 체내 총 골무기질량(1.2% 이상)과 골밀도(3.2% 이상)가 유의적으로 증가되었다. 결론적으로 학교 우유급식 프로그램에서 우유섭취량을 늘리는 것은 사춘기 청소년의 뼈 성장을 도와준다.(19)

칼슘 및 비타민 D 강화우유가 중국 10~12세 소녀의 신체발달에 미치는 영향을 조사하기 위해 이중 맹검법을 이용하여 2년간 연구를 하였다. 1일 144mL의 칼슘 강화우유 섭취군(n=238), 1일 144mL의 칼슘 및 비타민 D 강화우유 섭취군(n=260)과 대조군(n=259)의 총 3군으로 분류하였으며 설문조사를 통해 신장, 체중, 앉은키와 무릎까지의 길이를 조사하였다. 대조군에 비해 강화우유 섭취군은 모두 신장 및 체중이 유의하게 증가하였다. 또한 칼슘 강화우유 섭취군에서는 앉은키와 무릎까지의 길이가 다른 두 군에 비해 유의적으로 높았다.(37) 이와 같은 결과를 통해 10~12세 소녀들이 칼슘 및 비타민 D 강화우유를 섭취한다면 신체적발달이 더욱 증진될 것으로 밝혀졌다.

3~18세의 어린이와 청소년을 대상으로 칼슘과 우유를 1년 이상 섭취하도록 한 결과, 칼슘 또는 우유의 섭취가 골량과 골밀도를 증가시키는 효과를 보였다. 또 다른 연구에서는 칼슘 및 우유섭취를 중단한 뒤에도 1~3.5년 동안 뼈에 대한 이로운 효과가 지속되었다고 보고하였다.(21,23)

아동기 및 청소년기의 우유섭취빈도가 폐경기 이후 골밀도에 미치는 영향을 파악하고자 폐경기 여성 중 50%는 아동기에, 33.3%는 청소년기에 거의 매일 우유를 섭취한 경험이 있는 여성을 선정하였다. 아동기와 청소년기의 높은 우유섭취빈도는 골밀도의 증가와 상관성이 있었다. 성장기 또는 청소년기에 매일 우유를 마신 여성들은 거의 마시지 않았던 여성들에 비해 성인기 체내 칼슘양이 더 많았다.(30)

Moore 등(2008)은 아동기 유제품 섭취가 청소년기 뼈 건강에 미치는 효과에 대해 조사하였다. 12세 이상 청소년을 대상으로 유제품의 섭취와 이에 따른 뼈 건강을 평가한 결과, 1일 2회 이상 유제품을 섭취하는 것은 골무기질량과 골표면적bone area; BA을 유의적으로 증가시켰다. 육류와 기타 다른 단백질(1일 4회 이상)을 많이 섭취하는 것 또한 골무기질량과 골표면적을 유의적으로 증가시켰다. 유제품과 육류 및 기타 다른 단백질을 많이 섭취한 어린이들의 경우 가장 적절한 골무기질량(3,090.1g)을 보였고 이들 식품을 덜 섭취한 어린이들에게서는 가장 낮은 골무기질량(2,740.2g)을 나타냈다. 이러한 결과로 볼 때 아동기에 유제품을 많이 섭취하는 것은 청소년기 뼈 건강에 아주 좋은 밑거름이 된다 할 수 있다.

우유를 섭취하지 않은 아동의 경우 성인이 된 뒤 골절의 위험성이 높아질 뿐만 아니라 우유 대신 탄산음료 등 당분이 많이 함유된 음료를 섭취함으로써 비만 발생률이 증가될 수 있다.(9)

1999~2002년에 시행된 NHANES 자료(2005)를 근거로 하여 7,557명의 2~18세 아동 및 청소년의 우유 종류별 섭취여부에 따라 군(흰 우유 섭취군, 가공우유 섭취군, 우유 비 섭취군)을 나누어 연구를 진행하였다.

우유를 섭취한 어린이와 섭취하지 않은 어린이의 체질량지수 Body Mass Index ;

BMI 와 체질량지수의 표준편차를 비교해 본 결과 2~5세 어린이와 6~11세 어린이 사이에는 차이를 보이지 않았으나 우유를 섭취하지 않은 12~18세 남, 여학생의 경우 우유를 섭취한 학생에 비해 체질량지수와 체질량지수의 표준편차가 유의적으로 높게 나타났다.

이처럼 초 · 중 · 고등학생들의 정상적인 뼈 형성과 골격성장을 위해 칼슘의 섭취는 필수적이며 이에 따라 칼슘의 급원 중 하나인 우유의 섭취에 관심을 기울일 필요가 있다. 또한 미국 등 선진국의 학교 우유급식 모범사례를 벤치마킹하여 국내 학교 우유급식의 체계를 보완해야 할 것이다.

선진국의 우유급식 모범사례를 벤치마킹하자

한국인을 위한 식생활지침(2009)에서는 1일 2컵의 우유를 섭취할 것을 권장하고 있으나 현재 학교급식법에서는 우유급식을 의무사항으로 규정하고 있지 않다. 이에 따라 우유급식을 초 · 중 · 고등학교로 확대 시행하는데 어려움이 많다. 한편, 현재 일본에서는 학교급식법에서 우유를 의무적으로 공급하도록 규정하고 있어 초등학교 98.1%, 중학교 95.0%, 고등학교(야간) 92.0%의 높은 시행률을 보이고 있다.

미국의 경우에도 학생들의 우유섭취율과 급식의 참여도를 높이기 위해 2004년에 아동영양법 Child Nutrition Act 을 개정하여 현재 국가학교점심급식프로그램 National School Lunch Program ; NSLP 에서 학생들의 선호도가 높은 유제품을 제공할 수 있도록 하였다.

이로 인해 흰 우유뿐만 아니라 가공유, 유당 제거우유 등 종류가 다양하게 제공되고 있으며 이들은 다양한 용량으로 공급되고 있다. 또한 이 프로그램에 의하면 교내에서 청량음료 등 학생들의 건강에 해로운 음료판매를 금지하여 우유소비를 더욱 촉진시키고 있다.(31,35)

외국의 학교 우유급식방법 및 프로모션(표 2)에서와 같이 무료급식을 채택하고 있는 나라는 핀란드, 스웨덴, 포르투갈 등이며 보조급식을 시행하고 있는 나라는 미국, 호주, 오스트리아, 덴마크, 프랑스, 영국 등을 비롯한 대부분의 OECD 국가들이다. 우유급식의 급식방법 및 대상은 연령별로 차등을 두어 시행하는 경우가 대부분이다. 예를 들어 영국의 경우 유치원생은 무료급식, 초등학생은 보조급식, 중등학생은 유상급식을 하고 있다. 또한 의무급식을 시행하는 국가로는 핀란드, 일본, 스웨덴이 있으며 우유 소비촉진을 위해 학생, 학부모, 교사, 영양사와 교육당국을 대상으로 학교 프로모션을 차등 실시하고 있다.

(표 2) 외국의 학교 우유급식방법 및 프로모션

국가명	급식방법			의무급식	권장량 (L)	학교 프로모션				
	보조	무료	유상			학생	학부모	교사	영양사	교육당국
호 주	P		N, S		–	V	V	V	V	V
오스트리아	N, P, S				0.5	V	V	V		V
덴 마 크	P, S		N		0.5	V	V	V	V	V
핀 란 드		N, P, S		V	0.5~0.6	V	V	V	V	V
프 랑 스	N, P, S				–	V	V	V		V
독 일	N, P, S				–	V	V	V		V
일 본			N, P, S	V	0.2	V		V	V	
네 덜 란 드	N, P, S				3컵	V	V	V	V	V
뉴 질 랜 드			N, P, S		–					
노 르 웨 이	P, S		N		0.5	V	V	V		
포 르 투 갈		N, P	S		0.2	V	V	V		
스 웨 덴		N, P, S		V	0.5			V	V	V
영 국	P	N	S		–	V	V	V	V	V
미 국	N, P, S				2~3컵	V				
한 국			N, P, S			V		V		

주: N = 유치원, P = 초등학교, S = 중등학교

(FAO, 2005)

미국, 향을 첨가한 가공우유도 함께 제공

미국과 일본은 학교 우유급식이 잘 운영되고 있는 모범사례국가로 알려져 있다. 미국에서는 1966년 아동영양법 Child Nutrition Act 이 시행됨에 따라 특수우유급식프로그램 Special Milk Program 이 통합되었다. 해당 학교에서 실시하고 있는 급식관련 프로그램에 따라 학생들에게 우유가 제공되며 국가의 보조 하에 유상 또는 무상으로 우유가 공급되고 있다. 국가학교점심급식프로그램NSLP에 따르면, 학생들이 우유를 많이 섭취할수록 설탕의 섭취량은 감소하며 그 이유는 우유가 과일주스나 탄산음료의 섭취를 대체하는 효과가 있기 때문이라고 밝혔다. 따라서 제도적으로 청량음료 등 학생의 건강에 해로운 음료판매를 교내에서 금지하여 우유소비를 더욱 촉진시키고 있다.(35)

2008년 기준으로 공급된 우유의 양은 235mL를 기준으로 8,500만 팩에 이르렀고 이 프로그램을 통해 학교급식에서의 우유의 소비량이 크게 증가한 것으로 나타났다.(36)

미국 영양학회 저널JADA의 미국인을 위한 식생활지침 에서는 2~8세 아동에게 우유 섭취량을 1일 2컵 정도 마셔야 한다고 권장하며 9세 이상 어린이들에게는 1일 약 3컵의 우유를 마실 것을 권고하였다. 하지만 현실적으로 우유섭취량은 권장량에 미치지 못하고 있는 실정이다. 성장기 어린이들에게 일반적으로 시행되고 있는 대안으로는 흰 우유대신 여러 가지 향을 첨가한 가공우유를 어린이들의 급식과 함께 제공하는 것이다. 예를 들면, 어린이 급식으로 흰 우유만 제공하는 게 아니라 초코우유, 딸기우유, 우유쉐이크 등 아이들이 좀 더 쉽고 효율적으로 우유를 섭취할 수 있도록 다양한 우유를 제공하는 것이다. 실제로 학생들은 학교급식에서 제공되는 흰 우유 대신 여러 가지 향을 첨가한 가공우유를 많이 선택하고 있었다.(16)

그러나 향을 첨가한 가공우유 중 당분이 비만 등을 일으켜 건강에 해로울 것이라는 우려의 견해도 있다. 초코우유중의 당 섭취량을 계산해보면 8온스의 초코우유에는 당분이 3 테이블스푼 정도의 양이 들어 있다. 즉, 초코우유 중에는 2%의 당분이 첨가되어 있으며 하루에 한번 초코우유를 섭취한다고 가정했을 때 총 48Kcal(3ts=12g=48Kcal)의 열량을 발생시키며 이는 비만을 유발할 정도는 아니라고 밝히고 있다.

이처럼 식품의 맛과 향을 좋게 하고 색을 예쁘게 하며 식품을 상하지 않고 오래 저장하기 위해 여러 가지 물질을 첨가하는데 이를 식품첨가물이라고 한다. 특히 식품에 다양한 맛과 향을 주어 더욱 맛있게 해주는 식품첨가물을 착향료라고 하는데 초코우유 중에는 합성착향료인 초코향이 주로 사용되고 있다.(5) 식품 중 식품첨가물을 적절히 사용하면 유익함이 많으나 잘못 사용하거나 섭취할 경우에는 건강을 해칠 수 있다. 따라서 생산자는 우유 등 식품 제조 시 필요한 식품첨가물만을 기준에 맞게 사용해야 하고 소비자도 식품첨가물이 함유된 식품을 과량으로 섭취하지 않도록 주의를 기울여야 할 것이다.

또한 우유에 특정 식품첨가물을 첨가하여 만든 가공우유는 우유자체의 영양성분에는 영향을 미치지 않는다. 즉, 흰 우유와 초코우유 등 가공우유의 영양성분(단백질, 총 지방, 칼슘, 인, 마그네슘, 비타민 A, 비타민 B_2, 칼륨)은 거의 동일하기 때문에 초코우유도 영양적으로 균형 잡힌 식품이라고 할 수 있겠다.

이처럼 초·중·고등학생에게 학교급식을 통해 우유를 제공하는 것은 필요한 영양성분의 균형을 맞출 수 있고 포만감을 주며 학습능력 또한 향상시킬 수 있어 중요하다.(16)

일본, 우유급식으로 학생들의 신장 성장에 기여

일본의 학교 우유급식 보급률은 2004년 기준 97.2%로 우유급식을 통한 칼슘 섭취에 의해 학생들의 영양불균형이 많이 해소되었다. 이러한 효과는 현재 일본의 우유급식이 유치원, 초등학교 및 중등학교에서 의무적으로 시행되고 있기 때문으로 생각된다. 1954년 학교급식법에 의해 우유급식이 시작된 이후 2004년까지 50년 동안 중학교 3학년생의 신장이 남학생은 18㎝, 여학생은 11㎝가 성장한 것으로 나타났다.

이는 학교급식에서 우유를 제공한 것이 가장 큰 이유로 파악되고 있다. 따라서 이와같은 일본의 '의무적인 우유급식'은 일본 우유시장의 안정화와 국민의 우유 음용습관의 정착 등을 촉진하도록 도와준 중요한 정책으로 평가되고 있다.(6)

학교 우유급식에 대한 제언

국내 급식 관련자들은 학교급식이 저조한 도서지역의 급식률을 높이고 초 · 중 · 고등학교의 우유급식률을 올리는 것과 함께 우유제품의 다양화를 통해 학생들에게 선택의 폭을 넓혀야한다고 주장하고 있다. 이러한 학교의 우유급식프로그램을 더욱 개선하기 위해 해외에서 운영되고 있는 학교급식의 우유프로그램을 벤치마킹하여 국내실정에 맞는 방안을 제시하고자 한다.

우유급식을 의무적으로 시행하는 방안

앞에서도 살펴본 바와 같이 우선 초 · 중 · 고등학교 학생에게 제공되는 우유급식프로그램을 의무적으로 시행하는 방안을 고려해 볼 필요가 있다.

학교에서 우유급식의 시행여부를 결정할 때 관련 초 · 중 · 고등학교의 학교장, 학생대표 및 학부모대표로 구성된 위원회의 의견에 따라 결정함이 바람직할 것이다. 2010년 학교우유급식 시행지침서에서는 학교급식법 시행령(제2조 제2항 제8호)에 의거하여 학교우유급식 실시 여부에 관한 사항을 반드시 학교운영위원회에서 심의하도록 되어 있으며 학생 또는 학부모를 대상으로 유상급식에 대한 희망여부를 조사한 후 학교운영위원회에서 심의를 거쳐 학교장이 우유급식의 실시여부를 결정하도록 지침을 내리고 있다.(12)

OECD의 여러 나라 중 현재 학교 우유급식을 의무적으로 시행하는 곳은 핀란드, 일본, 스웨덴이며 이러한 국가의 정책이 아동 및 청소년기 학생들의 우유섭취량을 높이고 꾸준히 유지하는데 큰 역할을 한다고 알려져 있다. 이와 함께 유치원생과 초 · 중 · 고등학생의 연령에 따라 우유급식의 지원방법을 차등 지원하는 방안도 생각해 볼 수 있다. 예를 들어, 영국에서는 유치원생은 무료급식, 초등학생은 보조급식, 중등학생은 유상급식을 시행하고 있으며 포르투갈에서는 유치원생과 초등학생은 무료급식, 중등학생은 유상급식을 실시하고 있다. 이외 무료급식을 채택하고 있는 나라는 핀란드, 스웨덴, 포르투갈이며 보조급식을 시행하고 있는 나라는 미국, 호주, 오스트리아, 덴마크, 프랑스, 독일, 네덜란드, 영국 등을 비롯한 대부분의 OECD 국가들이다. 현재 우리나라에서는 저소득층 자녀의 영양불균형 해소를 위해 초등학생 203,000명, 중학생 112,000명, 고등학생 110,000명 및 차상위계층 초등학생 87,000명에게 우유급식을 무상으로 지원하도록 지침을 내리고 있다.(12)

그러나 통계에서도 나타났듯이 현재 우리나라 청소년들의 우유섭취율은 매우 저조한 실정으로 이에 대한 대책마련이 시급하며 학교급식을 통해서라도 우유섭취에 대한 전략 등이 절대적으로 요구된다. 따라서 초 · 중 · 고등학교의 우유급식을 의무적으로 시행하는 방안도 우유 급식률을 높이는 대안이 될 것이다.

우유의 다양화로 선택의 폭을 넓히는 방안

또한 학생들의 기호성, 소화율, 섭취에 따른 부작용 등을 고려하여 우유제품을 다양화함으로써 우유선택의 폭을 넓혀야 할 것이다. 현재 우리나라 우유급식에서는 일반 흰 우유, 강화우유, '당, 향료, 색소'를 첨가하지 않은 가공유 등을 제공하도록 지침을 주고 있다.(11) 미국의 학교우유급식프로그램에서는 흰 우유뿐만 아니라 향이 첨가된 초코우유 또는 딸기우유, 저지방우유, 탈지유 등 우유의 종류를 더욱 다양하게 공급하고 있는데 향후 우리나라의 우유급식에서도 참고할

만하다. 더불어 초 · 중 · 고등학교 학생들의 생활패턴에 맞추어 우유제공 시간을 차별화하는 것도 필요하다. 예를 들어 학생들의 등하교 시간이나 학교에서 생활하는 전체 시간 등을 고려하여 연령별로 학생들이 원하는 적정한 시간대에 우유배식이 이루어지도록 해야 할 것이다.

철저한 유통관리와 학생대상의 영양교육 실시 방안

국가적인 관리체계에 있어 중앙정부 및 각 지방자치구 또는 산하 교육청의 관리감시체계의 일원화로 철저한 위생관리 등의 업무를 진행할 수 있어야 한다.

학교 우유급식을 진행하는데 있어 가장 중요한 사항 중 하나는 바로 위생적인 관리를 하는 것이다. 우유생산 및 가공단계, 유통단계, 구입단계 등 어느 단계에서나 위생적으로 취급되어야 하며 특히 우유의 유통 및 보관 시 온도관리를 철저히 해야 할 것이다. 또한 우유급식이 활성화되고 학생들의 바른 이해를 돕기 위해 우유에 대한 지속적인 영양교육을 진행해야 할 것이다. 예를 들어 우유급식 담당교사나 영양사가 학생을 대상으로 영양교육을 진행한다면 학생들의 우유섭취율은 더욱 향상될 것이다.

현재 우리나라에서는 한국인 영양섭취기준(2005년)에 따라 아동 및 청소년에 대한 칼슘 권장섭취량을 9~11세 800mg, 12~14세 900~1,000mg, 15~19세 900~1,000mg으로 정하고 있다. 향후에도 성장기 아동 및 청소년들의 변화하는 신체계측치에 따른 칼슘 등 우유 중 영양소의 필요량을 감안하여 이에 대한 바람직한 기준치가 마련되어야 할 것이다.

우유 한잔의 과학

03.

윤성식

| 식품생명공학 |

현 연세대학교 생명과학기술학부 교수

주요약력 미국 노스캐롤라이나주립대학교 연구원
노르웨이 생명과학대학교 초빙교수

저 서 우유유제품시험법(선진문화사)
유식품가공학(선진문화사)

제5장

우유는 생애주기별로 바람직한 기능을 발휘한다

- 우리나라 국민의 우유섭취량은 얼마나 될까
- 우유는 유아에게 거의 이상적인 식품이다
- 우유는 왜 성장기청소년에게 중요한가
- 우유는 성인에게 권장되는 식품인가
- 우유는 갱년기여성에게 왜 필요한가
- 우유는 노인에게 왜 좋은가

⊙ 우유 한잔은 에너지의 6.5%, 단백질 13.2%, 지질 15%, 칼슘 36.7%, 비타민 B_2 25%, 비타민 B_{12} 25%, 판토텐산 22%를 공급할 수 있으며, 우유 및 유제품에는 학계에 보고된 무려 110여 가지에 해당하는 영양소를 함유하고 있어 그야말로 영양소의 보고라 할 수 있다.

⊙ 대중들은 지질이 그저 비만을 불러오는 물질로 인식하고 있으나, 우유에 함유된 지질은 주요 에너지원으로써의 기능 이외에도 세포막의 성분, 호르몬 합성 등 다양한 생리적 대사에 관여하는 영양소로 성장기에 반드시 필요한 영양소이다.

⊙ 인체의 단백질을 구성하는 총 20종의 아미노산은 체내에서 합성할 수 있는 12종의 비필수아미노산과 합성할 수 없는 8종의 필수아미노산으로 구분되는데, 우유는 필수아미노산이 골고루 함유되어 있어 영양학적으로 생물가가 높은 고급단백질이다.

⊙ 우유 중에 함유된 유당은 유당불내증의 원인이 되기도 하지만 장내에서 대사되어 배변을 촉진하기 때문에 특히 노인층의 변비 개선에 효과적이며 유제품의 발효를 담당하는 유산균은 대장 내에서 해로운 부패균의 증식을 억제함으로써 노화와 수명을 연장할 수 있다.

우리나라 국민의 우유섭취량은 얼마나 될까?

현재 우리나라는 국민의 건강에 미치는 위험요인과 질환의 관련성을 파악하고자 건강상태, 식품섭취, 식생활조사 등을 포함하는 국민건강영양조사를 실시하고 있다. 2007년도 보건복지부에서 수행된 국민건강영양조사에 따르면 각 연령대별 영양섭취 기준과 비교하였을 때 칼슘, 칼륨, 리보플라빈(비타민 B_2), 비타민 C 등은 부족한 반면 나트륨은 3배 이상 섭취하고 있는 것으로 나타났다. 이와 같은 결과는 우리나라 국민들의 식생활과 영양소섭취에 다소 문제가 있다고 볼 수 있다. 인체의 영양학적인 관점에서 보면 어떤 식품도 개인에게 완벽한식품은 없다. 그러나 위의 조사에서 지적된 바와 같이 영양학적으로 불균형 상태에 있는 우리나라 국민에게 우유는 단백질, 칼슘, 리보플라빈, 비타민 A 등 여러 가지 영양소를 고르게 함유하고 있기 때문에 건강을 도와주는 유용한 식품임에는 틀림이 없다. 세상에 태어난 후 젖먹이 시절부터 나이든 노인에 이르기까지 일생을 통하여 각 연령층의 사람들에게 예외 없이 건강증진효과를 가져다 줄 수 있는 식품 중에서 우유와 견줄 수 있는 단일식품이 과연 얼마나 될까.

본래 우유 및 유제품은 유럽의 여러 선진국에서 전통적으로 많이 소비되었던 식품이다. 우리나라는 지난 1960년대부터 정책적으로 낙농산업을 본격적으로 육성하기 시작하였고 그 소비량이 매년 크게 증가하여 2000년에는 거의 최고 소비량에 육박하였다. 그렇다면 현재 국내의 우유생산량과 소비 현황은 어떠할까?

통계를 보면 2009년 현재 국내의 젖소 사육농가는 약 6천9백 여 가구 정도이다. 그리고 이들 농가에서 키우는 젖소는 44만 6천두에 이른다. 목장에서 짠 우유를 사람이 먹을 수 있도록 가공처리 한 이른바 시유city milk: 도시 거주자가 마시는 우유라는 의미임 생산량은 하루 4,700톤으로 이 중 대략 65%가 백색시유, 약 10%가 가공시유, 그리고 약 13%가 가루형태의 분유로 생산된다. 시유 이외에 우유를 유산균으로 발효시킨 요구르트와 같은 발효유는 연간 1,050톤 정도 생산되고 있다.

이러한 우유의 소비패턴을 좀 더 자세히 들여다보자. 2006년도 우리나라 국민 1인당 하루 우유섭취량은 61Kg, 시유 소비량은 35Kg 정도인 것으로 나타났다. 우유소비 행태는 성별, 연령별로 차이가 있었지만(표 1) 대체로 우유 78%, 발효유 및 유산균 음료 17%, 치즈 0.5%, 기타 약 4.5%를 소비하는 것으로 조사됐다. 이웃나라 일본의 경우, 2008년 일본낙농유업협회가 조사한 유제품의 소비동향을 살펴보면 남자는 평균 110mL를 여자는 116mL를 각각 섭취하고 있는 것으로 나타났는데 우유 소비량은 매년 감소하는 추세라고 한다. 여기서는 세부적인 통계자료는 인용하지 않겠지만 우리나라도 일본과 대체로 비슷한 소비 패턴을

(표 1) 2005년 한국인 성별, 연령층별 우유 및 유제품 섭취량 (그람/일)

연령	1-2세	3-6세	7-12세	13-19세	20-29세	30-49세	50-64세	65세 이상
남	250.6±17.2	217.1±12.9	196.9±9.4	144.0±9.2	76.8±7.7	51.1±3.3	42.1±4.6	42.1±6.4
여	240.0±20.6	195.4±13.4	197.3±11.1	138.0±9.6	83.8±6.9	67.6±4.0	57.2±4.7	35.8±3.9

출처: 국민건강영양조사, 2006

가지고 있고 우유 소비량도 점차 줄어들고 있다.

(표 1)은 한국인의 성별, 연령별 우유 및 유제품 섭취량을 나타낸 것이다. 1~2세의 유아기에는 남자아이가 여자아이보다 약간 더 마시고 있으며 20세 이상 성인이 되면서부터 여자가 남자보다 조금 더 많이 마시는 것으로 조사됐다. 한국인 중 우유를 가장 많이 마시는 연령층은 유아기로 하루에 평균 245g 정도를 소비

하고 있고 초등학교에 다니는 연령층(7~12세)은 197g을 섭취하는 것으로 나타났다.

(표 2) 우유 1잔으로부터 얻을 수 있는 영양소 비율 (권장량 대비 %)

에너지	6.5	비타민A	10.1
단백질	13.2	비타민D	1.2
지질	15.0	비타민E	2.5
칼슘	36.7	비타민K	6.7
인	20.7	비타민B_1	7.3
나트륨	2.6	비타민B_2	25.0
칼륨	18.8	비타민B_{12}	25.0
아연	11.4	판토텐산	22.0

한편 일본의 경우에는 초등학교에 다니는 연령층인 7~14세가 우유를 가장 많이 마시는 인구로 조사되었는데 이는 우리나라처럼 학교우유급식school milk program이 우유 섭취에 가장 큰 영향을 미치는 요인으로 발표되었다.

(표 2)는 중간정도의 신체활동을 하는 18~29세 일본 여성이 우유를 섭취하면서 얻을 수 있는 에너지와 영양소의 공급비율을 나타낸 것이다. 우유 1잔은 하루에 필요한 6.5%의 에너지를 공급할 수 있고 단백질 13.2%, 지질 15%, 칼슘 36.7%, 인 20.7%, 칼륨 18.8%, 아연 11.4%, 비타민 A 10.1%, 비타민 B_2 25%, 비타민 B_{12} 25%, 판토텐산 22% 등을 공급할 수 있다. 그 외에도 우유 및 유제품에는 칼슘섭취를 촉진하는 성분들을 비롯하여 학계에 무려 110여 가지에 달하는 다양한 영양소가 함유되어 있다고 보고되어 있어 우유야말로 영양소의 보물창고라 할 수 있다. 우유단백질을 구성하는 성분인 필수아미노산은 그 조성이 우수하

고, 단백질의 부분적인 가수분해 결과로 생성되는 여러 가지 펩타이드 peptide : 짧은 아미노산 중합체로 단백질의 부분 가수분해 산물 는 인체의 건강을 유지하는 다양한 생리적인 기능을 지니고 있음이 확인되었다.(1)

우유 및 유제품이 인체의 생애주기별로 건강에 기여하는 학문적 연구결과는 수없이 많으나 여기에서는 영양학적으로 의미 있는 몇 가지 사실을 중심으로 설명하고자 한다.

우유는 유아에게 거의
이상적인 식품이다

유즙milk은 포유동물의 젖이고, 우유는 문자 그대로 젖소의 젖이다. 다시 말하면 어미 소가 송아지를 위해서 유선에서 분비하는 유백색의 액체다. 치아가 없어서 음식을 씹어 삼킬 수 없고 소화기관도 미처 발달하지 않은 어린 동물이 먹는 식품이다.(2) 유아의 성장에는 엄마의 젖이 가장 중요하기 때문에 유아에게 가장 이상적인 식품이 무엇이냐고 물으면 모유대신 우유라고 답하는 사람은 거의 없을 것이다. 국내외에서 발간된 산모를 위한 수유 및 이유 지침서에는 생후 8개월부터 우유섭취를 권장하고 있다. 그 이유는 우유가 유아에 대하여 영양학적으로 필요한 영양소를 다량으로 공급하기 때문에 권장되는 식품이 아니라 영양소 균형이 잘 잡힌 식품이기 때문에 그런 것이다.

자연에는 완전한 식품이 없듯이 완벽하게 균형이 잡혀 있는 것처럼 보이는 우유에도 부족한 성분은 있다. 그 대표적인 영양소가 철분Fe이다. 유아는 모체로

(그림 1) 포유동물의 유즙은 어린 새끼의 성장에 이상적이다.

부터 필요한 철분을 가지고 태어나기 때문에 생후 6개월이 지나면 유아의 체내에 저장된 철분이 모라자게 된다. 철분은 혈액의 적혈구 생성에 반드시 필요한 영양소이지만 중금속이고 생리적으로 필요한 양보다 지나치게 많이 섭취하면 인체 내에 축적될 수 있는 원소임을 명심해야 한다. 따라서 유아가 성장함에 따라 저장된 철분(대부분 산화철임)이 고갈되므로 생리적으로 부족한 철분을 공급하기 위해서는 이유가 반드시 필요하고 이유식을 먹이는 것이 좋다.

철이나 구리Cu는 적색육류, 대두제품, 조개류 및 해조류, 푸른색 채소에 비교적 풍부하게 함유되어 있다. 당연히 이유식에는 이들 철분이 많이 들어있는 식품이 포함되어야 함은 두말할 필요가 없을 것이다.

우유에 들어있는 성분으로 단백질의 기능은 아무리 강조해도 지나치지 않을 것이다. 단백질은 성장을 도모하고 효소, 운반, 구조, 면역성분 등으로 작용하는 중요한 영양소이다. 우유에 들어있는 카세인이 모유의 그것에 비해서 다소 많은 것은 사실이지만 신생아에 대한 우유단백질의 효능은 부정할 수 없다.

근자에 들어 우유단백질의 효과에 의문을 제기하는 사람들이 더러 있다. 그들은 우유 중에 다량으로 들어있는 카세인이라는 단백질이 위속에 들어가자마자 돌처럼 단단하게 굳어져서 소화가 잘 안 된다고 주장한다. 칼슘과 인산이 많은 우유단백질이 단단한 응고물 즉, 경성커드가 된다는 주장은 일견 일리가 있어 보인다. 그러나 자연 상태에서 카세인 단백질은 나선상의 규칙적인 입체구조를 가지며, 가열처리를 하면 본래의 3차구조가 풀리면서 비가역적으로 구조가 변화여 변성단백질로 바뀐다. 이와 같은 변성단백질은 자연 상태보다 단백질 분해효소들의 공격을 받기 쉬운 구조이기 때문에 비록 소화기능이 완전하지 않은 어린 유아라 하더라도 카세인은 위속에서 소화효소의 공격으로 쉽게 분해된다.(그림 2)

실제로 카세인은 인체 내에서 소화가 아주 잘되는 식품단백질로 확인되었기 때문에 경성커드가 만들어져 소화가 안 된다는 주장은 이치에 맞지 않다.

최근 '우유와 기억력과의 관계'에 대한 흥미로운 연구보고가 눈길을 끈다. 얼마 전 베트남 국립영양연구소에서는 7~8세 어린이 454명을 대상으로 보통 우유 또는 이눌린 inulin: 프럭토오스 중합체로 섬유질의 일종 우유를 6개월간 제공하고 그들의 신체지수, 미량영양소 상태, 학업성적, 장내미생물 균총을 각각 추적하여 조사하였다. 그 연구결과에 따르면 우유를 마신 아이들은 신장, 체중 등 신체지수가 크게 증가하고 빈혈의 감소, 혈액 중 페리틴 ferritin: 철분을 저장하거나 방출하는 단백질 농도의 증가와 아연 Zn 결핍증이 크게 개선된 것으로 나타났다. 또한 이들의 혈중 레티놀 retinol: 비타민 A 농도와 소변 중 요오드 I는 적당한 농도로 유지된 반면 우유를 마시지 않은 대조군은 요오드 부족이 심각한 상태를 보였다. 실험을 시작하기 전 장내 유익세균인 비피도박테리아 *Bifidobacteria*는 대변 중 총미생물의 1% 미만이었으나 3개월간 우유를 급여한 후에는 총세균수, 비피도박테리아 수, 박테

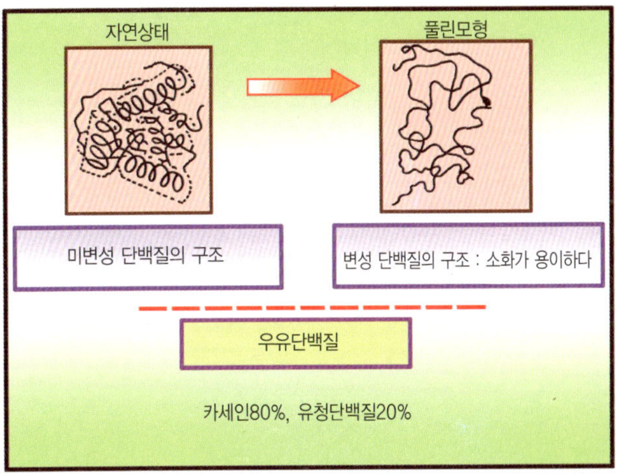

(그림 2) 가열처리에 의한 우유단백질의 변성. 카세인이 가열처리되어 변성되면 소화가 더 잘 된다.

리오데스 *Bacteriodes*의 수가 크게 증가하였다. 흥미로운 사실은 우유를 먹은 어린이들의 단기 기억력이 대조군보다 유의적으로 높게 측정되었다는 것이다.(3)

동구의 크로아티아 학자들은 특정 유산균이 들어있는 유제품을 먹으면 상부기도의 감염 기회를 효과적으로 줄일 수 있다는 결과(4)를 발표하였다. 따라서 환절기나 호흡기 질환이 만연하는 시기에는 유산균이 들어 있는 유제품의 섭취가 도움이 된다고 판단된다.

우유는 왜 성장기 청소년에게 중요한가

청소년시기에는 지속적인 성장과 활발한 신체활동에 필요한 에너지 공급, 병원균 감염에 대한 저항력 유지 및 성장에 필요한 영양소공급이 무척이나 중요하기 때문에 균형 잡힌 식생활이 권장된다. 특히 단백질은 신체조직을 유지하고 신체성분의 변화와 새로운 조직의 합성에 필요한 영양소이기 때문에 생물가biological value: 단백질의 흡수량에 대한 체내 보유량의 퍼센트 비율가 높은 완전단백질을 섭취하는 것이 바람직하다. 이러한 이유로 유아시절부터 인체의 성장이 정체기에 접어드는 사춘기까지 우유는 영양학적으로 특별한 식품으로 인식되고 있으며 영국, 미국과 같은 낙농선진국을 비롯한 전 세계 약 45여개 국가에서는 우유의 이러한 영양효과 때문에 학교우유급식제도를 운영하고 있다.(5)

청소년의 체위향상과 소득계층의 영양불균형 시정에 앞장서고 있는 우유급식

성장기에 우유 및 유제품이 타 식품보다도 중요한 이유는 도대체 무엇일까?

이 질문에 대한 가장 합당한 대답은 우유가 타 식품에 비해서 칼슘을 풍부하게 공급할 수 있는 급원이라는 것이다. 한국인의 식사지침(2005년)을 보면 중학생의 1일 칼슘필요량은 남자 900mg, 여자 800mg, 7~9세는 700mg 정도로 나타나 있다.(표 3)

학교에서 급식하는 1 잔, 즉 200mL의 우유로 하루 권장량의 약 1/4을 채울 수 있으니 우유가 얼마나 유용한 칼슘 급원인가.

청소년기는 생애를 통하여 가장 빠르게 성장하는 시기이다. 따라서 우리나라에서는 청소년의 체위향상과 건강 유지, 우유의 소비기반 확대를 위해 1981년부터 학교급식제도를 실시하고 있으며 각 학교에서는 급식을 통해 학생들에게 1일 권장량의 50%에 상당하는 칼슘을 공급하는 것을 목표로 삼고 있다. 가까운 일본은 1957년 학교우유급식을 시작하였고 현재 급식률이 92.3%를 보이고 있는데 반하여 우리나라는 급식률이 51% 정도에 불과한 실정이다. 학교에서 우유급식을 실시하는 날과 하지 않는 날의 일본 학생의 칼슘섭취량을 비교한 결과, 거의 우유 1컵 분량의 차이가 났다고 보고하였다. 참고로 일본인의 연령별 칼슘섭취량을 보면 7~14세의 칼슘 섭취량이 타 연령대에 비해서 특히 많았고 식사를 통한 칼슘기준량과 비교하였을 경우에는 매우 부족한 것으로 나타나 그 이상의 우유를 섭취하는 것이 바람직하다고 판단하고 매일 200mL이상의 우유 섭취를 권장하고 있다.

(표 3) 성장기 아동의 1일 영양권장량

연 령		체 중 (kg)	신 장 (cm)	에너지 (kcal)	단백질 (g)	칼 슘 (mg)	철 분 (mg)
7~9		27	127	1,800	40	700	10
4~6	남 아	38	144	2,200	55	800	12
	여 아	38	144	2,200	55	800	16

출처: 한국인의 식사지침, 2005

일본의 후생성, 일본낙농유업협회에서 실시한 전국 골밀도조사 결과를 보면 우유섭취량과 골량은 비례하였고 우유섭취량이 많을수록 골량도는 증가한 것으로 나타났다. 또한 신체운동을 할 경우 상승효과가 나타났으므로 골밀도를 올리기 위해서는 신체운동과 우유섭취를 병행하는 것이 무엇보다 중요하다는 사실을 인식시켜 주었다. 중고등학생을 대상으로 한 조사에서도 우유를 마시는 학생은 에너지, 칼슘 이외의 영양소 섭취가 많았고 신체의 건강이상을 호소하는 경우는 적게 나타났다. 이 결과는 우유를 섭취하는 생활습관이 건강과 밀접한 관계가 있음을 보여주는 사례로서 우유섭취가 영양소 공급측면에서 중요한 역할을 담당하고 있음을 확인시켜주고 있다.

따라서 청소년의 체위향상과 소득계층의 영양불균형을 시정하기 위한 학교우유급식제도의 실시는 부정적인 측면보다는 긍정적인 효과가 크고 우유급식은 장기적으로 확대하는 것이 바람직하다는 의견이 많다. 이처럼 학교우유급식이 가져온 바람직한 성과에도 불구하고 국내외에서 우유급식을 반대하는 사람들이 종종 있다. 그들은 우유를 지나치게 많이 섭취하면서 나타날 수 있는 부정적인 측면만을 강조한 나머지 우유가 건강에 별 도움이 되지 않으며 심지어 해로운 식품으로까지 선전한다. 그러나 선사시대 유목생활부터 장구한 인간의 역사를 통하여 현대의 식생활에 이르기까지 인간이 축적한 경험뿐만 아니라 영양학적인 지식으로 판단해 볼 때 우유는 인류에게 떼놓을 수 없는 가장 오래된 건강식품이라는 사실을 누가 부정할 수 있을 것인가.

비만의 원인으로 오해받고 있는 우유의 자질

한편 미국을 비롯한 선진국에서의 비만 문제는 심각한 사회적 이슈가 되고 있다. 특히 사춘기비만은 지난 20~30년간 크게 증가하였고 많은 사람들이 그 원인을 사춘기 청소년의 음료 소비패턴 때문이라고 주장한다. 청소년들은 설탕과 같은 감미료를 함유한 탄산음료를 많이 소비하는 대신 우유는 적게 마시고 있는 것으로 나타났다. 이런 생활방식은 혈중 인슐린유사성장인자-I IGF-I 및 절식 시

인슐린 농도에도 영향을 미칠 수 있다.

덴마크 연구진은 27~29세 남성들에게 우유대신 탄산음료(콜라)를 하루 2.5 리터와 동량의 저지방 우유를 10일간 제공한 다음 인슐린유사성장인자-I, IGF 결합단백질-3IGFBP-3, 포도당-인슐린 대사를 측정하였다. 측정 방법으로 혈중 IGF-I, IGFBP-3, 인슐린, 포도당 농도를 각각 측정한 결과 우유섭취군에 비해 콜라를 마신 집단에서 혈중 인슐린유사성장인자-I이 감소하였으나 IGFBP-3, IGF-I : IGFBP-3 비율, 인슐린, 포도당, 인슐린저항성, 인슐린을 합성하는 췌장의 베타세포의 기능 등 전반적으로 포도당-인슐린 대사에는 아무런 영향이 없는 것으로 나타났다.(6)

최근 미국의 Vanselow 등(7)도 2,294명의 사춘기 학생을 대상으로 5년간 체중 변화를 추적하였다. 그 결과 우유를 전혀 마시지 않거나 적게 마시는 사춘기 학생들이 시유를 적당하게 마시는 동료들보다 체중이 더 무거웠다는 흥미로운 보고를 하였다. 우유의 음용이 체중을 감소시킬 수 있다는 가능성을 강력하게 암시한 연구결과로 생각된다.

우유에는 약 3.5~4.0%의 지질이 함유되어 있다. 이러한 이유로 대중들은 식품으로 섭취되는 지질을 비만의 원인으로 오해하는 경우가 많다. 지질은 여러 가지 영양학적인 기능이 있고 탄수화물이나 단백질에 비해서 동일 무게 당 2배 이상의 에너지를 공급한다. 식품학적으로 보면 우유의 지질은 유당이나 유단백질보다도 더 중요하게 취급될 수 있는 어쩌면 가장 중요한 성분이라 할 수도 있다. 따라서 우유에 함유된 지질에 대한 올바른 인식과 교육이 필요하다.

지질은 물에 용해되기 어려운 유기물로 화학적으로는 매우 다양한 물질의 혼합체를 지칭한다. 우유에 함유된 지질은 에너지를 공급하는 기능 이외에도 세포막의 성분이나 호르몬합성 등 다양한 생리적 대사에 관여하는 영양소로 성장기에 반드시 필요한 물질이다. 지질의 구성성분인 지방산은 화학적으로 포화지방산과 불포화지방산으로 구분하며 전자는 동물성 유지에, 후자는 식물성 유지에 그 함량이 더 높다. 우유는 동물성 지방이기 때문에 비교적 포화지방산이 많다. 불포화지방산은 인체 내에서 합성되지 못하는 필수지방산(리놀레산, 리놀렌산, 아라키돈산)을 공급하는 측면에서는 없어서는 안 되는 영양소지만 산소에 의한 산화 즉, 산패가 일어나기 쉬운 약점도 동시에 가진다.

우유반대론자들은 "우유의 지방은 과산화 된 산패지방이므로 건강에 해롭다"는 주장을 외치고 있으나 이것은 사실이 아니다. 그 이유를 간단히 살펴보자.

우유는 약 88%가 물이고 12%정도가 고형분이다. 자연 상태에서 물속에 분산되어 있는 지방은 시간이 경과함에 따라서 천천히 물위로 떠올라 물과 분리된다. 그러나 우유의 지방은 미세한 지방구 fat globule 로 존재하며 외부를 강한 친수성을 가진 지방구막 단백질이 에워싸고 있다. 따라서 우유의 지방은 물과 분리되지 않고 완전하게 섞여 있는 상태 즉, 유화된 상태로 물속에 분산될 수 있다.

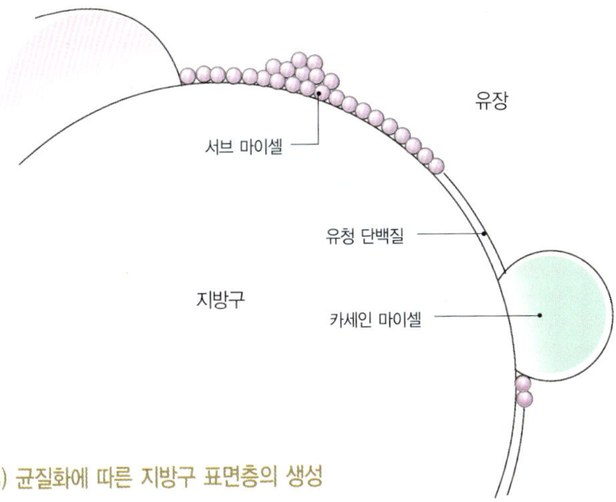

(그림 3) 균질화에 따른 지방구 표면층의 생성

유지방을 교동작업이라는 공정을 거쳐 제조한 버터는 지방구막이 파손된 지질이지만 우유나 크림에 들어있는 지방은 막단백질로 피복되어 있어 산소와의 접촉으로부터 보호된다. 시유 처리과정중 균질화 homogenization하면 지방구막의 일부가 손상될 수 있으나 손상된 부위에 카세인 등의 단백질이 결합하여 마치 보자기처럼 지방구를 둘러싸고 있는 상태로 존재할 수 있기 때문에 지방의 산패를 막을 수 있다.(그림 3)

실제로 우유의 지방을 콩기름, 채종유와 같은 식물성 유지와 불포화도를 비교하였을 경우 우유의 불포화도가 더 낮고 산소에 노출할 경우 산패정도도 더 낮게 측정되는 사실을 보더라도 유지방이 과산화 되어 산패지질 이른바 '썩은 기름'이라고 주장하는 것은 과학적 사실이 아니다.

우유는 성인에게 권장되는 식품인가?

앞에서도 지적한 바와 같이 칼슘은 일생동안 뼈의 성장과 무기질의 유지를 위해 필수적인 무기질이다. 유아기는 비교적 느리게 골격성장이 있어나는 반면, 사춘기에는 빠르게 성장이 일어나는 시기이다. 이러한 사실은 사춘기에 칼슘의 흡수와 골격 내 저장량이 동시에 증가한다는 최근의 연구결과에서 확인되었다. 여성의 경우 뼈 조직의 칼슘축적은 초경직전에 최대치에 도달한다고 한다. 이 시기에 뼈 조직의 칼슘의 축적속도는 무려 성인의 약 5배에 이르며 이후 뼈 저장 칼슘의 양은 초경 후 나이를 먹어감에 따라서 점차 감소한다. 그러나 임신기에는 모체에 의해서 일시적으로 칼슘흡수가 증가하는데 이렇게 흡수된 칼슘의 대부분은 태아에게 공급된다. 태아는 우선 모체의 뼈에 저장된 칼슘을 동원한 모유로부터 칼슘을 공급받으며, 빠져나간 모체의 칼슘은 이유 전후에 빠르게 충전된다. 일반적으로 식품의 칼슘 흡수율은 10% 내외로 낮은 편이고 성인이 되면 점차 감소한다.

우유는 칼슘의 훌륭한 급원식품, 골다공증과 월경전증후군에 효과적이다

생리학적 관점에서 보면 칼슘의 생체 이용률에 관한 한 비타민 D의 역할이 가장 중요하다. 비타민 D의 존재 하에 칼슘이 보충되면 어린이는 뼈 속의 무기질 함량이 증가하고 성인의 경우에도 뼈 속의 무기질 유지에 많은 도움이 된다. 살아가는 동안 칼슘상태를 양호하게 유지하는 일은 건강한 골격형성 뿐만 아니라 질병의 위험을 감소시키는데 매우 효과적이다.(8) 식품으로부터 공급되는 칼슘의 필요량은 골격형성과 유지에 필요한 정도로 결정되며 일생을 통해 학령기, 사춘기, 임신기, 노년기에 더 많이 필요로 한다. 인체에 존재하는 칼슘은 뼈에서 약 99%가 발견되고 거기서 하이드록시아파타이트 hydroxyapatite : 뼈와 치아에서 발견되는 무기질 형태의 calcium apatite, $Ca_5(PO_4)_3(OH)$의 형태로 기여하게 된다.

이처럼 칼슘은 골격의 성분으로 존재하는 필수불가결한 영양소이다. 그렇다면 '하루에 칼슘의 섭취량은 어느 정도가 적당한가?' 라는 의문에 대해서는 전문가들 사이에서도 의견이 분분하다. 그 이유는 칼슘의 생리적인 필요량을 과학적으로 설정하기 위한 실험적 증거 즉, 과학적 연구 데이터가 아직도 확실하지 않다는 뜻으로 해석할 수 있다. 유년기에 칼슘섭취량이 부족하면 뼈 발달에 지장을 초래하고, 비록 장기간이 아니더라도 일정기간 식사에 칼슘을 보충하면 어린이나 청소년기의 뼈 무기질량을 증가시킬 수 있다는 사실이 과학적으로 확인되었다. 그러나 이러한 칼슘의 저장이 성인이 되기 전까지 최대골량에 도달하는 장기적인 현상인지 아닌지는 아직 분명하지 않다. 노년기에 칼슘이 부족한 식사를 하면 골격손실을 가속시키고 골다공증발생의 원인이 될 수 있다는 점은 분명하다. 갱년기여성과 노인남성의 경우에는 어떠할까? 연구에 의하면 식사에 칼슘을 보충하였더니 1~2년 동안 신체의 여러 부위에서 뼈의 무기질 밀도가 감소하는 속도가 느려지는 것으로 나타났다.

일생에서 가장 많은 뼈의 양을 최대골량이라 부른다. 인체의 골량은 대개 20세 전후에 최대에 도달하였다가 나이가 들면서 점차 줄어들게 된다. 따라서 인체의 최대골량에 도달하는 시기에 뼈의 주성분인 칼슘의 섭취가 중요하다는 것은 아무리 강조해도 지나치지 않을 것이다. 수많은 단일식품 중에서 우유는 칼슘의 최대공급원이라 할 수 있는 최적의 식품이다. 성인의 경우 체내의 골량을 가급적 높게 유지하는 일은 골다공증예방의 지름길이라고 주장하는 학술논문은 수없이 많다. 비록 섭취권장량은 확정짓지 못하였다 하더라도 식사를 통한 칼슘섭취가 청소년기 및 여성노인들에게 뼈 건강을 유지할 정도로 충분하지 않다는 증거(9)가 있고 따라서 칼슘보충이 반드시 필요하다고 단정 지을 수 있다.

그럼에도 불구하고 우유를 지나치게 많이 마시면 오히려 골다공증을 유발한다는 소문이 나돌고 있다. 의학에서는 우유-알칼리증후군milk-alkali syndrome 일명 버넷트증후군Burnett's syndrome이라 불리는 증세가 있다. 이것은 칼슘, 탄산칼슘, 우유와 같은 고칼슘 식품을 반복적으로 지나치게 많이 섭취할 경우 생기는 고칼슘혈증hypercalcemia으로 치료하지 않을 경우 조직의 석회화와 신부전renal failure을 야기할 수 있다. 우유가 이 증후군을 유발인자라고 주장하는 사람들이 있다. 그들은 단백질 과잉으로 인한 인체의 산성화를 중화시키기 위해 뼈에서 칼슘이 동원되어야 한다고 주장하고 뼈의 칼슘동원은 골다공증의 원인이 된다는 것이다.

여기서 뼈의 대사과정을 잠시 살펴보자. 뼈는 외관이 단단하여 대사가 거의 이루어지지 않는 것처럼 보이지만 실제로는 끊임없이 변하는 조직이다.

뼈를 만드는 조골세포osteoblast: 뼈 형성을 담당하는 세포 와 뼈의 칼슘을 유리하는 파골세포osteoclast: 뼈의 파괴를 담당하는 세포가 동적균형을 유지하면서 대사에 직접 관여한다.(그림 4)

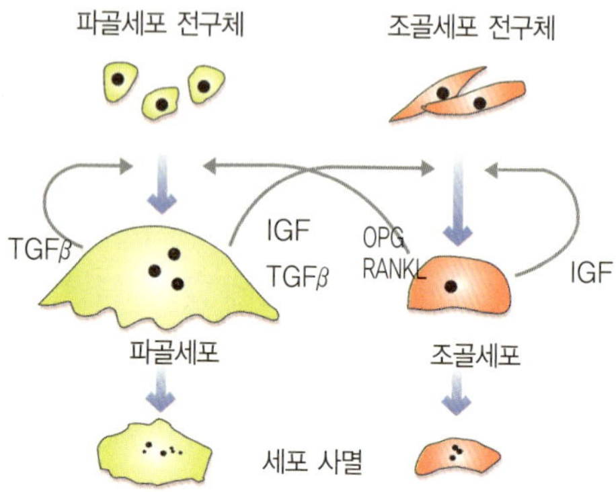

(그림 4) 파골세포와 조골세포의 상호관계를 나타낸 그림. 굵은 화살표는 조골세포의 형성과 파골세포의 제거를 나타낸다. 가는 화살표는 뼈 리모델링에 관여하는 autocrine 및 paracrine 조절자임. Komarova 등, Bone 33:206-215 (2003) 원본 가공.

물론 우유 200mL에는 필요한 칼슘의 37.8%정도를 공급할 수 있다. 그러나 하루에 대략 600mg의 칼슘이 적당하다고 볼 때 통상 마시는 양의 우유에 들어 있는 칼슘(300mg 정도)은 생리적으로 절반밖에 안 되는 부족한 양이다. 또한 칼슘의 낮은 흡수율 그리고 통상적으로 마시는 우유의 섭취량을 고려해보더라도 우유-알칼리신드롬을 야기할 만큼 우리는 우유를 과잉으로 마시지 않고 있다. 미국에서 발표된 우유 및 유제품의 뼈 건강에 관한 총 139여 편의 논문 중 86%에 해당하는 118편이 우유 및 유제품이 뼈 건강을 도와준다고 기술하고 있으며 이러한 사실만으로도 이들의 주장이 근거 없는 소문에 불과하다는 것을 학자들이 지적하고 있는 것이다. 성인 여성에게 흔히 발생하는 월경전증후군premenstral syndrome ; PMS 은 생리 2주일 전 무렵부터 정신적, 육체적으로 불쾌한 증상이 나타나는 증세다. 정상적인 월경 사이클을 가지고 있는 여성 중 40%가 이 월경전증후군 증상을 호소하고 있는데 그 중 5%는 증세가 심한 것으로 추정되고 있다. 현재 월경전증후군의 원인에 대해서는 연구가 진행 중으로 아직까지 확실한 결과가 나오지는 않았지만 여러 영양소와 관련이 있고 특히 칼슘이 이러한 증세를 경감시키는데 효과가 있는 것으로 보고되고 있다. 실례로 미국 메사츄세츠대학교 Bertone-Johnson 등(10)이 2005년 실시한 조사에서는 월경전증후군 환자에게 칼슘섭취량을 증가시켰더니 음식에 대한 투정, 불쾌한 기분과 고통의 정도가 상당히 개선되었다고 보고하였다.

우유 및 유제품은 간편하게 먹을 수 있는 영양덩어리

요즈음 한국인들의 식생활 패턴을 살펴보면 하루 3끼니 중에서 유별나게 아침식사를 거르는 사람이 많아지고 있다. 과거 농경사회에서는 노동을 하기 위해 아침식사를 제대로 하는 것이 중요하였으나 산업사회로 접어들면서 출근시간에 기는 바쁜 아침시간에 음식을 조리하는 시간적인 여유가 없기 때문에 아침을 거르는 가정이 늘고 있다고 한다. 그러나 영양학자들은 이구동성으로 아침을 거르거나 저녁을 지나치게 많이 먹는 식습관이 건강을 해치는 지름길이라고 지적한다. 실제 이웃나라 일본에서 조사한 내용에 따르면 아침식사를 거르는 비율이 남성의 30대는 30.2%로 가장 많았고 여성의 20대는 24.9%로 가장 많았다고 한다. 우리나라 역시 2006년, 국민영양건강조사 결과에 따르면 특히 혼자 사는 경우 아침식사를 거르는 비율이 20대 49.4%, 30대 41.1%, 40대 이상 33.3%, 중학생 약 10% 순이었다. 아침식사를 준비할 수 없을 정도로 바쁜 사회생활에서 고를 수 있는 영양을 가진 간편한 식품은 과연 무엇일까? 필자의 판단으로 보면 우유 및 유제품이라고 대답하는 사람이 많을 것이다. 우유 및 유제품은 우수한 영양과 간편성 때문에 시간이 부족한 아침시간이나 직장에서 업무에 몰두하는 점심시간 그리고 각종 잡무로 늦어지는 퇴근시간에 가장 추천되는 양질의 식품이다. 아침을 거르면 에너지는 점심식사나 저녁식사로 보충이 가능하지만 칼슘과 같은 무기질을 보충하기는 실제로 어렵다. 1잔의 우유, 1병의 요구르트, 1장의 치즈를 먹음으로써 허기를 메우고 각종 스트레스에 시달리는 생활의 기분전환은 물론 여러 가지 영양소를 인체에 공급을 할 수 있다면 일석이조가 아닐까.

항암식품으로도 권장 받는 유산균 발효유

스페인의 Guarner교수(11)는 인간의 장내미생물과 질병과의 관련에 대한 연구결과를 간추린 총설을 발표하였는데 그는 대장 내의 미생물이 면역작용의 항상성을 유지하는데 중요하다고 주장하였다. 미국의 연구팀은 젖산을 생성하는 락토바실러스 *Lactobacillus* 유산균이 많은 사람은 대장암의 발생률이 유의적으로 낮으며 인위적으로 대장암을 유발시킨 쥐에게 살아있는 유산균을 투여한 결과 유산균을 투여하지 않은 대조군과 비교하여 결장암 발생이 현저하게 감소하였고 수명도 연장되었다는 결과를 발표하였다. 이렇듯 다양한 연구에서도 밝혀졌듯이 유산균 발효유와 같은 식품을 섭취하면 유산균이 대장암 유발효소로 알려진 세균성 베타글루쿠로니다아제 β-Glucuronidase:복합당질의 분해를 촉매하는 glycosidase의 일종의 활성을 억제하여 대장암을 예방할 수 있다. 유당불내증이 심한 성인은 발효유와 같은 식품을 섭취하는 것이 항암식품으로 권장되는 이유가 여기에 있다고 하겠다.

우유섭취는 대사증후군 억제효과가 있다

2007년, 우리나라에서 실시한 국민건강영양조사를 분석한 결과 성인 비만율이 지속적으로 증가하고 하고 있는 것으로 나타났다. 소아청소년(만2~18세)의 경우 1997년 불과 5.8%였던 비만율이 2007년에는 10.9%로 지난 10년 사이 약 2배 증가하였다. 성인형 비만유병률도 1998년 26.0%, 2001년 29.2%, 2005년 31.3%, 2007년에는 31.7%로 가파르게 증가하고 있어 비만 문제가 가장 큰 사회적 이슈가 되고 있다.

고등학교를 졸업한 뒤부터 특히 여성들은 살이 찔까 두려워 우유마시기를 꺼린다. 외모를 중시하는 그들에게 비만은 가장 큰 걱정거리이고 그 때문에 우유를 멀리하는 것이다. 타 식품과 마찬가지로 우유에도 200mL 당 120Kcal 정도의 에너지가 들어있고 식사나 간식을 통한 에너지의 과잉섭취는 비만의 원인이 될 수 있다. 자신에게 필요 이상의 칼로리를 섭취하면 지방조직이 증가하여 비만이 되는 것은 당연하다. 여기 우유와 비만과의 관계를 연구한 연구팀이 있다.

그들은 "우유를 섭취하면 항비만 효과가 있다"는 흥미로운 결과로 최근 학계의 비상한 주목을 받고 있다. 이 연구논문에서 저자들은 총에너지 섭취량이 일정한 범위에 있을 경우 우유섭취는 체지방량을 증가시키지 않는다고 보고하였다. 잘 알려진 바와 같이 지방은 탄수화물, 단백질에 비해서 매우 농축된 에너지원이다. 탄수화물과 단백질은 체내에서 연소되어 g당 4Kcal를 생산하는데 비해 지방은 무려 9Kcal를 생산한다. 미국의 테네시대학 Zemel 교수팀(12)은 비만인 사람들을 대상으로 하루에 400~500mg의 칼슘 또는 요구르트로 하루에 1,100mg 칼슘을 투여한 실험에서 칼슘에 의한 항비만 효과를 확인하였다고 보고하였다. 이러한 효과는 주로 칼슘이 칼시트리올calcitriol : 일명 비타민 D_3, 장관의 칼슘흡수 촉진, 파골세포로 하여금 칼슘 유리 촉진작용 농도를 억제하면서 비만을 조절하였기 때문에 나타났다고 설명하였다. 이와 같은 결과를 바탕으로 동 연구팀은 지방조직 내 칼슘이온 농도가 감소하면 결과적으로 지질이용은 증가하는 반면 지방생합성은 저해된다고 주장하였다. 유제품에 함유된 칼슘은 타 식품의 그것보다 지질합성을 억제하는 효과가 확인되었으며, 지방합성 저해작용은 요구르트를 섭취한 경우 대조군에 비해서 현저하게 증가한 연구결과도 있다.(12)

한편, 많은 사람들에게 유제품은 특히 칼슘, 칼륨, 마그네슘과 같은 필수무기질을 제공하는 식품이다. 식이보충제나 강화식품들도 이들 영양소의 대체급원이지만 우유 중 아미노산이나 공액리놀레산 conjugated linoleic acid ; CLA : 육류나 유제품에서 발견되는 약 28개의 리놀레산 이성질체들을 지칭 같은 영양소는 뼈 건강, 심장병 예방, 대사증후군, 몇 종류의 암 예방에 특히 중요하다. 최근 단백질성 칼슘요증 protein-induced calciuria은 체내의 순칼슘보유량에 지장을 주지 않을뿐더러 우유 중 호르몬의 농도도 인체 내에서 합성된 호르몬 농도를 초과하지 않는다는 연구결과가 발표되었다.(13) 우유가 골다공증을 유발한다는 소문처럼 우유의 과잉섭취가 혈청 1,25-$(OH)_2$ 비타민 D(또는 칼시트리올)라는 항전립선암 호르몬을 감소시켜 전립선암을 유발할 수 있다는 소문이 떠돌고 있으나 이 호르몬의 국소 생성량은 식이와 아무런 관계가 없다는 보편적 사실과 상충되기 때문에 말 그대로 소문에 불과하다고 생각된다. 우유와 같은 단백질 섭취가 증가하면 혈청 내 인슐린유사성장인자-1의 농도가 증가할 수도 있으나 그것이 암의 발생과 밀접한 관련성이 있다는 증거 또한 아직 없다.

식단에 우유를 포함시키는 채식주의자 lactovegetarian는 절대채식주의자 veganism : 동물성 식품의 이용을 거부하는 식단 또는 생활방식보다 건강의 위험성이 감소하고 건강의 혜택을 더 많이 누릴 수 있다고 한다. 현대와 같은 포식시대에 사는 사람들은 과식으로 인하여 체내에 지방이 축적되어 생기는 비만증을 경계하는 것은 현명한 생활방식이다. 우리가 적당하게 우유를 마시면 비만을 억제할 수 있다는 사실이 정말 놀랍지 아니한가

우유는 갱년기 여성에게 왜 필요한가?

폐경기여성의 골밀도를 측정해 보면 골량이 급격하게 줄어드는 것을 알 수 있다. 이 시기에 골량의 자연적인 감소를 완벽하게 방지하는 것은 불가능하지만 충분한 칼슘을 섭취할 수 있다면 골량의 감소는 어느 정도 방지할 수 있을 것이다. 이를 위해서는 우유의 공급이 곧 칼슘의 공급이라는 점에서 의의가 크다. 갱년기의 여성에게 대두되는 건강상 문제는 체지방증가에 따른 비만, 혈청 저밀도지단백 콜레스테롤LDL cholesterol의 증가로 인해 발생된다.(그림 5)

비만, 콜레스테롤 증가가 두려워 우유섭취를 피하는 것이 좋다고 느끼는 경우가 종종 있다. 그러나 앞에서 기술한 바와 같이 우유는 항비만 효과가 있으며 하루에 600mL까지는 콜레스테롤 상승을 야기하지 않는다고 한다. 물론 개인차가

(그림 5) LDL 콜레스테롤과 고밀도지단백 HDL. LDL은 콜레스테롤을 많이 함유하고 있는 지단백이다.

있음을 인정해야 하지만 하루 200mL 정도의 우유섭취는 해로움보다 건강에 유익한 방향으로 기여하고 있음은 분명하다고 하겠다.

일본의 요시자와 등[14]은 발효유에서 유래된 2가지 락토트리펩타이드 lactotripeptides(LTP) 즉, 발린valine-프롤린proline-프롤린proline과 이소류신 isoleucine-프롤린proline-프롤린proline은 혈압을 올려주는 안지오텐신전환효소-1(angiotensin-converting enzyme-I)의 저해를 통하여 항혈압인자로 작용할 수 있다고 보고하였다.

영양학자인 Elizabeth Sommer도 저지방 요구르트가 여성에게 권장되는 최고의 음식이라고 발표하였다. 그녀에 따르면 "요구르트는 유방암의 위험을 감소시켜주고 여성에게 특히 자주 발생하는 과민성대장증후군, 염증성 장 질환을 완화시키는 한편 위궤양, 질(膣)감염 등을 막아준다"고 주장하였다. 작은 1컵의 요구르트에는 칼슘이 450mg이나 들어있을 뿐만 아니라 락토바실러스 애시도필러스 *Lactobacillus acidophilus* 등 프로바이오틱 probiotics : 숙주의 건강에 유익한 살아있는 미생물 유산균이 들어 있는 제품이 건강에 특히 좋다는 것이다.

노인에게 우유는 왜 좋은가?

노인의 경우 영양상 가장 문제가 되는 것은 단백질 결핍으로 인한 영양상태의 악화이다. 다시 말하면, 단백질의 섭취부족에 의한 영양실조증이 빈발한다는 뜻이다. 인체를 구성하는 단백질은 탄수화물, 지방과 더불어 3대 영양소의 하나로 그 중 가장 중요하다고 할 수 있다. 인체의 구성성분인 동시에 기능을 조절하는 성분으로써 인체의 모든 대사를 조절하는 필수인자이다. 단백질을 구성하는 총 20종의 아미노산은 인체에서 합성이 가능한 비필수아미노산과 8종의 필수아미노산으로 구분하며, 우유와 같은 동물성 식품은 인체에서 합성이 불가능한 필수아미노산이 골고루 함유된 영양덩어리라고 생각해야 한다. 따라서 섭취한 우유를 잘 소화, 흡수시킬 수만 있다면 노인에게 있어서 우유 및 유제품의 섭취는 인체의 신진대사를 원활하게 하고 건강을 유지하기 위해서 절대 필요하다고 단언해도 과언은 아닐 것이다.

수분부족인 노인들에게 적당량의 우유는 변비를 경감시켜주는 효과적인 식품

또한 노인들에게 자주 나타나는 건강상의 문제는 탈수증이다. 노인들은 젊은 사람들과 비교하여 체내에 보유되는 수분의 함량이 적을 뿐만 아니라 구강에서 갈증을 감지하는 감각이 무뎌진 결과로 수분부족을 느끼는 능력이 떨어지는 경우가 많다. 통상적으로 우유의 가치를 그저 몇 종의 영양소를 다량으로 공급하는 측면에서 다루는 경향이 많으나 우유의 섭취는 수분을 공급하는 측면에서도 매우 긴요한 식품이라는 점을 인식해야 한다. 수분부족은 노인들에게 흔히 발생하는 변비로 이어질 수 있으므로 주의해야 한다. 임상에서 변비는 만병의 근원으로 인식되고 있기 때문에 변비해소가 노인건강을 지키는 중요과제다. 노인은 식사량이 비교적 적어 장의 연동운동peristalsis : 장관을 물결처럼 내려가는 근육성 수축운동이 원활하지 못하기 때문에 변비가 생기기 쉽다.[15] 변비는 장의 운동부전뿐만 아니라 장내세균총의 바람직하지 못한 변화가 원인이 될 수도 있다.[16,17]

프로바이오틱스(probiotics)란?

프로바이오틱스probiotics 란 살아있는 미생물로서 숙주의 건강에 기여하는 살아있는 미생물이다. 최근 FAO/WHO에서는 '살아있는 미생물로서 적당량 섭취하면 숙주에게 유익한 작용을 하는 미생물'로 정의하였다. 젖산균 lactic acid bacteria 과 비피도박테리아 Bifidobacteria가 프로바이오틱스로 사용되는 가장 흔한 세균이다. 그러나 어떤 효모나 바실러스속도 유익한 미생물로 간주될 수 있다. 프로바이오틱스는 요구르트와 같은 발효식품, 식이보조제 등의 체품에 살아있는 상태로 첨가되어 이용될 수 있다. 현재 프로바이오틱스는 유당불내증의 개선, 대장암 예방, 콜레스테롤 저하, 혈압강하, 면역조절, 설사예방, 염증예방, 과민성대장균증 치료 등에 효과가 있다고 알려져 있으며 학계에서 활발하게 연구되고 있다.

우유 중에 함유된 유당은 유당불내증의 원인이 되기도 하지만 체내에서 대사되어 배변을 촉진하는 물질을 생산하기 때문에 우유는 노인의 변비를 경감시켜주는 효과적인 식품이라 할 수 있다. 그러나 우유를 마신 후 심하게 설사를 하는 노인이라면 증세가 일어나지 않을 정도의 적당한 양을 마시는 것이 좋고 마시기전 소량씩 데워서 마시거나 우유를 마실 때 입안에서 음식을 씹듯이 천천히 매일 매일 조금씩 섭취량을 늘리는 방법도 우유에 의한 설사를 방지하는데 도움이 된다.

특히 칼슘의 흡수율을 높이기 위해서는 취침 전에 마시는 것이 효과적이라고 주장하는 학자들이 많다.

변비환자 중에서 유당불내증이 심한 사람은 요구르트의 섭취가 권장된다. 요구르트는 우유를 유산균으로 발효시킨 발효유제품이다. 발효과정에서 유산균은 유당불내증의 원인인 유당을 가수분해시킴으로써 상당한 양의 유당을 제거할 수 있다. 또한 발효유는 보통우유와 비교하여 감각기관에 의해 느껴지는 성질이 좋고 보존기간이 길기 때문에 발효유산균이 제공하는 기능성을 한층 더 기대할 수 있다.

유제품의 발효를 담당하는 유산균, 노화와 수명 연장에도 효과적

사람의 장내에는 약 1,000여 종류, 약 100조에 달하는 세균이 서식하고 있다. 이러한 세균덩어리는 장내에서 상호작용을 하면서 장내 세균총 intestinal flora이라고 하는 생태계를 형성하고 있다. 장내 세균에는 소화 · 흡수를 도와 장내 환경을 돕는 유익균과 부패물질을 만들어 몸에 해를 끼치는 유해균 2 종류가 있다.

유제품의 발효를 담당하는 유산균은 대장 내에서 해로운 부패균의 증식을 억제하기 때문에 노화와 수명을 연장한다는 학설이 요즘 크게 주목되고 있다. 특히 요구르트는 혈청콜레스테롤 저하효과, 정장작용, 면역조절작용, 암 발생의 예방효과 등이 있는 건강식품으로 널리 인식되고 있다.

몇 년 전 미국의 Gordon(18,19)박사팀은 장에서 공생하는 세균총과 비만이 밀접한 관계가 있다고 주장하였다.(그림 6)

장내 공생하는 세균 중 가장 많은 비율을 차지하는 것은 퍼어미쿠테스 Firmicutes와 박테로이데스 *Bacteroides*이다. 이들에 따르면 뚱뚱한 사람일수록 장

내에 퍼어미쿠테스균이 90%로 거의 대부분을 차지하고 있으며 이러한 비만환자가 정상체중으로 돌아오면서 퍼어미쿠테스 속 세균의 비율은 73%로 떨어진 반면 박테로이데스균의 비율은 15%로 늘었다고 발표하였다.

(그림 6) 장내세균의 균총 형성이 비만과 관련이 깊다(Backhed 등, 2004)

현재 이 분야는 크게 연구가 활성화 되고 있는 테마로 세계의 많은 학자들이 매달리고 있는 주제가 되었다. 그 이유는 유산균이 제공하는 항비만효과 등을 포함한 다양한 기능성 때문이다. 그러나 소수의 주장이기는 하지만 요구르트를 먹게 되면 장상태가 오히려 악화되므로 먹지 않는 것이 좋다고 말하는 사람들이 있으나 그것은 학술적으로 밝혀진 사실이 아니다.

무릇 식품에는 완전한 식품이 존재하지 않는다. 바꾸어 말하자면 모든 식품은 영양학적으로 보면 장점과 단점이 공존한다는 뜻이다. 동물이 분비하는 우유도 인간의 입장에서 보면 장점만이 아니라 약점이 있다는 점을 인정해야 한다.

그러나 우유를 지나치게 많이 섭취함으로써 생길 수 있는 과잉증, 유당불내증, 우유알칼리증후군 등을 이용하여 마치 우유가 해로운 음식처럼 소문을 내는 것이 정당한 일인가. 그러하다면 우리가 먹는 수많은 식품 중에서 어떠한 식품이 인간에게 가장 좋은지 되묻고 싶다.

흔히 우유는 8대 영양소가 고르게 구비된 완전에 가까운 단일식품으로 인식되고 있다. 영아나 유아들의 뇌신경 발달을 도와주는 유당부터 근육과 면역성분인 단백질, 성장과 에너지를 공급하는 지방질, 골격성장을 도모하는 칼슘과 인산, 마그네슘, 아연, 기타 미량영양소인 비타민 A, 비타민 B_2, 판토텐산 등 그야말로 영양소의 보고라 할 수 있다.

다행이도 최근 들어 우유단백질의 분해산물이 발휘하는 펩타이드의 다양한 생리적 기능이 확인되고 있고 우유를 음용함으로써 항비만 효과를 기대할 수 있을 뿐만 아니라 발효유 유산균의 면역조절 기능 등 우유 및 유제품에 숨겨진 놀라운 비밀들이 현대과학의 힘으로 차츰 밝혀지고 있다.

장점을 취해 이득을 얻는 일은 결코 어리석은 일이 아니다. 우유에 가득한 영양소를 우리의 몸에 이로운 장점으로 극대화 하는 것도 우리의 일이라 할 것이다.

제6장

유당불내증은 질병이 아니다

- 유당불내증의 발생빈도는 인종별로 차이가 있다
- 유당은 감미도가 낮고 포도당보다 느리게 대사 된다
- 성인의 유당불내증은 지극히 정상적인 현상이다
- 유당불내증과 우유알러지는 원인과 증세가 서로 다르다
- 유당불내증을 진단하는 방법은 여러 가지가 있다
- 유당분해효소 유전자와 성인형 저유당효소증 Hypolactasia 이란
- 유당불내증을 경감하는 방법이 있다

'유당불내증'이란 용어는 '유당소화불량증'을 지칭하는 의학적 표현이다. 유당소화불량은 유럽인의 약 25%, 히스패닉계 Hispanic: 중남미계통 주민, 남부 인도인, 흑인 및 유대인 50~80%, 아시아인과 아메리카 인디언의 경우에는 거의 모든 사람에게 생기며 지구상에서 광범위하게 일어나는 아주 흔한 증세이다.

우유알러지는 단백질 때문에 발생하는 반면 유당불내증은 유당 때문에 생기는 본질적인 차이점이 있다. 따라서 우유알러지를 예방하기 위해서는 식사에서 우유단백질을 제외하면 되지만 유당불내증을 경감하기 위해서는 증세가 나타나지 않는 정도의 양만큼 우유를 마시는 연습을 하면서 우유내성을 조금씩 올리는 것이 좋다.

유당불내증이 심한 사람들이 우유 및 유제품을 섭취 방법으로는 1회분으로 한 컵 이하의 양을 마실 것, 탈지유보다는 전지유 whole milk를 선택할 것, 살아있는 유산균(또는 젖산균)이 들어있는 요구르트를 마실 것, 저 유당 유제품을 가정에서 만들어 마시거나 유제품을 섭취하기 전 유당분해용 효소제재와 함께 마시는 방법이 권장된다.

유당불내증의 발생빈도는 인종별로 차이가 있다

우유 및 유제품은 단백질, 칼슘, 칼륨, 인, 비타민 A, 비타민 B_2리보플라빈를 비롯한 다양한 영양소들을 골고루 함유하고 있기 때문에 완전식품에 가깝다 할 수 있으며 이러한 이유로 특히 성장기의 어린이들에게는 식품 · 영양학적으로 빼놓을 수 없는 이상적인 식품이라 할 수 있다. 그러나 불행스럽게도 전 세계인구의 75%나 되는 사람들이 유전적으로 우유의 당 즉, 유당(또는 젖당)을 소화시키는 능력이 선천적으로 결핍되어 있어 우유의 소비가 늘지 않고 있다.

우유소화가 원활하지 못한 인체의 생리적 상태는 '유당분해효소 비지속성' lctase non-persistence이라 부르고 유당분해효소의 활성이 연령에 따른 정상치보다 감소되어 있기 때문에 유당을 소화시키지 못하는 현상을 두고 '유당불

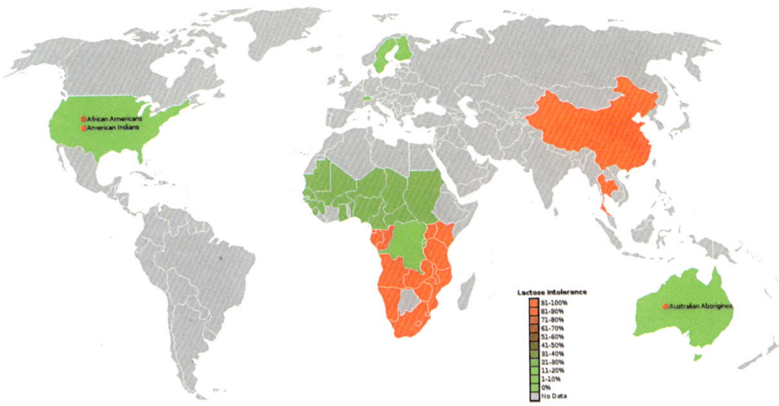

(그림 1) 지구상 지역별 유당불내증 분포도.
아프리카 국가들은 추측치 임, 2006. 출처: commons.wikimedia.org/wiki/File:...ance.png

내증' lactose intolerance이라 부른다.

일찍이 1921년 John Howland가 역사상 최초로 유당불내증의 원인을 유당분해효소 lactase : 락타아제의 결핍 때문이라고 주장한 바 있으며 특별히 우유나 유제품을 이용한 후 설사와 소화불량을 동반하는 이 특징적인 증세는 1960년대부터 본격적으로 학계의 비상한 관심을 받게 되었다.

(그림 1)은 몇 개 국가의 유당불내증 분포를 나타낸 것이다. 태국, 중국, 일본, 동남아시아, 아프리카 인종이이 빈도가 높고 미국(백인), 스위스, 스웨덴 등이 상대적으로 낮다. 실제 조사된 결과에 따르면 미국의 경우에는 코카서스인종 15%(6~19%), 멕시코 계 미국인 약 53%, 아메리카 원주민 약 62~100%, 아프리카계 미국인 약 80%, 아시아계 미국인의 약 90% 정도가 유당소화불량 lactose maldigestion이 생기는 것으로 보고되었다.

약 20여 년 전 Scrimshaw와 Murray(2), Sahi(3) 등은 지구상에서 유당불내증이 발생하는 빈도를 조사하여 보고하였다. 그 내용을 살펴보면 아프리카 대륙과 남아프리카에서 50%의 빈도를 보이고 몇 몇 아시아 국가에서는 대부분의 주민이 유당불내증이라는 결과를 발표하였다. 또한 미국 내에서도 인종별 빈도를 세

분하여 조사한 바, 백인 15%, 멕시코인 53%, 흑인 80~90%가 유당불내증이 있다고 하였다. 유럽의 경우에는 북유럽 스칸디나비아지방이 2%정도로 가장 낮았고 이탈리아의 시실리 지방이 70%로 가장 높았으며 지역별로 그 발생빈도에 상당한 차이가 있었다고 보고하였다. 그 외 호주와 뉴질랜드는 겨우 6~9%에 불과하였다고 한다. 실제로 우유라는 단일식품을 마시기 때문에 발생하는 공통적인 이러한 증세에 대하여 대규모 역학조사가 실시되었다. 그 결과 유당불내증은 서양보다는 동양에서 즉, 백인보다는 황인종이나 흑인종이 더욱 심한 것으로 나타났다. 이러한 유당불내증은 동양인들이 우유 섭취를 기피하는 가장 큰 원인이 되고 있다.

한편 남녀 성별에 따른 저유당분해효소증의 발생빈도는 큰 차이가 없었으나 대체로 여성이 남성보다 같은 양의 유당에 대하여 증세가 더 심한 것으로 나타났다.

나이의 영향은 아직 확실하게 밝혀지지 않았지만 어린이 보다는 성인에게 저유당분해효소증이 더 흔하다. 그러나 일부 학자들은 소장 내 락타아제 활성은 나이와 더불어 지속적으로 감소되지 않으며 저유당분해효소증 증세도 성인의 나이와는 무관하다고 주장하고 있기 때문에 이에 대한 추가적인 연구가 필요하다고 하겠다.

우유섭취의 기피는 오히려 영양소 결핍으로 질병발생 증가를 초래

섭취하는 유당의 양은 유당소화에 가장 큰 영향을 미친다. 유당소화불량자는 임상적으로 1회에 유당 50g을 섭취할 경우에 80~100%가 전형적인 증세를 보인다. 이들 중 1/3~1/2은 200~250mL의 우유를 마시고 난 후 동일한 증세가 나타난다고 한다.(4) 여러 나라에서 보고된 바와 같이 유당분해유(종종 '락토우유' 로 불림)를 음용할 경우에는 일반시유 목장에서 착유한 원유를 위생적으로 가공처리한 상업용 우유와 비교했을 때 그 증세가 상당히 경감되었다고 한다. 또한 10g 미만에 상당하는 소량의 유당을 투여한 다음 그 반응정도를 조사한 결과, 투여량-반응 상관관계dose-response relationship는 나타나지 않았다. 따라서 일부학자들은 높은 유당불내증 발생빈도가 관찰되는 까닭은 통상 마시는 우유에 들어있는 유당의 양(약 12g)에 비해서 지나치게 많은 유당(50g)을 실험적으로 먹이기 때문이며 따라서 그 발생빈도도 실제보다 크게 과장되어 있다고 주장하고 있다.(2)

얼마 전 일본에서는 유당섭취량과 설사발생에 관한 흥미로운 연구가 수행되었다. 위장장애가 없고 설사나 변비증상이 전혀 없는 건강한 사람을 대상으로 유당을 30g~60g까지 10g 간격으로 섭취시킨 다음 설사발생 빈도를 측정하였다. 그 결과 30g까지는 설사가 생기지 않았으나 그보다 좀 더 많이 섭취한 경우에는 설사가 생기기 시작하였다. 즉 40g에서 11%, 50g에서 39%, 60g에서 55%로 설사 발생률이 투여량에 따라서 비례적으로 증가한 것이다. (그림 2)

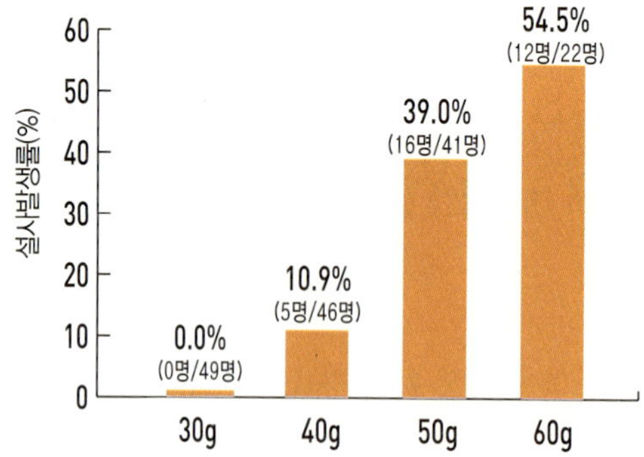

출처 : 일본낙농유업협회, 2006

(그림 2) 유당 섭취량에 따른 설사발생율

이 결과로 보면 유당불내증의 발병은 유당투여량과 직접적인 관계가 있다. 그러나 50g~60g이나 되는 유당을 단 한 번에 섭취하는 것은 통상적인 식생활에서 거의 불가능한 일이다. 이러한 이유로 유당불내증이라는 현상을 투여량에 대한 반응이 아닌 다른 방법으로 정의할 필요가 있다. 요즈음에는 소수의 학자들을 중심으로 유전학적 또는 진화론적 관점에서 이해하기 위한 노력이 경주되고 있다.

지금까지 수행된 임상실험을 통해 확인된 사실은 우유의 섭취량이 부족하면 칼슘, 단백질, 비타민 등 여러 가지 영양소의 결핍으로 이어져서 심한 경우에는 골다공증, 고혈압, 결장암과 같은 질병의 발생이 증가한다. 따라서 우유처럼 여러 가지 영양소가 골고루 들어있는 식품을 피하는 것은 자신에게 그럴만한 특별한 이유가 없는 한 결코 바람직한 식생활은 아니다.

유당은 감미도가 낮고 포도당보다 느리게 대사 된다

지구상에는 4,000여종의 포유동물이 살고 있고 이들은 공통적으로 어린 새끼에게 먹이기 위해 유즙을 합성하며 유즙에는 예외 없이 유당이 존재한다. 유당은 단당류인 포도당과 갈락토오스가 직접 결합(β-1,4 결합)된 이당류로서 유일하게 포유동물의 유즙에만 존재한다. 우유 중 유당은 유당분해효소에 의해 분해되어 포도당과 갈락토스로 가수 분해된다.(그림 3)

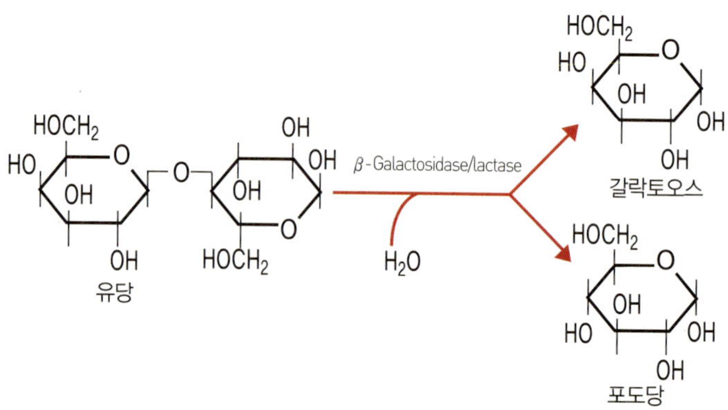

(그림 3) 유당의 화학적 구조와 유당분해효소의 가수 분해 반응

우유 중에 존재하는 유당의 함량은 약 4.8%정도로 총 탄수화물의 99%를 차지하고 있기 때문에 우유 중 탄수화물은 거의 유당이라 해도 과언은 아니다.

우유에 들어있는 유당을 먹으면 어떻게 인체 내에서 대사될까?

일단 식품으로 섭취된 유당은 효소에 의해서 포도당과 같은 단당류로 위 그림처럼 분해되지 않으면 소장의 점막을 통하여 혈액 속으로 흡수되지 못한다. 따라서 유당의 가수분해는 유당의 체내 이용률을 좌우하는 중요한 소화과정이다. 유당도 다른 당류처럼 인체의 내부로 흡수되어 연소되면 g당 4Kcal의 열을 발생하기 때문에 가수분해로 얻어진 포도당은 인체에서 혈당이나 에너지원 등으로 다양하게 이용될 수 있다. 그러나 갈락토오스는 일차적인 에너지원으로 사용되지 않고 포도당과는 다른 용도로 사용되는데 그 대표적인 용도가 신경세포가 밀집된 뇌 조직을 구성하는 당지질glycolipid : 탄수화물이 지방과 결합된 것의 합성이다.

(표 1) 각종 유제품의 유당 함량

제품명	유당 (g)
우유 (1컵)	
전유	9 – 12
2% reduced fat	9 – 13
1% low fat	12 – 13
Fat free	11 – 14
Chocolate	10 – 12
Buttermilk	9 – 12
Evaporated	24 – 28
Sweetened condensed	31 – 50
*Lactaid (lactose-reduced low fat milk)	3
Goat's milk	11 – 12
Acidophilus, skim	11
요구르트, 저지방 (1컵)	4 – 17
치즈 (1온스)	
Cottage (1/2컵)	0.7 – 4

Cheddar, sharp	0.4 - 0.6
Swiss	0.5 - 1
Mozzarella, part skim, low moisture	0.08 - 0.9
American, pasteurized, processed	0.5 - 4
Ricotta (1/2컵)	0.3 - 6
버터 (1pat)	0.04 - 0.05
크림 (1 tbsp.)	
Light	0.6
Whipping	0.4 - 0.5
Sour	0.4 - 0.5
아이스크림 (1/2컵)	2 - 6
아이스 밀크 (1/2컵)	5
셔벳 (1/2컵)	0.6 - 2

* Bowes & Church's Food Values of Portions Commonly Used, Pennington, 1989
출처 : Scrimshaw and Murry, Amer. J. Clin. Nutr. Supplement 48(4), 1988

또한 유당은 혈당성분인 포도당에 비해서 훨씬 느리게 대사되기 때문에 우유를 마신 후 혈액 중 포도당 농도가 빠르게 올라가는 것을 막을 수 있고 쉽게 식도로 삼킬 수 있는 형태, 즉 연하작용이 용이한 당으로써의 특성이 있다.

유당은 일반시유뿐만 아니라 우유를 이용하여 가공한 여러 가지 유제품에도 함유되어 있다. 우유 1컵에는 대략 9~12g이 들어 있고, 저지방 요구르트 4~17g, 크림이나 치즈 1g미만, 1/2컵 아이스크림 2~6g, 그리고 샤베트에는 0.6~2g 정도 들어 있다.(표 1)

포유동물은 왜 탄수화물을 단당류가 아닌 이당류의 형태로 합성하여 우유로 분비하는 것일까?

화학적으로 보면 6탄당인 헤미아세탈hemiacetal 구조보다는 이당류의 형태, 즉 아세탈 구조acetal form 로 존재하는 것이 더 안정적이지만 학자들은 유당이 지니고 있는 물리화학적 특성에서 그 해답이 있다고 생각한다. 유당은 포도당에 비해 물에 대한 용해도가 비교적 낮은데, 이 낮은 용해도가 동물의 유즙 합성과정에서 삼투압osmolality:물 리터당 녹아있는 용질의 오스몰로 계산되는 압력을 가급적 낮게 유지하면서 충분하게 에너지를 공급할 수 있는 최적의 유기물이라는 사실을 발견하였다.(5) 이 성질은 곧 유즙에서 유당이 발휘하는 가장 큰 장점이며 포유류가 탄수화물을 이당류의 형태로 합성하여 우유로 분비하는 가장 그럴듯한 이유로 설명이 되고 있다.

그 외에 유당분자에는 화학적으로 극성인 수산기가 많아 물과 섞이려는 친수성이 비교적 강하고 친수성색소 등과도 잘 결합할 뿐더러 가공과정에서도 식품의 조직을 개선하는 능력이 있기 때문에 과자류, 제빵류, 소시지와 같은 다양한 가공식품에 첨가되고 있다. 유당의 감미는 설탕의 약 1/3 정도, 포도당의 그것에는 절반에 불과하기 때문에 식품의 단맛을 내기위해 사용되는 감미료로 사용하기보다는 뇌조직의 형성이나 결합제로 사용하는 것이 바람직하다. 성인에게 있어서 유당은 영양학적으로 특별한 중요성을 띄지 않는다는 주장이 있으나 유당은 에너지원뿐만 아니라 뇌신경을 구성하는 당으로써의 기능을 가진다는 점을 주목해야 한다. 한 살 미만 영아에게는 필요한 총에너지의 절반이상을 공급하기 때문에 가장 중요한 에너지원으로 기여한다는 점도 잊지 말아야 할 것이다.

성인의 유당불내증은 지극히 정상적인 현상이다

성인의 경우 식품에 들어 있는 유당은 어떻게 대사될까?

앞에서 기술한 바와 같이 유당이 체내로 흡수되려면 일단 소장 내에서 가수분해가 일어나야 한다. 유당을 분해하는 효소를 락타아제lactase라 부르고 학술적으로는 베타갈락토시다아제 β-galactosidase로 기술하는 경우가 많다. 이 효소는 인체 소화기관의 점막세포에 존재하는데 소장에서는 공장부위에 가장 많고 소장 점막의 브러쉬보더brush border라는 (그림 4)와 같이 생긴 상피조직에서 합성되며 여러 가지 이당류를 가수분해하는 효소들 중 하나이다.

임상적으로 보면 '유당불내증' 이란 용어는 '유당소화불량증' 을 지칭하는 의학적 표현이다. 앞에서 언급한 바와 같이 유당소화불량은 유럽인의 약 25%, 히스

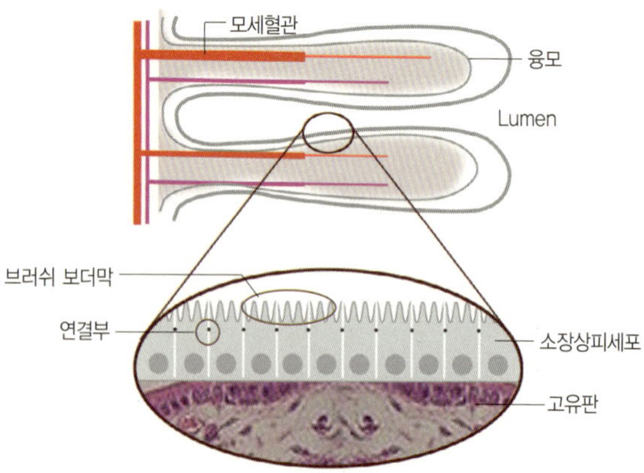

(그림 4) Brush Border는 미세융모로 덮인 상피세포이다.

패닉계, 남부 인도인, 흑인 및 유대인 50~80%, 아시아인과 아메리카 인디언의 경우에는 거의 모든 사람에게 생기며 지구상에서 광범위하게 일어나는 아주 흔한 증세이며 따라서 특별한 질병으로 보기 어렵다.

유당불내증은 우유를 마신 후 약간의 고통 즉, 설사나 헛배(또는 복부 팽만)가 부르게 되는 특징적인 증세로 나타나는데 이것은 우유의 성분 중에 하나인 유당을 소화시키지 못하여 생기는 현상으로 유전적 또는 후천적으로 발생한다.

동물의 유즙을 마시면 소장에서 분비되는 락타아제(유당분해효소)에 의해 유당이 (그림 5)에 표시한 바와 같이 포도당(Glu)과 갈락토오스(Gal)라는 단당으로 분해된 다음 물과 나트륨이온과 함께 장내로 이동하는 것이 정상적인 소화흡수과정이다. 그러나 유당분해효소를 충분하게 합성하지 못하는 사람들은 충분히 분해되지 않은 유당이 소장을 타고 장 하부로 내려가면서 특히 결장 내에 존재하는 미생물에 의해 계속적인 발효가 일어남으로써 그 발효산물에 의해 설사, 경련, 복부 팽만 등의 증세를 초래하는 것이다.(6)

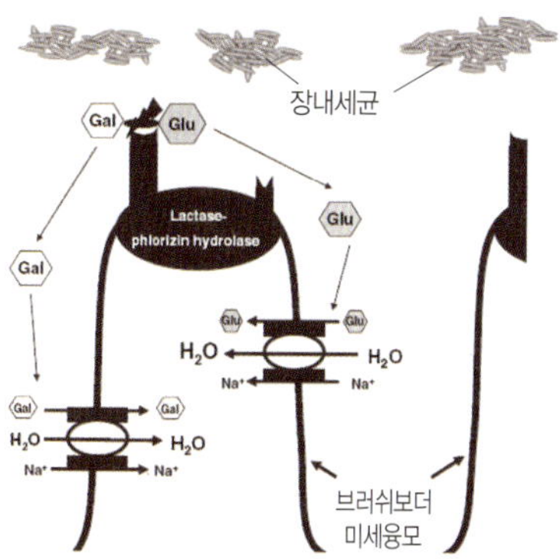

(그림 5) 유당분해효소 지속성인 사람의 유당흡수과정. 효소에 의해서 분해된 포도당과 갈락토오스는 각가 물, 나트륨 이온과 더불어 미세융모를 횡단하여 혈액 중으로 흡수된다(Lomer 등, 2008)

한편 소장에서 가수분해 되지 않고 남아있는 유당 중에서 약 1%는 수동적 이동, 즉 확산과정을 통해서 혈액 안으로 흡수되는데 이렇게 흡수된 유당은 혈액 중에 잠시 머물다가 소변을 통해 체외로 배설된다. 유당불내증인 사람의 경우 흡수되지 못한 대부분의 유당은 공장jejunum에 도달하고 거기서 삼투압효과를 유발하여 물과 나트륨을 동시에 조직으로부터 장관 쪽으로 빠져나오도록 유도하기 때문에 결과적으로 소장 내용물의 장 통과속도는 빠르게 된다. 실험으로 밝혀진 바와 같이 식품으로 먹는 상당한 양의 유당은 소장의 결장부위까지 이행될 수 있고 그곳에 상주하고 있는 혐기성 세균들에 의해 발효되어 저분자의 유기산, 수소가스, 메탄가스, 이산화탄소와 같은 기체를 생성한다. 이들 발효 대사산물 중 일부 저분자 유기산은 점막을 거쳐 혈액 중으로 흡수되는 반면 대부분은 대변으로 배설되므로 산성대변acidic stool이 되는 것이다.

유당불내증은 인종에 따라 차이가 나며 선천적인 경우가 많다

이상에서 기술한 대사이상은 오로지 락타아제라는 유당분해효소의 결핍 때문에 생긴다. 유당분해효소의 결핍은 인종에 따라서 차이가 나며 앞에서 언급했듯이 특히 동양인이나 흑인에게 많고 동양인의 약 70%가 결핍되어 있다고 알려져 있다. 유당불내증은 선천적으로 유당분해효소의 결함 때문에 생기는 경우도 있고 후천적인 원인으로 장기간 우유를 섭취하지 않았을 경우 유당분해효소의 합성과 분비의 감소가 그 원인일 수도 있다. 유당은 동물의 젖에만 포함되어 있고 어린동물들이 성장하면서 그것을 분해하는 락타아제의 분비량도 나이에 따라 감소한다. 따라서 성인이 우유를 마시는 경우에 유당분해효소의 활성저하가 나타나는 것은 지극히 자연스러운 현상으로 볼 수 있다.(7)

소장 내 락타아제가 전혀 없거나 감소하는 원인은 선천성, 원발성(1차적) 및 속발성(2차적)으로 구분된다.

첫째, 선천성결핍증이란 한마디로 '무효소증' alactasia이다. 즉 태어날 때부터 유당분해효소가 거의 검출될 수 없을 만큼 극도로 낮은 수준인 사람에게 생긴다. 무효소증 영아는 태어난 후 며칠 만에 심한 설사를 경험하게 된다. 무효소증의 유무를 측정하기 위하여 임상적으로 소장내의 락타아제 활성을 측정한다. 환자의 '호기중 수소생성량 측정법' 또는 소장 조직검사를 통한 측정과 진단이 필요하다. 선천성 결핍의 경우 소장은 병변이 없고 조직학적 소견은 정상이기 때문에 락타아제 결핍증인 영아에게 유당이 함유되지 않은 음식을 공급하는 한 그 증세는 나타나지 않는다. 선천적으로 유당분해효소 결핍증 환자들에게 콩 단백질을

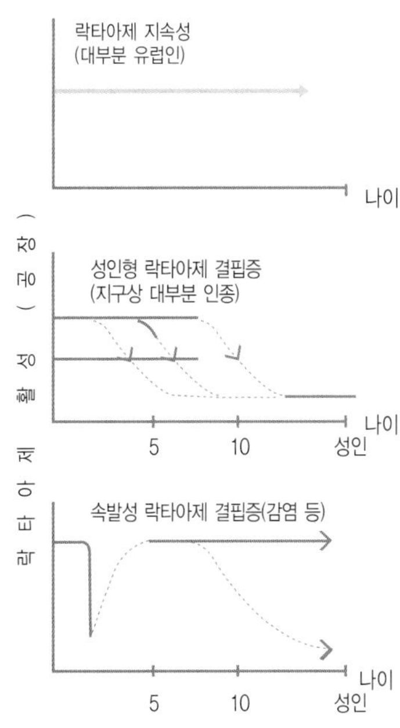

(그림 6) 연령, 인종에 따른 유당분해효소 지속성의 차이 (Fergusson, A. Allergy,1995)

이용한 조제유가 적당하다는 논문도 발표된 바 있다.

둘째, 원발성(1차적) 결핍은 유당분해효소의 감소현상이 인종적인 배경에 따라 이유 이후 다양한 시점에서 시작되는 현상으로 설명할 수 있다. (그림 6)에 표시한 바와 같이 대부분의 유럽인들은 나이가 들어도 효소활성의 감소가 일어나지 않는 락타아제 지속성을 나타낸다. 이에 반하여 타 인종은 나이가 들면서 어느 시점에 도달하면 락타아제활성이 급격하게 떨어진다.

감염이나 건강이상으로 인하여 효소활성이 일시적으로 떨어졌다가 다시 원상태로 회복되는 경우도 가끔 관찰된다. 현재 유당불내증의 진단은 표준유당내성검사standard lactose tolerance test를 이용하여 유전적인 차이를 확인하고 있지만 이것이 가장 효과적인 유당내성검사법이라 하더라도 생리적으로 유당에 대한 내성이 없는 사람의 비율을 지나치게 과장하는 경향이 있음을 고려해야 한다.

속발성(2차적) 유당소화불량증은 소장 상피세포의 치료로 회복이 가능

'저유당분해효소증' hypolactasia 은 유전적 또는 후천적으로 생기는 현상이다. 락타아제 결핍은 선천적으로 결정되고 유전적인 원인이 대부분이며 이 효소의 분비가 저하된 사람들은 아동기부터 시작된다. 유당불내증에 포함되는 유당소화장애maldigestion는 저유당분해효소증의 생리적인 결과이다. 유당불내증의 전형적인 증세는 가벼운 설사, 복부 팽만, 통증, 더부룩함, 메스꺼움 등을 수반하는 다양한 형태를 보인다. 유전적으로 생기는 유당분해효소의 활성감소는 대부분 이유 후에 즉시 발생한다고 한다.

성인형 저유당효소증은 성염색체의 열성유전자를 통하여 유전되는 것으로 확인되었고 단백질 합성단계 중 전사과정의 전후 메카니즘들이 낮은 활성의 효소 발현에 관여하는 것으로 알려져 있다.(9) 선천성 무유당분해효소증은 극히 드물고 단지 수십 건의 사례만이 핀란드에서 보고된 바 있다. 속발성(2차적) 유당소화불량증은 소장 상피세포의 손상 또는 결함으로 생기는 질병이며 해당 상피세포를 치료하면 자연히 회복될 수 있다.

한편 소장 내 유당분해효소의 합성을 유도하지 않더라도 유당에 지속적으로 노출되면 결장 내에서 유당에 대한 적응이 생겨날 수도 있다는 실험적 증거가 있다. 태어난 뒤 처음으로 우유를 마시는 어린이들은 종종 설사와 위장관 이상증세를 호소하지만 계속 우유를 마시게 하면 그 증세가 멈추는 것을 학교 우유급식프로그램을 통해 확인한 바 있다. 이러한 현상은 친숙하지 않은 식품에 대한 생리적 반응으로 설명할 수 있다. 실제로 25명의 아프리카계 미국인을 대상으로 한 실험에서 1잔의 우유에 들어 있는 유당(약 12g)에도 불완전한 소화를 나타내는 사람들에게 우유 공급량을 지속적으로 늘린 결과 피 실험자의 77% 이상이 아무런 증세가 없이 유당 증세를 견디는 것으로 나타났다.(10)

섭취한 유당이 소화되지 않은 상태로 결장 내에 존재하면 그곳에 상주하는 미생물이 발효하여 유기산의 생성이 촉진되고 자연히 국소 pH가 저하되어 더 이상의 발효가 일어나지 않고 수소가스 생산이 억제될 수 있다. 또 미 분해된 유당이 가스 생성균수를 감소시키는 한편, 가스 비생성균의 증식에 유리하게 작용하여 결장 내 세균총의 변화를 유도하기 때문에 수소가스의 생산량도 따라서 감소한다는 학설이 있다. 그러나 위에서 설명한 결장적응colon adaptation 과정이 실제로 선천성 유당불내증 환자들에게도 유당내성의 효과적인 수단이 될 수 있는지 없는지는 아직 분명하지 않다.

유당불내증과 우유알러지는 원인과 증세가 서로 다르다

인류가 목축을 시작한 이후 오랜 기간 동안 식이스트레스를 받으면서 소장 내 유당분해효소 농도가 높은 사람들이 영양학적으로 유리한 고지를 점령하게 되었다. 결과적으로 그들의 생존율 향상은 높은 장내효소활성이라는 결과를 낳았고 이것은 이 인류 집단의 특징으로 정착하게 되었다. 이렇듯 유당분해효소의 지속성이라는 특징은 장구한 세월의 목축전통과 함께 여러 지역에서 공통적인 생리적 특징으로 자리 잡았다.

세간에서는 흔히 유당불내증과 우유알러지를 혼동하는 경우가 있으나 이 두 가지 증세는 완전히 다른 질병이다. 그 차이를 간단히 설명하면 다음과 같다.

유당불내증이 지구상 인구의 2/3에 해당하는 인류에게는 고통으로 여겨질 수

(표 2) 우유알러지와 유당불내증의 비교

	우유알러지	유당불내증
원인	우유단백질 섭취에 따른 비정상적 면역반응	유당을 소화시키는 락타아제의 낮은 소장내 농도
개시 년령 증세	보통 유아기 복부 통증, 구토, 설사, 코막힘, 피부발진	유아기 초기 및 후기 복부 가스, 헛배, 복통, 설사
진단법	식품 제거와 강제투여 혈액검사(RAST)	호기 수소가스 생성 시험
유제품 이용 및 회피 문제	일정 기간 우유단백질을 식단에서 제외	유제품을 제외할 필요 없음 다양한 양의 유제품을 사용하여 내성을 올리기 위한 실험 수행

출처 : Handbook of dairy foods and nutrition, 2nd Ed., 2000

도 있겠지만 이 증세는 무엇보다도 성인과 관계가 있으며 다른 원인이 아니라 단순히 우유의 유당 때문에 생기는 것이다. 이에 반하여 우유알러지는 오직 영아에게만 일어나며, 유당이 아니라 우유단백질 때문에 발생하고 그 증세 또한 유당불내증과 판이하게 다르다.(2-4)

우유알러지는 단백질 때문에 생기는 것이고 유당불내증은 유당 때문에 생기는 것이 본질적인 차이점이다. 따라서 우유알러지를 치료하기 위해서는 우유단백질을 식사에서 제외하면 되지만 유당불내증을 경감하기 위해서는 증세가 나타나지 않는 적당한 양의 우유를 가지고 시험하면서 내성을 올리는 것이 좋다. 유당불내증과 우유 알러지의 차이점을 (표 2)에 표시한 바와 같이 요약하였으니 참고하기 바란다.

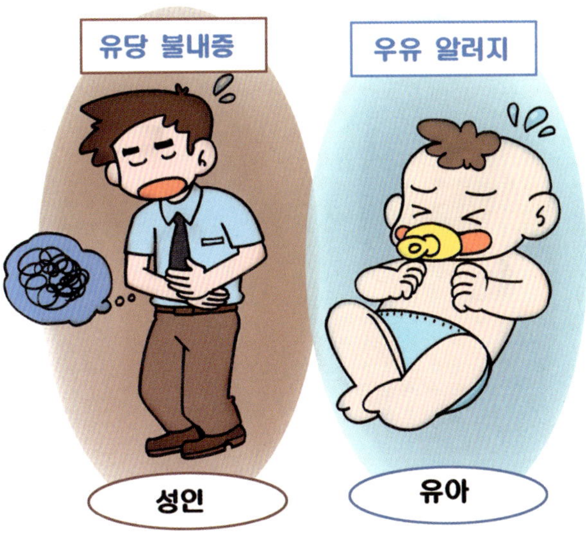

한편 Hertzler와 Savaiano[11]는 2g의 유당을 섭취한 경우보다 6g을 섭취한 후 호기중 수소배출량이 더 증가하였다면서 유당섭취량과 유당소화불량은 비례적인 관련성이 있다고 주장한 바 있다. 이에 반해서 유당소화불량인 소수의 피 실험자들은 비록 다량의 유당을 섭취하였음에도 불구하고 전형적인 유당불내증 증세를 호소하지 않았는데 왜 그러한지에 대한 이유는 분명하게 밝혀지지 않고 있다. 이런 현상은 다른 당류의 소화불량 사례에서도 흔히 관찰된다고 한다. 사람들에게 50g의 유당을 섭취하게 한 다음 서양 사람의 기준에 따라 판정한다면 거의 100%의 사람들이 유당불내증으로 진단될 것이다.

그러나 50g의 유당은 1L의 우유에 상당할 정도로 지나치게 많은 양이라는 점을 유의해야 한다. 유당불내증 환자라도 그렇게 많은 양의 우유가 아니라면 별 지장 없이 마실 수 있을 뿐만 아니라 마시는 방법을 바꾸면 그 양을 증가시킬 수 있다.[12]

유당불내증을 진단하는 방법은
여러 가지가 있다

대부분 포유동물의 경우 유당분해효소 활성은 이유 직후 빠르게 감소하지만 유럽 코카서스인을 비롯한 소수의 인종들은 유당분해효소 활성이 어른이 될 때까지 지속되어 다량의 유당을 소화시킬 수 있다.

유당불내증을 진단하는 방법은 락타아제의 활성을 측정하는 방법, 혈액 내 포도당 또는 갈락토오스 농도 측정법, 호기중 수소가스 또는 이산화탄소 발생량 측정법 등이 사용되고 있다.(표 3)

유당소화에 대한 초기연구들은 50g의 유당을 섭취한 다음 혈액 내 포도당을 측정하는 방법을 이용하였는데 섭취 30분 후 혈중 포도당이 크게 올라가면 높은 유당분해효소 활성이 있다고 간주하였다. 실험연구의 경우에는 경구투여 후 방사선동위원소 C^{13}으로 표지된 혈청 내 유당의 측정에도 사용되어왔으나 임상에서 사용하기에는 적합하지 않다는 점이 흠이다.

(표 3) 유당불내증을 임상적으로 진단하는 방법들

진단법	방법	비정상 기준	참고문헌
락타아제 활성	소장점막에 의한 유당 가수분해	<2 units 락타아제 활성/g	Dahlqvist, 1970
혈청 포도당	유당섭취 후 증가	<20~25 mg/dL, 증가함	Bayless 등, 1975
혈청 갈락토오스	유당섭취 후 증가	<5 mg/dL, 증가함	Isokoski 등, 1972
수소	유당섭취 후 증가	>20 ppm 증가함	Bond, 1972
이산화탄소	유당섭취 후 증가	≤정상범위 증가분	Solomns, 1981

그러나 이 동위원소측정법은 측정에 소요되는 비용이 부담스러운 반면 비 파괴적으로 믿을만한 결과를 얻을 수 있다. 최근 공장조직검사를 이용한 유당분해효소 활성측정법은 현재 가장 널리 사용되는 유당에 대한 호기 수소가스생성법보다 민감성이 약간 떨어진다는 단점이 있다.

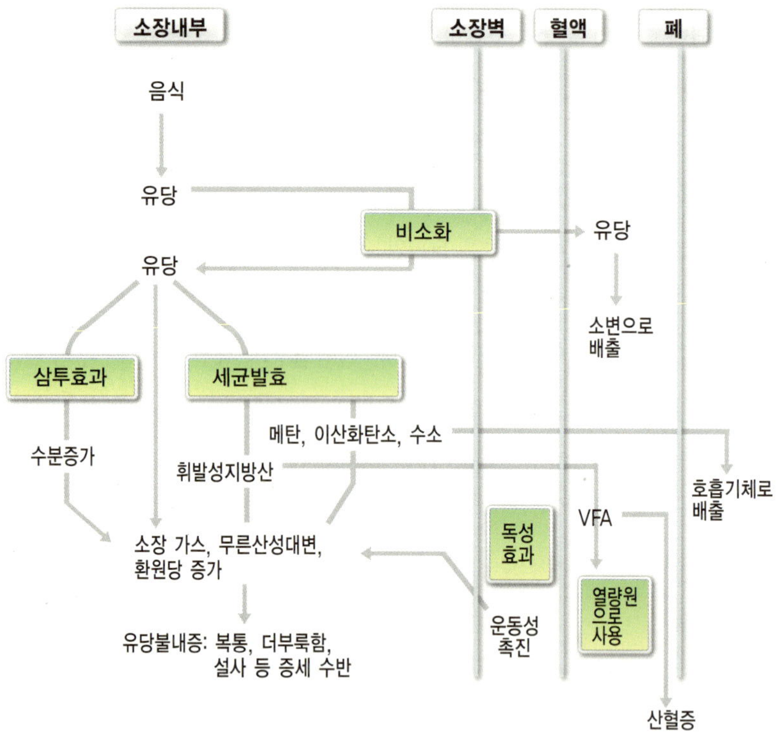

(그림 7) 유당 소화불량에 따른 이상 대사과정. 미소화된 유당이 장내세균에 의해 발효되어 메탄, 이산화탄소, 수소, 휘발성 지방산(VFA) 등을 생성한다. Saavedra and Perman, Ann. Rev. Nutr. 1989[8]

유당에 대한 호기 수소가스생성법은 50g의 유당을 경구를 통하여 먹고(이것은 우유 1L를 마셨을 때의 양과 같다) 3~6시간 후 유당불내증으로 판정하는 역치 일반적으로 반응이나 기타의 현상을 일으키게 하기 위하여 계(系)에 가하는 물리량의 최소치 인 20ppm을 넘는 호기 수소가스량을 측정하는 것이다.(그림 7) 이 테스트는 측정시간을 6시간으로 늘리면 민감도는 40%에서 60%로 증가하지만 유당소화불량 환자 중 많게는 20%까지 수소가 배출되지 않은 사람으로 측정되는 오류의 여지가 있다(통계학적으로 false-negative라 함). 이것은 장내에서 이산화탄소를 환원시키기 위해 수소를 사용하여 메탄을 생성하는 메탄생성균이 우점 하였거나 혹은 사전에 복용한 항생제의 영향으로 생기기도 한다. 종종 위장 관내에서 서로 다른 미생물 균종간의 간섭이나 경쟁으로 인하여 메탄생성 뿐만 아니라 상당히 많은 수소가스배출이 있을 수도 있다. 어떤 경우에는 이전에 유당불내증이 전혀 없었던 피 실험자에게서 양성 호기 수소가스생성이 발생하기도 한다. 그 원인은 피 실험자들이 분명 유당 흡수불량자이지만 추측컨대 개인적인 식이제한 때문에 아무런 증세가 나타나지 않았던 것으로 해석된다.

새로운 Real-time(RT) PCR 목적하는 DNA분자를 증폭하는 동시에 정량하는 기술, qPCR로 불리기도 함 을 이용한 유전자측정법은 빠르고 용이하며 락타아제 유전자에 대한 높은 특이성을 가진다는 장점이 있다. 이 방법은 선천성 유당소화효소불량증과 이차적 저유당소화효소증에 의해 야기된 유당불내증 환자들을 서로 식별하는데 도움을 줄 수 있다. 그러나 이 방법은 아직 임상에서는 통상적인 조작법으로 채택하지 않고 있다.

유당분해효소 유전자와 성인형 저유당효소증Hypolactasia 이란?

성인형 저유당효소증 Hypolactasia은 세계적으로 가장 많은 사람들에게 영향을 미치며 이것이 우유소비를 제약하는 가장 큰 요인이다. 성인의 경우 유당을 가수분해할 수 있는 능력 즉, 락타아제 지속성이 북 유럽인들에게는 흔한 표현형인 반면 대부분의 타 지역에서는 락타아제 비지속성Lactase non-persistence 또는 성인형 저유당분해효소증이 가장 흔하게 나타나기 때문에 인간에게는 가변성 유전형질로 구분된다. 실례로 아프리카의 사하라 이남지역에서는 효소지속성이 실험에 참여한 대부분의 사람들 가운데 극히 낮은 빈도로 관찰되었으나 특히 목축업자 집단에서는 그 빈도가 상당히 높았다.

성인형 저유당효소증의 진단은 진단법이 부정확하여 아직 확립되지 못하였다.(13)

그 후 뜻밖에 락타아제 유전자의 5′ 말단으로부터 13910번인 염기의 다형성(C/T-13910)단일뉴클리오티드 다형성 Single Nucleotide Polymorphism이 락타아제 지속성과 직접적인 관련이 있다는 연구가 발표되었다.(14)

생후 1달부터 20세에 달하는 아프리카인, 핀란드인, 백인 등 총 329명의 피 실험자를 대상으로 소장조직을 검사한 결과 락타아제 비지속성을 결정짓는 인자인 C/C-13910의 유전형 빈도가 기존에 보고된 아프리카 흑인과 백인의 성인형 유당불내증 빈도와 일치하는 것으로 나타났다.

8세 어린이중 대다수는 C/C-13910 유전형이 크게 감소한 락타아제 활성(단백질 g당 10 Unit 미만)과 밀접한 관련을 보였고 12세 어린이의 경우엔 거의 100%로 나타나 특이적인 결과가 나타났다. 인종별로는 아프리카 흑인의 락타아제 활성감소가 동일한 C/C-13910 유전형Genotype을 가진 핀란드인과 비교할 때 다소 빨라지는 것으로 나타났으며(15) 핀란드 인에게서 발견된 락타아제 유전자의 13.9 kb 상류에 존재하는 C/T 다형성 현상은 효소지속성 표현형2와 직접적인 관련이 있는 것으로 확인되었다.

2006년 Swallow 등(16)이 아프리카 7개국의 상이한 문화권에 속하는 20개 인종 집단 총 1,671명을 대상으로 유전형 다형성 현상을 연구한 결과를 살펴보면 5개 집단이 락타아제 지속성을 가지고 있었고 그 빈도는 25%였다. 아프리카 카메룬에서 T 대립유전자 Allele:한 유전적 위치의 여러 상이한 형태중 하나가 발견된 적은 있으나 그 밖의 지역에서는 T대립자 빈도는 매우 낮았다. 북 유럽인의 경우 다형성 부위Polymorphic Site에 T가 존재한다는 것은 그들이 락타아제 지속성을 가진다는 훌륭한 척도로 간주되고 있다.

그 외에도 분자생물학 및 세포생물학적 견지에서 유전자의 구조, 전사, 소장의 발현 위치, 락타아제 단백질의 합성 등에 대한 연구가 수행되었다. 락타아제 유전자는 2번 염색체상에 존재하며 유전자 자체의 구조적 차이는 유당분해효소 발현의 차이와 무관하였다.

인간, 쥐, 토끼의 락타아제를 암호화하는 mRNA가 유당분해 효소활성의 양과 비례한다는 점은 락타아제 발현이 유전자의 전사수준에서 조절된다는 것을 암시하였다.

이탈리아 연구팀은 락타아제 지속성 및 비지속성인 사람의 공장 점막 내에서 유당분해효소의 활성, 효소 생합성, mRNA 농도를 각각 측정하였다. 그 결과 전사인자 및 전사후인자들에 의해서 소장 내 락타아제 활성감소가 일어났다고 발표하였다. 이러한 결과로 볼 때 락타아제 전구체의 합성은 락타아제 mRNA 농도와 상관관계가 있으며 전사조절을 받는다는 점을 암시하는 것이다.

대개 락타아제 지속성인 사람들은 비지속성 사람들과 비교하여 생합성 속도가 5배가량 빠르다. 그 외에도 많은 전사 전Pretranscription, 전사 후Posttranscription 인자들이 소장 락타아제 활성감소에 영향을 미치기 때문에 성인형 저유당분해효소증이 최초로 일어나는 시점이 인종에 따라서 크게 상이할 수 있다고 기대된다. 현재는 부신피질 또는 갑상선 호르몬에 의한 조절을 포함하여 유당분해효소 발현을 조절하는 여러 가지 메커니즘들이 제안되었으며 활발하게 연구되고 있다.

유당불내증을 경감하는 방법이 있다

우유를 보통 식사와 함께 마시면 유당내성이 커질 수 있다

칼슘, 칼륨, 마그네슘과 같이 유제품에 많이 들어있는 영양소의 결핍이 아프리카계 미국인들에게 발생하는 고혈압의 높은 발병에 기여할 수도 있다는 견해가 많다. 미국에서 식이고혈압방지시책DASH을 통해 실제로 얻은 결과를 보면 과일 · 채소(8~10 인분)와 같이 풍부한 저지방 식품 및 저지방 유제품 (3인분)은 혈압을 낮추는데 상당한 효과를 보였으며 이러한 혈압저하는 칼슘과 유제품섭취가 낮은 아프리카계 미국인의 경우 효과가 2배나 되는 것으로 나타났다. 이 실험을 통해 평균섭취량은 역치인 하루 600~700mg에 가까워야하며 이보다 낮으면 골량의 감소와 고혈압이 생길 수 있다고 하였다. 또한 미국 내 소수인종에게 흔히 관찰되는 칼슘섭취 부족은 유당불내증 뿐만 아니라 어린나이부터 배우는 식습관도 칼슘부족에 기여할 수 있다고 지적하였다. 소수인종에게 유당소화불량이 높은 빈도로 발표되는 이유는 다름 아니라 빈속에 우유를 먹기 때문이고, 따라서 식사와 함께 우유를 마신 후 유당불내증을 호소하는 빈도보다 크게 과장되어 있다고 주장한 바 있다.

무작위 이중맹검법double blind test을 사용한 임상연구를 통해서 얻은 결과는 유당분해효소 결핍인 사람들도 몇 가지 간단한 식사전략을 택하면 칼슘권장량을 충족할 정도의 유제품이 들어있는 식단을 즐길 수 있다는 점이다.(17) 유당을 잘 소화시키지 못하는 대부분의 사람들도 대략 1잔의 우유 중에 함유된 유당의 양 정도는 문제없이 견딜 수 있으며 한 번에 1/2잔 정도만 마실 수 있는 사람들은 극히 소수에 불과하다는 것이다.

이들의 연구에 따르면 우유를 보통식사와 함께 마시면 유당내성이 커질 수 있다고 한다. 실제로 우유에 질경이 섬유질Psyllium fiber을 첨가한 실험에서 장내 수소가스 발생과 유당불내증이 모두 감소한 것으로 나타났다. 이 결과는 유당이 들어있는 식품을 다른 고형식과 함께 섭취하면 위배출시간이 지연되고 수소가스 생성량을 감소시킬 수 있다는 의미이다. 다시 말해 위 배출 gastric emptying:위장의 내용물이 배출되는 시간이 지연되면서 위에 존재하는 유당분해효소로 하여금 식품에 들어있는 유당을 분해할 수 있는 시간이 길어지기 때문이다.

각종 요구르트는 유당불내증을 일으키지 않는 유제품이다

흥미로운 것은 유당을 소화시키기 어려운 유당불내증 환자라 하더라도 몇 가지 유형의 유제품만은 다른 사람들보다 더 잘 견디는 경우가 종종 있다는 사실이다. 이러한 현상은 아직 검증되지 않았지만 유지방 함량이 위 배출의 시간을 지연시켜 우유의 내성을 올리는 것으로 파악되고 있으며 위배출지연이 유당불내증 개선에 효과적이라는 다수의 논문이 보고되었다. 이들 보고서에 따르면 전지유의 경우 탈지유와 비교하여 위 배출이 억제되어 유당불내증을 다소 완화시킬 수 있다. 위 배출 속도와 소장통과시간은 유당이 유당분해효소에 노출되는 시간을 결정하는 인자이다. 식사나 음료의 온도 역시 위 배출에 영향을 준다. 섭씨 4℃정도의 찬 음료는 약 10분정도 위 배출을 지연시키며 따뜻한 음료(50℃)도 위 배출

시간을 지연시키나 그 차이는 그다지 크지 않다. 신속한 위 배출을 결정하는 데는 여러 가지 생리적 인자들이 관여한다. 대개 위 배출이 느려지면 유당분해율은 개선되고 유당은 물, 쵸콜릿, 고형식, 섬유질과 함께 먹는 것 보다 우유와 같이 먹는 것이 소화에 도움이 된다. 이러한 완화효과는 위장 내 에너지 함량과 삼투압 상승에 의한 위배출시간의 연장과 밀접한 관련이 있다. 해외에서 수행된 연구결과 유당불내증 환자에게 50g의 유당을 전지유로 투여하였을 경우가 탈지유로 투여한 것보다 혈당이 적게 상승하였고 유당불내증의 심한 정도도 낮은 것으로 나타났다.

지금까지 수행된 연구결과를 살펴보면, 저 유당 또는 무 유당 우유를 섭취할 경우 정상 유당이 들어있는 유제품을 섭취할 때 보다 더 잘 견딜 수 있었다는 결과가 대부분이다. 유당소화불량자라 하더라도 요구르트 내 유당을 우유의 그것보다 더 잘 견딜 수 있었는데 그것이 반드시 락타아제 활성 때문인지는 아닌지 확실하지 않다. 여러 학자들은 살아있는 요구르트나 발효유제품의 유산균이 유당소화에 직접 관여한다고 믿고 있다. 그러나 열처리한 요구르트가 열처리를 하지 않은 신선한 요구르트보다 유당내성 측면에서 크게 불리하지는 않았다. 요구르트를 제품별로 실험한 결과에 따르면 락타아제 활성이 4배나 차이가 나는 3종류의 요구르트 제품을 섭취한 다음 유당내성을 측정한 결과 제품별로 내성의 차이는 없는 것으로 나타났다.

이 결과는 유산균 스타터를 비롯한 효소 이외의 인자가 유당내성에 기여할 수 있다는 점을 암시하는 결과이다.

임상시험을 통해 유당 18g의 소화불량 정도를 측정한 결과, 일반 요구르트 섭취 시 9.6%, 살균요구르트는 12.5%, 우유는 39%로 3가지 제품 중 우유의 유당분해가 요구르트보다 크게 낮았다. 요구르트섭취 후 위장 베타갈락토시다아제에 대한 유당의 비율도 빠르게 감소하였다. 이 결과로 미루어 판단하건데 베타갈락토시다아제 일부가 위장에서도 빠르게 실활되지 않는 것으로 보인다. 이상의 결과를 종합하여 보면 요구르트를 섭취할 경우 우유를 마시는 것보다 유당불내증이 상당히 완화될 수 있다고 판단할 수 있다. 또한 유당을 이용하여 배양한 비피도박테리움 롱검 *Bifidobacterium longum*이 함유된 비 발효우유도 호기중 수소생성을 감소시켰다. 아울러 유산균 락토바실러스 애시도필러스 *Lactobacillus acidophilus*의 내산성 및 내담즙성 실험결과 대체로 담즙에 대한 내성이 강하면 유당소화불량은 완화되는 것으로 나타났다.

우유를 요구르트와 같이 먹으면 유당분해는 매우 효과적이나 요구르트의 어떤 성분이 그리고 어떤 세균이 유당분해에 결정적으로 기여하는지 아직 분명하지는 않다. 요구르트 섭취가 위 배출 시간을 연장하고 위장관 통과시간을 지연시키지만 왜 그런지 정확한 기전은 알려진 것이 별로 없다.

(그림 8) 각종 요구르트는 유당불내증을 일으키지 않는 유제품이다

요구르트를 섭취하면 카세인, 락타아제, 인산칼슘이 위산에 대한 완충제로 작용하여 미생물들이 그대로 십이지장에 도달하도록 도와준다. 실제로 요구르트의 완충능력은 전지유의 약 3배 정도라고 한다. 요구르트에서 발생된 유산균의 베타갈락토시다아제가 인체의 유당소화를 용이하게 하는데 어떻게 관여하는지 그리고 어떤 인자들이 관여하는지 자세하게 연구된 결과는 아직 없다. 그러나 세균이 장관에 도달한 후 담즙산에 의해 세포막이 손상되면 유당을 분해하는 효소가 유리된다는 증거가 있으며 베타갈락토시다아제 자체도 위 속을 온전하게 통과한다는 실험결과는 있다. 요구르트 중에 들어있는 유당이 우유의 그것보다 더

잘 흡수되었고 호기중 수소가스 발생량을 상호 비교한 결과 요구르트가 우유에 비해 1/3정도라는 연구 결과도 있다. 우유 중 유당 10g을 먹었을 때 피 실험자의 80%가 설사나 더부룩한 증세를 경험한 반면 요구르트로 동일한 양을 섭취한 경우 증세가 없었다고 한다. 이러한 연구결과로 미루어 볼 때 요구르트의 삼투농도, 에너지 밀도, 통과시간 지연 등이 유당 자가소화보다도 유당내성에 더 중요한 역할을 하는 것으로 추측된다. 살균요구르트는 장관 내에서 유당을 소화시킬 수 있는 능력을 대부분 잃어버리고 향미요구르트는 플레인요구르트plain yogurt : 향미제가 첨가되지 않은 제품 보다 수소가스생성량이 더 많았으나 일반시유보다는 적었다는 보고가 있다. 그러나 과즙이나 향료가 첨가된 향미요구르트의 경우 유당효소인 베타갈락토시다아제(또는 락타아제) 활성을 감소시키는 원인이 무엇인지는 아직 불확실하다. 동결요구르트frozen yogurt : 요구르트를 아이스크림처럼 제조한 제품와 아이스크림은 유당소화불량자라해도 상당한 양을 견딜 수 있는데 그 이유는 이들 제품의 높은 고형분과 지방함량 때문에 위 배출이 지연되기 때문으로 생각된다.

유당불내증은 소장에 도달하는 유당의 양이 소장내효소에 의해 분해될 수 있는 용량을 초과할 때 발생한다. 이 특징적인 증세를 야기할 정도로 많은 유당을 섭취한다고 해서 건강을 해치거나 크게 해롭지는 않지만 고통이 수반되는 성가신 문제임에는 틀림이 없다.

유당불내증 때문에 모든 유제품의 섭취를 회피하는 것은 결코 바람직하지 않다.

전유는 저 유당 우유보다 유당소화불량자에게 유리하다는 주장이 제기되었다. Martini등[5]은 유당불내증의 정도에서 보통 아이스크림(유지방10% 함유)과 저지방아이스크림(유지방 3% 함유) 을 먹은 유당소화불량자들 간에는 큰 차이가 없었다고 보고하였다. (표 4)는 유당불내증 환자들에게 권장되는 8가지 우유 및 유제품의 섭취방법이다. ①우유는 1회분으로 한 컵 이하를 마실 것, ② 식사나 타 식품과 함께 마실 것, ③탈지유보다는 전지유를 마실 것, ④우유보다는 치즈를 먹을 것, ⑤살아있는 유산균이 들어있는 요구르트 마실 것, ⑥저유당, 무유당 제품을 이용할 것, ⑦효소제재를 이용하여 저유당 유제품을 가정에서 만들어 마실 것, ⑧경구용 효소제재를 복용 후 우유를 섭취하도록 권장하고 있다.

유당불내증의 정도는 개인차가 크기 때문에 단지 유당불내증 때문에 모든 유제품의 섭취를 회피하는 것은 결코 바람직하지 않다. 왜냐하면 유당불내증 환자들도 몇g의 유당은 매일 소화시킬 수 있으며, 특히 요구르트와 같은 발효유는 유당내성이 큰 제품이고 실제로 숙성이 잘 된 치즈 속에는 유당이 별로 없기 때문이다. 이러한 유당소화불량증을 개선하고자 효모나 곰팡이에서 발생된 베타갈락토시다아제 제재가 개발되었는데 이들 효소제재는 유당소화율을 향상시키고 뚜

(표 4) 유당불내증을 가진 사람들의 위한 유제품 섭취 전략

1. Drink milk in servings of one cup or less.
2. Drink milk with a meal or with other food.
3. Try whole or chocolate milk.
4. Try cheese. Much of the lactose is removed during processing.
5. Try yogurt with active cultures.
6. Use milk and other dairy foods that are lactose-reduced or lactose-free.
7. Prepare lactose-reduced milk at home using an enzyme preparation.
8. Use an oral lactase supplement before consuming dairy foods.

출처: Handbook of dairy foods and nutrition, second edition. CRC Press, 2000

렷하게 증세를 완화시키는 것으로 나타났다. 그러나 각 제재마다 그 효능 면에서는 크게 상이하다. 게다가 이들 제품은 요구르트나 가수분해 시킨 우유(통상 '락토우유' 로 불림)와 비교했을 경우 효과가 떨어지는 것으로 나타났다.

최근에 발표된 한 연구결과에 따르면 갈락토오스를 함유한 탄수화물을 섭취하면 백내장이나 난소암 Ovarian Cancer으로 진행될 수도 있다는 보고가 있다.(18) 다시 말하면 유당분해효소가 지속적인 사람들도 우유를 많이 먹이면 백내장 위험성이 커질 수도 있다는 의미로 이해할 수 있는 것이다. 실제로 백내장은 동물에게 과량의 갈락토오스를 투여하였을 경우 발생할 수도 있으며 선천성 갈락토오스 대사이상 환자에게 흔하다는 것은 주목할 만한 사실이다. 필자는 저유당효소증이 반드시 나쁜 것이 아니라 아이러니하게도 이러한 질병으로부터 인체를 보호할 수 있는 안전장치로도 해석할 수 있다고 생각한다. 갈락토오스와 관련된 연구로 이것이 난소암을 유발하는 난세포 독소Oocyte Toxin라는 논문이 발표되기도 하였으나 입증된 사실은 아니며 난소암과 갈락토오스 섭취량과는 관련성이 없다는 연구가 더 많다.

한편, 칼슘의 대체 급원을 섭취하지 않을 경우 칼슘섭취량은 뼈 건강을 해칠 정도로 지나치게 낮을 수 있다. 유당소화불량은 골다공증으로 이행되는 뼈 부스러짐(골절)을 조장하는 위험인자로 알려져 있다. Corazza 등(19)은 이탈리아 여성을 대상으로 실시한 연구에서 뼈 골밀도와 칼슘섭취량이 유당소화불량 및 유당불내증 환자들에게서 매우 낮게 나타난 것으로 보고 하였다. 이 결과는 골다공증이 심한 여성들이 상당히 높은 유당소화불량 빈도를 나타낸다는 결과를 뒷받침하는 것이다. 따라서 골다공증이 생기는 원인은 다양하지만 유당소화불량이 있는 사람이라면 적당한 칼슘섭취는 아무리 강조해도 지나치지 않을 것이다.

모든 발효유제품은 유당 함량이 우유보다 적다.

유당은 우유에 들어있는 중요한 탄수화물이며 많은 유가공 제품에 들어있다. 그러나 연성가공치즈나 버터를 포함하는 몇 종류의 유제품에는 그 함량이 매우 낮다. 경질치즈나 반 경질치즈는 유당이 전혀 들어있지 않다. 우유를 유산균으로 발효시킬 때 유당은 젖산으로 대사되기 때문에 모든 발효유제품은 유당의 함량이 우유보다 적다. 따라서 베타갈락토시다아제로 가수분해 시키면 저 유당 유제품을 생산할 수 있고 우유로부터 유당을 제거하는 기술 또한 가능하다.

유당을 효소 처리하여 포도당과 갈락토오스로 가수 분해시키는 기술이 핀란드 발리오Valio사에 의해서 개발되었다. 이 기술을 이용하면 유당의 함량을 최종제품 100g중에 1g 미만이 되게 할 수 있다. 이 농도는 보통우유에 비해서 매우 낮기 때문에 대부분의 유당불내증 환자들은 별 문제 없이 음용할 수 있다.

핀란드 발리오사가 개발한 공정 Valio Hydrolysis Process은 지난 1970년부터 연구되기 시작하였다. 초기에는 고분자 수지에 효소를 글루타알데히드로 고정시켜 고정화 효소를 만들어냈는데 이러한 결과는 유청을 가수분해 시키기 위한 공정 개발의 시발점이 되었다. 1974년 고정화 기술이 완전히 확립되면서 그 이듬해에는 유청을 가수분해시키는 전 공정을 완성하게 되었다.(20)

그 후 고정화 생물반응기β-Galactosidase 반응기가 산업적인 규모로 유가공산업에서 도입되었고 이 고정화된 효소는 적어도 1년 이상 사용이 가능하다. 효소고정화 공정은 이온교환 컬럼을 사용한 탈염조작과 pH 조정이 포함된다.

이 공정의 장점은 아스퍼질러스 나이거*Aspergillus niger*: 일명 흑국균 곰팡이에서 얻은 효소의 최적 pH는 상당히 낮은 반면 최적온도는 비교적 높아서 가수분해 단계에서 미생물의 오염을 걱정하지 않아도 된다는 것이다. 효소흡착용 수지는 입자의 크기 또한 상당히 큰 편임을 감안하여 통상적으로 유청이나 기타 단백질 구성성분들 때문에 막히는 문제가 없이 생물반응기에서 사용될 수 있도록 제작되었다.

이와 같이 유당소화 장애가 있는 사람들을 위해 유당분해효소 또는 고정화시킨 유당분해효소로 우유를 처리한 후 유당을 포도당과 갈락토오스로 분해시켜 제조한 유당분해우유가 개발되어 생산되고 있다.(21) 그러나 유당분해우유는 포도당과 갈락토오스를 함유하기 때문에 우유보다 단맛이 강하고 고온에서 가열처리할 때에 갈변화반응Browning Reaction:식품가공중 발생하는 갈색화 현상이 촉진될 수 있다.

또한 우유의 신선하고 상큼한 맛이 떨어지고 삼투압이 일반시유에 비해서 높아 생리적으로 문제의 여지가 있다는 의견이 있어 소비가 늘지 못하는 실정이다. 최근에는 우유를 한외여과Ultrafiltration 방법으로 여과하여 일부 유당을 제거한 후 물을 가하여 환원시킨 후 유당분해효소로 처리한 유당분해우유(22) 가 개발되어 시판되고 있다.

이상에서 기술한 바와 같이 우유는 영양이 풍부하고 건전한Wholesome 식품이지만 유아기 이후에는 소장에서 분비되는 유당분해효소의 결핍으로 세계인구의 2/3에 해당하는 사람들이 유당불내증이라는 특징적인 증세를 겪는다.

유당불내증은 복부팽만, 트림, 쥐, 경미한 설사 등이 수반되며 오래 지속되면 영양불량이나 체액의 불균형을 초래할 수 있다. 그러나 유당불내증이 있다고 우유를 무조건 기피하면서 우유를 대체할만한 다른 공급원을 찾지 못한다면 영양불량을 초래할 수 있는 가능성이 크다. 유당불내증이 심한 사람은 우유를 소량씩 나누어 마시거나 다른 식품과 같이 섭취하는 것이 좋고 치즈나 요구르트와 같이 발효유제품을 섭취하면 증세를 완화시킬 수 있다. 최근에는 우유 중 유당함량을 낮춘 저 유당 또는 무 유당 시유 신제품들이 개발되어 시판되고 있으니 성인들은 이것을 이용하는 것도 바람직하다고 본다.

우유를 마신 후 생기는 대표적인 증세로 우유알러지와 유당불내증을 혼동하는 사람들이 많다. 우유알러지는 영아에게만 일어나며 우유단백질 때문에 발생하지만 유당불내증은 유당의 소화불량 때문에 생기는 점이 본질적으로 다르다.

학술적으로 유당불내증을 진단하는 방법은 락타아제의 활성을 측정하는 방법, 혈액 내 포도당 또는 갈락토오스 농도 측정법, 호기중 수소가스 또는 이산화탄소 발생량 측정법 등이 사용되고 있으며 이들 방법 중에서 호기중 수소가스 측정법이 임상에서 가장 널리 사용된다.

우유나 유제품을 먹고 나서 가장 고생하는 유당불내증의 발병은 유당투여량과 직접적인 관계가 있다는 사실을 인식해야 한다. 종래에 진단해오던 방식대로 50g~60g이나 되는 많은 양의 유당을 단 한 번에 섭취하게 한 다음 설사와 같은 특정 증세 유무를 단순히 기록하는 방법은 결코 과학적 방법이라 할 수 없다.

예전에 비해 한국인의 식생활 패턴이 서구화되고 있고, 젊은 층을 중심으로 우유나 유제품을 먹는 인구가 많기 때문에 국내의 유당불내증 유병률을 확인할 수 있는 좀 더 과학적인 방법이 시급히 연구되어야 할 것이다.

우유 한잔의 과학

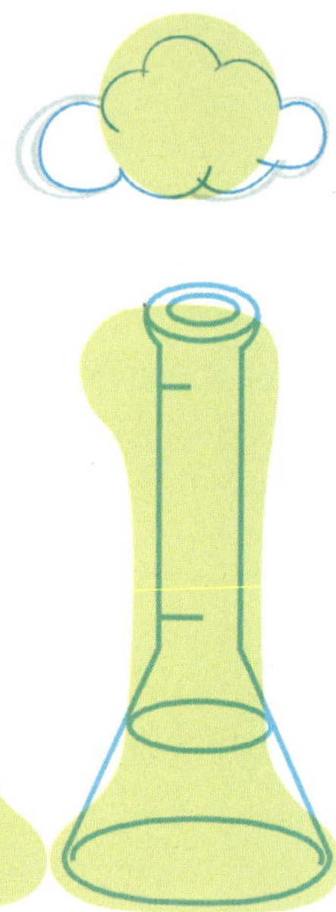

04.

오세종

| 유가공학 |

현 전남대학교 동물자원학부 교수

주요약력 Cornell University 식품공학과 박사 후 연구원
Guelph University 식품위생연구소
초빙 연구원

저 서 최신유가공학(유한문화사)
우유와 유제품의 생화학(라이프사이언스)

제7장

우유, 뼈건강을 이루는 칼슘의 모든것

- 뼈 건강을 위한 칼슘의 이해
- 칼슘과 뼈 건강의 연관성
- 칼슘부족으로 건강위기에 놓인 청소년기
- 뼈 건강을 책임지는 칼슘, 칼슘을 대표하는 우유
- 젊어서 우유섭취와 같은 손쉬운 행동이 훗날의 건강을 지킨다

⊙ 우리나라 성인의 평균키는 꾸준히 증가하여 왔으며 과거와 비교하여 평균 몸무게 또한 증가하고 있다. 그러나 사람의 키와 밀접하게 연관되어 있는 뼈의 건강상태를 나타내는 여러 지표들은 결코 개선되지 않고 있다. 특히 키와 몸무게는 커지고 있는데 반해 칼슘 섭취가 오히려 감소하고 있는 현실을 감안할 때 우리 식생활에서 더 많은 칼슘섭취를 이루어야 할 시기는 바로 지금인 것이다.

⊙ 강낭콩은 429g을 섭취하였을 경우 우유 240mL를 먹은 것과 동일한 칼슘을 얻을 수 있고 칼슘이 풍부한 시금치의 경우엔 1.4kg에 해당하는 양을 먹어야만 우유 240mL을 마신 경우와 동일하다

⊙ 청소년기는 인간이 자라고 발달하는데 매우 중요한 시기이다. 11세에서 20세 사이에 청소년들은 성인 체중의 50%, 골격 질량의 20%, 그리고 성인 신장의 20%를 얻는다는 사실을 잊지 말아야 한다.

⊙ 우유의 유청단백질 내 존재하는 몇 가지 염기성 단백질 성분이 뼈의 대사를 효율적으로 조절할 수 있다. 다양한 식품에 맛과 같은 관능적인 성질을 훼손시키지 않고 미량의 첨가만으로도 뼈의 대사가 건강하게 조절될 수 있다는 사실은 매우 반가운 일이다.

뼈 건강을 위한 칼슘의 이해

우리나라 옛말에 '뼈가 저리다' 라는 표현이 있다. 살 속의 뼈가 아플 만큼 깊고 강하다는 의미로 사용된 표현인데 그만큼 뼈는 강한 것을 상징하고 신체건강을 대표하는 인체관련 단어로 해석할 수 있겠다. 또한 뼈라는 단어가 지니고 있는 상징적인 이미지는 주로 나쁜 경험이나 고생, 고통 따위의 강도를 보다 강조할 때 사용한 것으로 보아 '튼튼한, 강한' 과 같은 개념보다 더 확장된 '더욱더 강한 것' 을 의미한다 할 수 있다.

과거에서 현대에 이르기까지 뼈 건강에 대한 관심은 계속적으로 높아지고 있다. 이러한 관심은 우리가 가장 강하다고 믿고 있는 뼈를 지키고 건강한 뼈를 유지하기 위해서는 어쩌면 평생을 두고 해결할 당연한 과제인지도 모른다. 칼슘, 골다공증과 같은 단어가 많은 국민들의 입에서 오르내리고 뼈와 관련된 대표적인 단어로 인식된 것도 이러한 관심에서 비롯되었다 할 수 있을 것이다.

본 장에서는 우유의 칼슘과 뼈 건강의 연관성에 대한 과학적 근거를 제시하고 뼈 건강을 유지하기 위해 칼슘을 함유한 식품에 대한 이해를 넓히고자 한다.

칼슘(Ca)이란 무엇인가

칼슘은 뼈 건강을 위한 필수적인 영양소다. 뼈 조직은 살아 있는 세포로써 강한 성장발달을 이루기 위해 칼슘을 필요로 한다. 칼슘은 몸에서 가장 풍부한 무기질이며 99%를 뼈와 치아에서 찾을 수 있다. 뼈는 칼슘을 저장하고 근육 수축, 뼈 생성, 혈액응고와 같은 일상적인 기능을 수행하는데 혈액 내 농도를 유지하

기 위해서 칼슘을 방출한다.(12)

칼슘은 성인 체중의 1.5~2% 정도를 차지하지만 칼슘의 결핍은 빈번히 발생한다. 칼슘의 결핍은 소장으로부터 흡수된 칼슘과 뼈로부터 오는 칼슘에 의한 혈청칼슘의 양이 뼈의 재생이나 생체 내 칼슘필요량을 만족시키지 못할 때 나타난다. 따라서 칼슘섭취량뿐만 아니라 칼슘흡수량 및 배설량을 고려한 식품을 섭취하는 것이 뼈에서의 칼슘손실을 예방할 수 있으며 특히 노인이나 골다공증 환자의 경우 칼슘을 흡수하는 능력이 떨어지기 때문에 우유나 유제품과 같은 고칼슘식품의 섭취가 권장되는 이유가 바로 여기에 있다.(22)

또한 인체를 구성하고 있는 뼈의 무게는 뼈를 구성하고 있는 무기질의 밀도가 증가하면서 무거워지고 보통 30세에 최대 뼈 무게를 얻는 시점까지 계속 증가하게 된다. 미국 국립 골다공증재단 National Osteoporosis Foundation은 20세까지 최대 뼈 무게의 98% 정도에 다다르기 때문에 청소년기에는 단단한 뼈를 만들기 위하여 칼슘의 흡수가 어느 시기보다 중요하다고 강조하고 있다.

우리 몸은 음식섭취를 통해서 칼슘을 얻고 칼슘 밸런스를 유지하고 있다. 그러나 칼슘의 섭취가 적절하지 않으면 칼슘은 뼈로부터 방출되고 이는 골다공증 및 뼈 골절을 일으키는 직접적인 원인이 된다. 이러한 이유로 골다공증과 뼈 골절을 예방하기위해서는 풍부한 식단의 필수적인 영양소로 칼슘이 선택되고 있는 것이다. 칼슘 함량이 낮은 식단은 심각한 건강상의 문제를 일으킬 수 있다.[25] 낮은 칼슘섭취가 신체적인 기능이상과 골다공증과 같은 질환을 야기 시킨다는 최근의 연구결과를 보면 칼슘섭취가 뼈 건강에 얼마만큼의 영향을 끼치는지 잘 알 수 있다. 칼슘이 풍부한 식단은 골다공증, 고혈압, 비만 그리고 결장암, 유방암, 뇌졸중 등의 위험을 줄이는 것으로 많은 과학적인 연구에서 입증이 되었으며[2,30] 특히 우유 칼슘은 월경 전 증후군 Premenstrual Syndrome, 천식과 치주질환 등에도 긍정적인 효과가 있는 것으로 밝혀졌다.[28,35,40]

칼슘 섭취량을 통해 본 뼈의 건강

청소년기는 뼈가 급속하게 성장하는 시기이다. 그럼에도 불구하고 이 시기에 대부분의 청소년들은 우유와 치즈를 먹는 것보다 다른 군것질을 하면서 칼슘보충의 기회를 스스로 포기한다. 최근 보고에 따르면 미국 10대 여학생 10명 중 9명이, 남학생 중 7명이 충분한 칼슘을 얻지 못한다고 한다.[26]

우리나라의 연령별 칼슘섭취기준을 보면 청소년의 경우 하루에 1,000mg 의 칼슘을 권장하고 있지만 실제로 섭취하고 있는 양은 권장량의 2/3도 안 된다. 이처럼 칼슘의 섭취량이 낮으면 노년기에 접어들면서 건강에 치명적인 문제를 야기 시킬 수 있다. 칼슘의 섭취부족에 대한 문제는 10년 전부터 꾸준히 제기되어 왔음에도 불구하고 현재 크게 개선되지 않고 있는 것이 현실이며 따라서 사회적으로 더욱더 관심을 기울일 필요가 있다.

최근 10년간 칼슘권장기준 대비 칼슘섭취량을 보면 1998년에 71.1%, 2001년에 70.2%, 2007년 63.9%로 10년간 7.5%나 감소하였다. 이는 칼슘의 보충이 절대적으로 필요하다는 것을 시사한다.(그림 1)

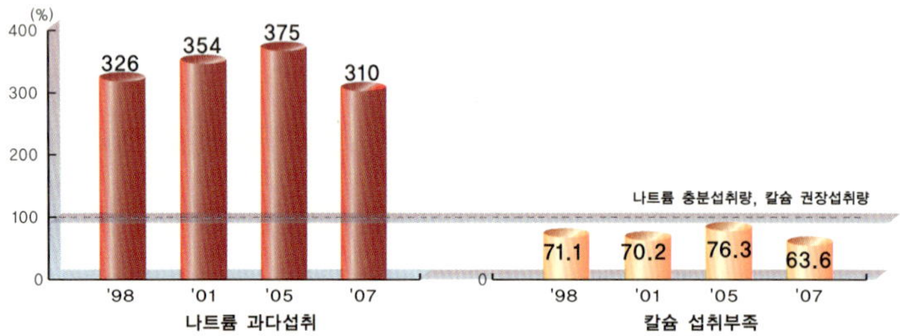

(그림 1) 과다섭취하는 나트륨 부족하게 섭취하는 칼슘

※ 영양섭취기준 : 한국인 영양섭취기준(한국영양학회, 2005)
※ 영양섭취기준 대비 섭취비율 : 영양섭취기준(나트륨, 충분섭취량; 칼슘, 권장섭취량) 대비 개인별 영양소 섭취량의 백분율에 대한 평균값
※2005년 추계 인구로 연령 보정

우리나라 성인의 평균키는 꾸준히 증가하여 왔으며 과거와 비교하여 평균 몸무게 또한 증가하였다. 그러나 사람의 키와 밀접하게 연관되어 있는 뼈의 건강상태를 나타내는 여러 지표들은 결코 개선되지 않고 있다. 칼슘섭취량의 감소는 우리 몸을 구성하고 있는 뼈의 무기질축적에 결코 바람직하지 않다. 특히 키와 몸무게는 커지고 있는데 반해 칼슘섭취가 오히려 감소하고 있는 현실을 감안할 때 우리 식생활에서 더 많은 칼슘섭취를 이루어야 할 시기는 바로 지금인 것이다.

한국인 영양섭취기준Dietary Reference Intake For Koreans ; KDRIs 에 따르면 50세 이상 노인여성의 경우 하루 800mg의 칼슘섭취를 권장하고 있으며 골다공증의 발생 위험이 있는 여성과 골다공증환자에게는 하루 1,000~1,500mg의 칼슘섭취를 따르도록 지침하고 있다. (표 1)

2005년도 국민건강 영양조사보고서에 의하면 국민1인당 1일 칼슘섭취량은 553.1mg으로 한국인 영양권장량 Recommended Dietary Allowance ; RDA의 76% 수준이며 65세 이상의 노인연령층의 경우 평균 칼슘섭취량은 하루권장량(RDA)의 65.4%에 그치고 있는 것으로 나타났다.(표 2)

따라서 노년기의 여성들은 골밀도의 감소를 지연시키고 골다공증을 예방하기 위하여 보다 적극적인 칼슘섭취가 요구된다고 하겠다. 한편 칼슘의 급원으로 동물성보다는 식물성식품에 의존하는 비율이 높은 것으로 조사됐다.

(표 1) 한국과 미국의 칼슘 섭취 기준 비교

한국		미국	
연령	1일권장섭취량 (mg/일)	연령	1일권장섭취량 (mg/일)
0~5 (개월)	200	0~6 (개월)	210
6~11(개월)	300	7~12 (개월)	270
1~2(세)	500	1~3 (세)	500
3~5 (세)	600	4~5 (세)	800
6~8 (세)	700	6~8 (세)	700
9~11 (세)	800	9~13 (세)	1,300
12~19 (세)	1,000 (900)*	14~18 (세)	1,300
20~49 (세)	700	19~50 (세)	1,000
50세 이상	700 (800)*	50세 이상	1,200

※ 여성기준

(표 2) 권장섭취기준에 대한 실제 섭취 비율

한국		미국	
연령	섭취비율(%)	연령	섭취비율(%)
7~12	68.7	9~13	71.5
13~19	55.4	14~18	70
20~29	76.9	19~30	81.5
30~49	83.9	31~50	75.5
50~64	77.7	51~71	57
65	65.4	71	55

미국의 권장섭취기준은 청소년의 경우 하루에 1,300mg, 장년층은 1,000mg, 노년층은 1,200mg 정도로 우리나라 권장기준보다 약 300~500mg 정도 많다. 미국인 남성의 평균키는 176cm, 여성은 162cm로 우리나라 평균 신장(169cm, 여성 156cm)보다 다소 큰 편이기 때문에 더 많은 칼슘이 권장되는 것이다.

평균키가 다르기 때문에 칼슘권장량도 다르다는 점은 수긍이 가지만 우리나라 국민의 실제 칼슘섭취량을 보면 30세 이전에 권장량 대비 실제섭취비율은 13~19세 연령층에서 겨우 55.4%, 20대 연령층에서는 76.9%로 매우 낮은 것을 알 수 있다. 30세 이후에는 우리나라에서 섭취비율이 다소 높은 것으로 나타났지만 미국의 경우 장년층과 노년층에서 권장섭취량이 우리보다 훨씬 많은 점을 고려하면 그리 만족할 만한 수치는 아니다. 결론적으로 우리나라 국민 대부분의 계층에서 칼슘의 절대 섭취량과 비교하여 매우 낮은 섭취량을 보이고 있다는 것이다.

더욱이 여성에 있어서 칼슘섭취가 남성보다 적게 나타나는 특성을 감안한다면 우리나라 여자들의 칼슘섭취는 더욱더 적을 것으로 생각되고 있기 때문에 이들 계층에 대한 적극적인 칼슘섭취를 유도해야 할 것이다.

칼슘 흡수율이 높은 우유

우유는 칼슘을 함유한 대표적인 식품으로 오래전부터 이용되어 왔다. 물론 우유만이 유일하게 칼슘을 함유한 식품은 아니다. 멸치, 채소, 과일에도 많은 양의 칼슘이 존재하고 있다. 그러나 녹색채소의 경우 우유의 2배 이상이 되는 칼슘이 들어 있음에도 불구하고 체내흡수율은 떨어진다. 따라서 우리 몸이 칼슘을 이용하는데 있어서 흡수율은 절대적으로 중요하며 식품선택은 필수적이 요소다. 채소에는 칼슘의 흡수를 방해하는 여러 인자들이 다량으로 존재하는데 바로 식이섬유, 피트산염Phytate, 수산염Oxalate 등이 바로 그것들이다. 이들은 칼슘과 결합하여 불용성염을 형성하여 소장에서의 흡수를 막는다.(6,45)

우리가 섭취하는 음식물 중에서 평균흡수율은 우유에 존재하는 칼슘이 가장 높은 것으로 알려져 있다. 시금치, 브로콜리 등 진한녹색의 채소는 칼슘함량은 높지만 칼슘흡수율은 약 10~30% 정도에 그치고 있는 반면 우유 및 유제품의 칼슘흡수율은 30~40%에 이른다.(표 3)

(표 3) 식품별 칼슘 흡수율 비교

식품	용량(g)	칼슘함량 (mg)	예상 칼슘 흡수량(mg)	우유 동량대비 섭취수준
우유	240	300	96.3	1회
흰강낭콩	110	113	24.7	3.9회
강낭콩	172	40.5	9.9	9.7회
브로콜리	71	35	21.5	4.5회
케일	85	61	30.1	3.2회
시금치	85	115	5.9	16.3회
고구마	164	44	9.8	9.8회
경두부	126	258	80	1.2회
체다치즈	42	303	97.2	1회
요구르트	240	300	96.3	1회

우유나 유제품의 칼슘흡수율이 높은 이유는 유당이 칼슘의 흡수를 촉진하는 작용을 하고 있고 인을 함유한 카세인 분해물 Casein Phosphopeptide; CPP이 존재하기 때문이라고 알려져 있다. 이 카세인 분해물은 우유에 존재하는 단백질인 카세인이 트립신 등의 단백질 분해효소를 작용시켜 얻어지는 물질로 아미노산 중의 하나인 세린에 인산이 결합된 것이 특징이다.(8)

우유나 유제품을 섭취하면 우유단백질은 우리 몸속에 있는 소화효소에 의해 분해가 된다. 이때 효소작용으로 카세인 분해물들이 생성되며 그중 하나가 위에서 이야기한 인을 함유한 카세인 분해물인 것이다. 이 물질은 칼슘이온과 쉽게 결합하여 가용성염을 형성하고 소장내에서 칼슘이 흡수되는 것을 촉진시키기 때문에 우유나 유제품에 존재하는 칼슘의 흡수율을 많이 높일 수 있는 원동력이 되고 있다.

미국의 퍼듀대학교 식품영양학과 연구팀은 채식주의자들에게 올바른 식품선택을 할 수 있도록 하기위해 이들이 자주 섭취하는 식품군과의 칼슘흡수를 비교하는 실험을 하였다. 물론 우리나라와 식습관이 다르고 식품별 섭취량 또한 차이가 있기 때문에 직접 비교는 어렵겠지만 상대적인 흡수율과 식품의 특성을 파악하는 데는 도움이 될 것 같아 이들의 연구결과를 위의 표로 작성하였다.[39](표 3)

위의 표에서 보듯이 칼슘함량으로 보면 우유, 치즈, 요구르트가 높은 식품에 해당하고 칼슘흡수량으로 보면 우유, 요구르트, 배추 잎이 높은 것으로 나타났으며 의외로 콩, 시금치 등은 실제로 흡수되는 칼슘양이 매우 적은 것으로 조사됐다. 이 결과에 따르면 강낭콩은 약 1.7kg을 섭취하였을 경우 우유 240mL를 마신 것과 동일한 칼슘을 얻을 수 있고 칼슘이 풍부한 시금치의 경우엔 약 1.4kg에 해당하는 양을 먹어야만 우유 240mL을 마신 경우와 동일하다는 것을 알 수 있다.

청소년기에 절대적으로 필요한 칼슘, 현재 사회문제로 대두되고 있는 청소년들의 칼슘부족, 과연 청소년들에게 하루에 필요한 칼슘을 보충시키기 위해 시금치를 4kg 이상 매일 먹도록 하는 것이 옳은 것인지. 과연 가능한 일일까? 차라리 우유 500mL와 요구르트 2개를 마시게 하는 것이 더 현실적이지 않을까?

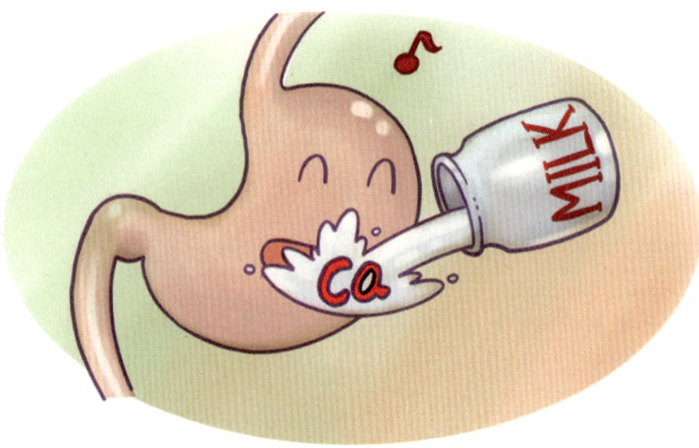

칼슘과 뼈 건강의 연관성

특히 중년여성에게 빈번한 골다공증, 치료보다 예방이 쉬운 질병

칼슘이 건강한 뼈를 만드는데 중요한 역할을 하고 골다공증 발생위험을 줄이는데 깊은 연관이 있다는 사실은 더 이상 뉴스거리도 아니다.

골다공증(骨多孔症) Osteoporosis은 뼈의 미세구조가 질적인 변화에 의해 뼈의 통합성과 강도가 약화되어 척추와 대퇴, 요골 등의 골절위험도가 증가되는 대사성 질환이다. 정상적인 뼈는 파골세포에 의한 골 흡수와 그에 따른 조골세포에 의해 새로운 골기질을 형성하고 그 이후의 무기질화 과정을 끊임없이 반복하면서 대사기관으로써 활발한 활동을 한다. 평균적인 뼈의 대사과정은 3~4개월의 주기를 가지고 있으며 출생하여 성장기를 지나 성인이 될 때까지 뼈 생성은 왕성하게 이루어지고 뼈의 무기질량은 점점 증가하게 되는데 30대에 이르러 최대의 골량을 형성하게 된다. 그 이후 연령이 증가하면서 뼈의 형성보다는 뼈의 무기질 방출이 늘면서 해마다 0.4~2%의 골밀도가 줄어들게 된다. 특히 여성의 경우 폐경 후 에스트로겐이 감소하면서 파골세포에 의한 뼈의 무기질방출이 폐경 전에 비해 매우 많아져 해마다 1~5%의 빠른 뼈 손실을 겪게 된다.

골다공증은 현재 남성보다 여성에게서 심각한 것으로 보고되고 있는데 특히 폐경기이후의 중년여성에게 많이 발생하는 것으로 나타났다.[51,52]

2009년 보건복지가족부에서 발표한 우리나라 국민의 평균수명은 76.2세이고 여성의 평균수명은 82.8세로 나타났다. 평균수명을 감안하면 폐경이후에 약 30년 이상의 기간을 폐경상태로 생활해야 한다. 따라서 이시기에 골다공증과 같은 질환이 보다 증가될 확률이 높기 때문에 골다공증을 예방하고자 하는 노력은 더욱 더 필요하다. 과거의 골다공증연구는 폐경기 이후의 여성에게 집중되어 뼈 손실을 줄이는 방법에 편중되었다. 그러나 현재에 이르러서는 젊은 여성이나 청소년 시기부터 뼈의 건강상태를 최고로 유지시켜 골다공증을 예방하는 방법에 관심이 모아지고 있으며 아울러 남성들에 대한 연구도 함께 진행되는 추세다. 골다공증은 치료보다 예방이 오히려 쉬운 질병이며 청소년시기에 최대 골밀량이 형성되면 나이가 들면서 줄어드는 칼슘의 양이 적어지기 때문에 더욱 예방의 중요성이 크다 하겠다.(44)

칼슘이 부족한 식단은 뼈를 허약하게 할 수 있다. 미국소아학회 American Academy of Pediatrics와 국립소아건강연구소 The National Institute for Child Health and Human Development가 칼슘을 청소년기에 가장 중요한 영양소로 꼽은 이유가 바로 여기에 있는 것이다. 뼈의 크기와 무게는 유전적인 요소와 생활환경적인 요소 모두 뼈의 형성과 유지에 영향을 주지만 현대사회에서는 식습관이 보다 중요한 요인으로 여겨지고 있다. 따라서 청소년기의 식습관이 성인으로 자랐을 때 골다공증 발생에 결정적인 요인으로 작용하는 것이다.

뼈 형성에 관여하는 유전적인 요소로는 성별, 가족력, 인종, 나이, 호르몬 상태 등을 들 수 있으며 이러한 것은 우리자신이 바꿀 수가 없는 것들이다. 뼈 건강에 영향을 주는 환경적 요소로 칼슘섭취, 운동, 알코올과 카페인섭취, 흡연 등이 해당되는데 이것은 우리가 얼마든지 조절하고 바꿀 수 있는 요소들이다.

칼슘 섭취가 골다공증을 감소시킨다는 과학적 연구는 이루 헤아릴 수 없을 만큼 많다. 2005년 우리나라 40~69세의 성인 10,038명을 대상으로 골다공증 발병위험도를 평가한 연구가 진행되었다. 조사대상자를 칼슘섭취량에 따라 저칼슘섭취그룹과 고칼슘섭취그룹으로 나누어 뼈의 건강상태를 분석하였는데 그 결과 고칼슘섭취그룹에서 요골, 경골에의 골다공증 발병위험도가 유의적으로 감소하였음을 발견하였다.(51)

여러 임상연구결과에서 식품 및 보충제를 이용한 칼슘보충이 다양한 연령군에서 골밀도의 개선에 긍정적인 효과를 보이고 있음을 입증하고 있다. 어린소녀들에게 1년 동안 우유를 제공해주고 대조군과 비교한 결과 칼슘, 인, 비타민 D, 단백질의 섭취가 유의하게 증가하였고 특히 요추골의 골밀도가 높았으며 칼슘, 인, 비타민 D, 단백질영양소는 각각 요추골의 골밀도와 양의 상관관계를 보였다. 폐경 전 여성을 대상으로 3년 동안 칼슘을 하루에 600mg씩 제공해주었을 때 칼슘을 제공해주지 않는 대조군에 비해 요추의 골밀도 감소를 방지할 수 있었다.(13,14,20) 미국 국립 골다공증재단에서 2009년 창립 25주년을 맞이하여 '뼈 건강을 유지하기 위한 칼슘이 풍부하게 함유된 25개 식품'을 발표하였는데 놀랍게도 25개 식품 중에 11개가 유제품이었다. 이것만 보더라도 우유와 유제품이 골다공증예방에 얼마나 많은 기여를 하는지 알 수 있을 것이다.

칼슘부족은 노년기의 뼈 골절을 유발하고 청소년기도 골절위험도가 높다

뼈의 건강문제는 청소년기와 장년기를 거치면서 노년기까지 계속 이어지는데 노년기에는 주로 뼈 골절이 문제가 된다. 유럽 대부분의 국가에서 대퇴골절 발병률이 증가되고 있는 추세이며 이러한 현상은 고령화 사회에 따른 결과로 볼 수 있다. 프랑스의 경우를 보더라도 80세 이상의 대퇴골절 환자가 1977년에는 22.49% 남짓하였는데 1992년에는 50%로 대퇴골절 환자의 절반을 차지해 고령인구의 증가가 직접적인 원인인 것으로 파악되고 있다.

노르웨이 여성이 세계에서 가장 높은 대퇴골절률을 보이는 반면 골절률이 가장 낮은 국가는 중국과 한국 등 인 것으로 나타났다. 그러나 골다공증에 대한 최근 연구보고에 의하면 국내에서도 대퇴골절률이 5년간 약 100% 증가되어 선진국과 동일한 변화의 양상을 보이고 있는 것으로 나타났다. 따라서 고령인구가 많아지면서 대퇴골절률은 앞으로도 계속 증가될 것으로 전망하고 있다. 결론적으로 노인계층의 경우 칼슘의 보충이 절실하다는 것이다.(16)

스위스의 취리히대학과 다트머스대학병원은 27세에서 80세에 이르는 건강한 성인 930명을 대상으로 4년간 연구를 진행하였는데 한 그룹은 위약을 주고 다른 그룹은 1,200mg의 칼슘을 섭취하도록 하였다. 그 결과 칼슘섭취그룹에서 골절예방효과가 나타난 것으로 확인되었다. 물론 자동차사고나 운동중의 골절은 피할 수 없었으나 일상생활에서 발생하는 골절에서 예방효과가 있는 것으로 나타났다.(19,12,15)

칼슘이 부족한 식단은 청소년기에 골절위험을 높일 수 있다. 뉴질랜드 오타고 의과대학에서 수행된 연구에서는 3세에서 15세의 하박골절이 있는 100명의 여학생과 골절이 없는 100명의 여학생을 대상으로 조사한 결과 골절을 경험한 여학생의 경우 골절경험이 없는 여학생보다 뼈의 밀도가 낮은 것으로 나타났다. 또한 골절을 경험한 여학생들은 평소에 대조군과 비교하여 우유섭취량이 부족한 것으로 조사되었는데 이러한 결과에서도 알 수 있듯 우유로부터 기인되는 칼슘섭취가 어린소녀들의 골절에 많은 영향을 끼친다고 보고하였다.(13,14)

청소년기는 인간이 자라고 발달하는데 매우 중요한 시기이다. 11세에서 20세 사이의 청소년들은 성인체중의 50%, 골격질량의 20%, 그리고 성인신장의 20%를 얻는다는 사실을 잊지 말아야 한다.(38)

최근 보스톤 대학 연구팀의 연구결과에 따르면 어릴 적 유제품의 섭취가 청소년기의 뼈 건강에 큰 도움이 될 수 있는 것으로 확인됐다. 3~5세 연령의 총 106명 아동을 대상으로 12년에 걸쳐 진행한 이번 연구결과 매일 두 번 이상 유제품을 섭취했던 아이들이 청소년기 골밀도와 뼈 속 무기질함량이 더 높은 것으로 나타났다. 소아성장, 신체크기와 활성도를 포함한 정상적인 뼈 발달에 영향을 미치는 인자를 보정한 결과에서도 하루 두 번 이상 유제품을 섭취한 아이들이 두 번 이하 섭취했던 아이들보다 청소년기 뼈 무기질 평균함량이 175g 적은 것으로 나타났다. 또한 하루 두 번 이상 유제품을 섭취하고 하루 4온스(170mL)가량의 육류나 비유제품을 섭취한 경우 뼈 무기질함량이 300g 가량 더 많은 것으로 나타났다.(41)

이외에도 노르웨이 여성 19~35세 963명을 조사한 결과 우유를 섭취한 경우 팔뚝 뼈와 손목뼈의 무기질의 양이 높게 나타났으며 말레이시아에 거주하는 55~65세의 중국여성 226명을 대상으로 2년 동안 진행된 연구에서도 유제품을 섭취한 그룹에서 척추 뼈와 골반 뼈에서 뼈의 손실량이 낮게 나타났다.(16)

이와 같이 세계의 많은 연구결과를 통해 유제품은 뼈의 손실을 방지할 수 있는 것으로 확인되어 특히 노년층의 적극적인 우유 및 유제품 섭취가 권장된다.

칼슘부족으로 건강위기에 놓인

03 청소년기

청소년들은 전형적으로 자신들의 식단이 건강에 어떠한 영향을 미치는지에 대해서는 신경 쓰지 않으며 건강한 것보다는 그들이 좋아하는 것을 선호하고 군것질을 즐긴다. 미국의 경우 이러한 군것질은 청소년들의 식단에서 30%를 차지하고 이것에서 영양소의 대부분을 섭취하고 있는 것으로 나타났다.

미국에서 발표된 논문을 인용해보면 칼슘섭취의 개선 없이 청소년들은 골절, 골다공증 그리고 다른 많은 만성질병들의 위험에 처하게 되며 이는 앞으로 5년간 2,640억 달러의 직접적인 보건비용을 야기 시킬 것으로 추정되었다.

한국의 경우 청소년기는 칼슘섭취의 부족과 과중한 학습에 의해 신체활동이 결여되어 있다. 입시위주의 교육체계로 신체활동의 감소와 외모에 대한 관심과 함께 마른체형의 선호는 절식, 편식을 야기 시키고 과도한 체중감량으로 영양섭취의 불균형을 가져와 골격성장에 영향을 미치고 있는 것으로 나타났다.[47]

청소년기는 뼈 건강의 토대를 다지는 중요한 시기이다. 특히 여성의 최대골밀도의 경우엔 약 40%가 평생 중 이 짧은 청소년기에 형성된다. 골밀도는 칼슘섭취와 열량 등 식이요인에 의해서 크게 영향을 받는데 최근 12세 여학생을 대상으로 한 연구에서 칼슘보충은 골밀도를 유의적으로 증가시키는 것으로 나타났다. 뼈의 무기질함량을 살펴보면 칼슘과 인의 비율이 어림잡아 80~90%에 달하며 이러한 칼슘의 섭취는 최대골량 형성에 많은 영향을 준다.

청소년기에 가까울수록 아이들의 칼슘의 골격축적량은 크게 증가한다. 청소년기 이전에는 140mg에서 165mg의 칼슘이 하루에 저장되지만 청소년기에는 350mg이 저장된다. 따라서 청소년기는 뼈의 형성에 매우 중요한 시기인 것이다. 뼈의 무기질함량을 살펴보면 칼슘과 인의 비율이 어림잡아 80~90%에 달하며 이러한 칼슘의 섭취는 최대골량 형성에 많은 영향을 준다. 이외에도 뼈의 성장에 있어 영향을 주는 인자로는 단백질과 마그네슘, 아연, 구리, 망간 등의 소량의 무기질과 비타민 D, 비타민 C, 비타민 K 등이 있다.(48)

청소년기의 잘못된 식습관이 부르는 위험

우유섭취량, 즉 칼슘 섭취량은 청소년들의 식습관이 바뀌면서 점차 줄어들고 있다. 그 대신 청량음료와 혼합음료 그리고 과일주스의 소비는 우유를 대체하면서 크게 증가하고 있다. 최근 부산지역 청소년들을 대상으로 우리나라 청소년의 칼슘섭취실태를 조사한 결과 여학생의 경우 하루 평균 491.51~530.5mg의 칼슘을 섭취하고 있는 것으로 나타났으며 남학생은 554.5~636.7mg을 섭취하고 있었다.

이는 한국인 영양권장량의 각각 61.4~66.3%, 69.3~70.7%의 범위에 해당하는 수치다. 동일한 자료에 의하면 이들 청소년들은 낮은 칼슘섭취량뿐만 아니라 여고생들의 경우 특히 운동의 횟수와 운동량이 적다는 사실도 함께 확인되어 청소년을 대상으로 하는 영양 교육의 필요성을 시사하고 있다.(49,54)

이러한 경향은 우리나라보다 미국에서 더 심각하게 나타나고 있는데 미국청소년의 경우 칼슘섭취가 절대적으로 부족하여 이들이 장차 성인이 되었을 때 많은 건강상의 이상을 초래할지도 모른다고 경고하고 있다.

미국 아이들의 56~85%는 하루에 한잔 이상 청량음료를 마시고 있는데 특히 청소년기 남학생들의 경우 하루 4잔 이상을 마시는 것으로 나타났다.

최근 연구에 따르면 미국 초등학교 3학년에서 5학년 학생들의 식습관을 추적한 결과 우유를 하루 2.5번을 마시던 3학년생이 5학년이 되면서 하루 1.9번으로 줄어드는 경향을 보이고 있었다. 그러나 청량음료의 소비는 3학년에서 5학년으로 2년이 지나면서 3배 이상 증가하였고 우유와 과일주스를 이러한 청량음료로 대체하고 있었다.

우유를 먹지 않는다고 해서 당장 뼈 건강에 이상을 초래하지는 않는다. 우유 이외에 다른 칼슘급원으로부터 칼슘을 공급받으면 될 테니 말이다. 그러나 우유 말고 적절한 칼슘공급원을 찾는 것이 쉽지 않다는 것이 문제다. 청소년들이 스스로 칼슘섭취량을 조절할 수 없기 때문에 청소년 골절이 증가하는 것은 놀라운 일이 아니다. 지난 30년간 미국 청소년의 하박골절 비율이 42% 증가한 사실에서 알 수 있듯 청소년들이 식단에서 유제품을 배제하게 되면 성인시절뿐만 아니라 어린 시절에도 높은 골절의 위험을 안고 있다는 사실이다.[20]

또 다른 문제는 청량음료에 과량의 설탕이 함유되어 있다는 점이다. 비만과 직결되어 있는 청량음료는 하루에 1병(340mL; 12oz)을 마시는 경우 비만의 위험을 60%나 증가시킨다. 결국 우유 대신 청량음료를 마시면서 청소년들은 칼슘을 잃을 뿐만 아니라 다른 중요한 영양소를 잃고 원치 않는 체중증가와 만성질병의 위험을 겪게 되는 것이다. 바로 이점 때문에 우리가 우유를 마셔야 하는 것이다.

연구를 통해 속속 밝혀지고 있는 청소년기 칼슘의 원천, 우유와 유제품

우유는 일반적인 식단에서 주요한 칼슘의 원천이다. 우유는 영아와 유아들의 칼슘섭취에 약 3분의 2정도를 기여하고 청소년 여학생들의 칼슘섭취량의 절반을 차지한다. 미국 소아과학회가 9가지 필수적인 영양소의 공급이라는 측면에서 각종의 식품을 평가하여 발표하였는데 우유는 '양호' 등급을 받은 몇 안 되는 식품중의 하나에 해당된다.

치즈는 많은 우유의 영양소가 집중된 식품이며 우유를 싫어하는 청소년들에게 훌륭한 우유대체품이다. 사용되는 우유의 종류 (예를 들어 우유, 저지방 우유, 크림, 무지방 우유, 유장) 와 제조과정에 따라 치즈에 함유된 칼슘의 양은 다소 차이가 있으나 단백질, 콜로이드 형태의 칼슘, 비타민 A와 같은 비용해성 영양소들은 치즈에 많이 함유되어 있기 때문에 고칼슘식품으로 인정받고 있다. 더군다나 유당, 무기질, 비타민 B_{12} 등은 유장에서 제거되기 때문에 유당소화에 대한 문제도 없다. 청소년들이 칼슘이 풍부한 음식 특히 유제품을 섭취하면 뼈의 무기질이 증가한다는 사실이 많은 연구를 통해 밝혀졌다. 우유칼슘과 뼈의 무기질과의 관계를 조사하기 위해 미국 유타주에 사는 9~13세의 여학생들에게 일 년 동안 더 많은 우유와 유제품을 섭취하도록 하였다.

참가대상 여학생들은 하루에 728mg에서 1,400mg 이상의 칼슘을 섭취하기 위해 우유와 유제품을 음용하였고 그 결과 척추의 뼈 밀도가 크게 증가한 것으로 나타났다. 또한 지방섭취를 늘리거나 체중을 늘리지 않으면서도 오로지 유제품을 통해 칼슘필요량을 조절할 수 있었다.(3)

유전적인 소인이 같은 쌍둥이를 대상으로 한 연구도 있었는데 45명의 사춘기 이전의 일란성쌍둥이에게 3년에 걸쳐 한쪽에는 700mg의 칼슘을 섭취토록 하였고 다른 쌍둥이에게는 칼슘보충을 하지 않았다. 그 결과 칼슘을 700mg 섭취한 쌍둥이의 경우 다른 쌍둥이보다 전체골량이 1~5% 증가한 것을 발견하였다. 이러한 수치는 적다고도 할 수 있으나 엉덩이, 관절, 척추 등 측정부위에 따른 차이를 감안할 때 높은 값이다.(19)

미국 펜실베니아 의과대학에서 수행된 연구결과를 보면 18개월에 걸쳐서 350mg의 칼슘을 청소년기의 여학생들이 보충한 결과 골량이 1~3% 사이로 증가한다는 사실을 발견했다.(23)

또한 미국 코네티컷대학교 보건대와 예일대학교 의과대가 공동으로 발표한 논문에서도 칼슘보충제를 섭취한 경우 뼈의 무기질 침착이 1~5% 증가하며 칼슘의 급원으로 유제품을 섭취한 경우에는 최대 10%까지 뼈의 무기질이 증가하고 있다고 보고하고 있다. 이들은 유제품의 경우 안전하고 값이 저렴한 식품이며 섭취 또한 편하기 때문에 뼈의 건강을 위해 적극적인 권장이 필요하다고 적고 있다.(19)

또한 여학생들을 6개월 동안 하루에 칼슘보조제를 1,000mg 섭취하는 그룹과 500mg을 섭취하는 그룹 그리고 위약군을 설정하여 뼈의 건강을 조사한 결과 1,000mg 칼슘섭취그룹에서 가장 높은 뼈의 무기질을 가지는 것으로 나타났다.

또한 2003년의 연구조사를 살펴보면 13세에서 17세 사이의 청소년 28명을 임의로 선발하여 저지방우유와 주스를 각각 하루에 3차례씩 12주 동안 섭취하도록 한 결과 저지방우유를 섭취한 그룹이 주스를 섭취한 그룹보다 뼈의 무기질이 2배 이상 높았다.(37)

영국 쉐필드 의대에서는 80명의 여학생들을 임의로 선발하여 실험 전에 키, 몸무게, 뼈의 무기질 등을 유사하도록 실험그룹을 배정하여 연구를 진행하였다. 한 그룹에는 하루에 568mL의 우유를 섭취하도록 하였는데 본인의 기호에 따라 우유, 저지방우유, 무지방 우유를 선택하여 마시도록 하였다. 실험은 18개월 동안 진행되었고 신체적인 조건과 뼈의 무기질 함량을 평가한 결과 우유를 섭취하지 않은 여학생의 경우 뼈의 무기질이 8.5% 증가한 반면 우유를 섭취한 여학생의 뼈의 무기질은 9.6% 증가한 것으로 나타났다. 이러한 차이는 우유를 섭취하고 6개월까지는 변화가 없었고 6개월 이후부터 나타난 현상이었다.(5)

이와 같은 결과는 정상적인 생활을 하면서 우유 및 유제품을 추가 섭취한 경우 뼈 밀도는 반드시 증가하며 이러한 청소년기의 뼈 밀도 증가는 장년기 이후 뼈 건강에 중요한 요소로 작용할 수 있음을 입증하는 것이라 할 수 있다.

우리나라 서울, 경기지역에 거주하는 여대생 1,410명을 대상으로 조사한 연구에서도 영양소섭취량 중 가장 부족한 영양소는 칼슘이며 권장섭취량의 44%에 미치는 양을 섭취하는 것으로 나타났으며 우유의 섭취수준이 높은 그룹에서 뼈 밀도 및 뼈의 건강상태가 좋은 것으로 확인되었다.(49)

우리나라 여대생을 대상으로 실시한 또 다른 연구결과를 보면 충남지역에서 골질환 판정을 받아본 경험이 없는 20세의 외견상으로 신체가 건강한 여대생 118명을 조사한 결과 42%의 대상자가 골감소증후군을 보였으며 이와 같은 열악한 칼슘 섭취상태를 보완하기 위해서는 우유와 유제품의 섭취가 우선시되어야 한다고 보고하고 있다.(52)

따라서 청소년기의 우유섭취는 뼈의 무기질 함량을 증가시켜 장년기 이후 발생되는 골다공증을 예방할 수 있는 유일한 기간인 동시에 유일한 기회라고 할 수 있다.

04 뼈 건강을 책임지는 칼슘, 칼슘을 대표하는 우유

우유의 소비는 청소년기가 되면서 줄어들기 시작하여 성인기로 접어들면서도 지속적인 감소를 보이고 있는 반면에 탄산음료의 소비는 꾸준히 증가하고 있다. 콜라와 같은 탄산음료의 경우 다소비식품 순위에서 3~6세에는 8위에 해당되고 7~12세에서는 7위, 13~19세에서는 5위로 상승하고 20~29 세에서는 6위를 유지하는 것으로 나타났다.

국민소득의 증가와 더불어 발전한 외식사업은 집에서 먹는 식사보다 밖에서의 식사를 증가시키는 결과를 창출했다. 아직까지 외식과 칼슘섭취에 관한 국내 보고가 거의 없어 미국의 연구결과를 인용하면 다음과 같다. 통상적으로 미국가정의 경우 집에서 먹는 식사의 칼슘량은 1,000cal 당 429mg으로 학교급식의 689mg보다 적지만 권장칼슘량에 가까웠다. 그러나 외식의 경우 평균적으로 1,000cal 당 343mg의 칼슘만을 포함하고 있는 것으로 나타났다.

외식비율이 1977년과 1995년 사이에 16%에서 27%로 증가한 사실을 감안하면 음식을 통해 섭취되는 절대칼슘량은 자연스럽게 감소할 수밖에 없다. 따라서 외식이 잦아지면서 유제품의 섭취는 감소하였고 청소년들에게는 칼슘을 포함한 많은 중요한 영양소들이 식단에서 멀어지게 된 것이다. 2008년 세계적인 경기침체와 더불어 미국과 캐나다에서는 우유소비량이 크게 증가하였는데 이는 경기침체로 인한 외식이 줄었기 때문이라는 결과가 나와 시사하는 바가 크다.

칼슘의 이용성은 섭취하는 음식에 따라 다르다. 채식위주의 식습관은 여러 가지 장점이 있지만 칼슘의 섭취측면으로만 본다면 칼슘의 이용성이 낮아 칼슘보충이 요구된다. 따라서 우유나 유제품으로부터의 칼슘공급은 매우 중요하다. 물론 뼈째로 먹는 멸치를 비롯해서 칼슘량이 우수한 음식들을 섭취하여 칼슘을 얻을 수 있다. 그러나 우유나 유제품과 같이 편이성, 즐거움을 같이 주는 식품이 과연 몇이나 될까? 뼈째 먹는 멸치가 칼슘의 좋은 급원이지만 멸치를 사무실에 가지고 다니면서 불편 없이 먹을 수 있을까? 이에 반하여 우유나 요구르트, 치즈는 어떠한가? 우유나 유제품이 갖는 또 하나의 장점은 우유 내 존재하는 칼슘의 흡수율이 다른 음식에 비하여 높은 편인데도 이를 더 높이기 위해 비타민 D를 강화시켜 판매한다는 것이다.

뼈의 건강에 영향을 미치는 칼슘이외의 우유 성분들

일반적으로 칼슘의 섭취가 뼈의 밀도에 영향을 준다는 사실은 잘 알려져 있다. 2004년 뉴질랜드에서 3~13세의 유아 및 어린이들을 대상으로 실시한 연구결과에 따르면 우유의 섭취를 회피하는 어린이가 동일한 지역에 거주하는 정상적으로 우유를 섭취하는 동년배 어린이들과 비교하여 골절에 대한 위험이 훨씬 큰 것으로 보고되었다. 생애주기 전반에 걸쳐 우유와 유제품의 섭취습관은 골밀도에 영향을 미칠 수 있다.(14,31)

그렇다면 우유와 유제품에 함유된 칼슘 이외의 다른 성분들은 뼈의 건강에 어떠한 효과를 나타낼 수 있을까? 이 문제를 함께 살펴보기로 하자.

일차적으로 단백질의 섭취량은 뼈의 대사에 매우 중요한 영향을 미치는데 부족하거나 과도한 단백질섭취는 뼈에 부정적인 영향을 미친다. 단백질의 섭취가 증가하는 경우 단백질의 종류와 관계없이 산의 생성을 통하여 체내에서는 칼슘의 배출이 증가하게 된다. 이렇게 뼈로부터 칼슘이 배출되는 기작이 과도한 단백질의 섭취가 부정적인 효과를 나타내는 주요한 경로가 되는데 이러한 경우라 할지

라도 칼슘의 섭취가 적절한 경우 칼슘의 배출효과는 크게 걱정할 정도는 아닌 것으로 보고되고 있다.(9)

우유의 유청단백질에 존재하는 염기성 성분들은 뼈의 대사를 효율적으로 조절한다.

우유의 단백질은 크게 pH 4.6에서 침전하는 불균일한 인단백질인 카세인Casein과 용해된 상태로 존재하는 유청단백질로 구분할 수 있다. 이 중 유청단백질이 뼈의 성장에 미치는 효과에 대한 연구는 비교적 상세히 이루어져 있다. 일본의 연구자들에 의해 이루어진 초기연구에서는 골다공증 모델로 난소가 절제된 쥐를 이용하여 유청단백질과 카세인 분말을 사료로 4주간 급여한 후 뼈의 대사에 미치는 효과를 조사하였다. 칼슘과 인의 함량에는 차이가 없는 반면 대퇴골의 파괴강도 Bone breaking force를 측정한 실험에서는 유청단백질 급여군이 유의적으로 높은 파괴강도와 대퇴골 내 총 아미노산의 함량을 보이고 있다는 사실을 확인하였는데 다시 말하자면 우유단백질 내에는 뼈의 대사를 조절할 수 있는 성분이 있음을 발견한 것이다.

유청단백질이 뼈의 대사에 미치는 효과는 세포배양실험을 통해 추가적으로 밝혀졌는데 유청단백질의 첨가는 골격 내 뼈를 형성하는 세포인 조골세포의 활성을 촉진하는 반면 뼈의 리모델링을 위하여 골격으로부터 뼈를 용해시키는 파골세포의 활성은 효과적으로 억제되는 것으로 나타났다.(33,34)

이후의 연구는 유청단백질로부터 활성성분을 분리하려는 작업이 진행되었는데 유청단백질에 존재하는 뼈의 대사를 조절하는 활성성분은 주로 염기성 분획에 농축되어 있다는 사실에 따라 MBP Milk Basic Protein 라 명명하였다. MBP는 등전점이 7.0~10.5에 이르는 몇 개의 단백질로 구성되어 있으며 염기성 아미노산인 아르기닌 Arginine 과 라이신 Lysine을 다량으로 함유하고 있다. MBP의 활성성분은 키니노겐Kininogen이란 단백질로 규명되었으며(43), 키니노겐은 뼈의 콜라겐 단백질을 분해하는 효소인 카텝신Cathepsin 의 분비를 감소시켜 파골세포의 활성을 억제하는 시스타틴 Cystatin C에 영향을 미치는 것으로 밝혀졌다. MBP의 발견과 더불어 흥미로운 사실 중 하나는 우유에 존재하는 대부분의 성장촉진인자는 공통적으로 염기성 분획을 가지고 있다는 점이다.(11,24)

우유단백질 분해물의 활성성분과 기작이 밝혀짐에 따라 임상실험을 통하여 그 효능을 검증하려는 연구가 수행되었다. 건강한 여성 33명을 대상으로 실시한 6개월간의 이중맹검 Double blind, 위약조절 Placebo-Controlled 연구결과에 따르면 우유단백질 분해물을 섭취한 그룹이 위약을 처리한 그룹과 비교하여 골밀도의 증가율이 유의적으로 높았으며 우유단백질 분해물을 하루에 40mg 첨가한 경우 골밀도를 개선할 수 있는 것으로 나타났다. 또한 6개월의 임상실험 기간 중 구토, 설사, 알러지 등의 부작용은 보고되지 않았다.(1,42)

유사하게 16명의 건강한 남성을 대상으로 한 임상실험에서는 정상적 식사패턴을 유지하며 300mg의 우유단백질 분해물을 음료에 첨가하여 16일간 섭취한 결과, 골 형성의 생화학적 인자는 증가한 반면 골감소를 나타내는 인자들은 유의적으로 감소하여 세포배양실험, 동물실험 및 여성을 대상으로 한 임상실험 결과와 동일한 경향이 나타났다.(36)

이상의 연구결과는 비록 한 가지 단백질은 아니라 할지라도 우유의 유청단백질 내에 존재하는 몇 가지의 염기성 단백질성분이 뼈의 대사를 효율적으로 조절할 수 있음을 의미한다. 다양한 식품에 맛과 같은 관능적인 성질을 훼손시키지 않고 미량의 첨가만으로도 뼈의 대사가 건강하게 조절될 수 있다는 사실은 매우 반가운 일이며 실제적으로 우유단백질 분해물을 적용한 기능성 유제품 및 음료를 시장에서 만날 수 있다.

골밀도 강화 기능성을 지닌 우유 펩타이드의 놀라운 효과

우리가 음식을 섭취하면 구강과 위를 거쳐 소장에 이르는 소화과정 동안 체내에서는 단백질을 흡수하기 위해 거대분자인 단백질의 펩타이드 사슬을 끊어내기 시작한다. 단백질의 분해에는 펩신Pepsin, 트립신Trypsin, 키모트립신Chymotrypsin 등 다양한 소화효소가 작용하며 이들 소화효소의 작용에 따라 단백질은 여러 가지 크기의 단편들로 잘라진다. 이러한 단백질조각들을 펩타이드라 부르는데 이 펩타이드는 단백질과는 달리 고유의 맛을 부여하며 체내 생리대사를 조절하는 기능성을 나타낸다.

우유단백질 분해물인 우유펩타이드는 식품에서 유래된 펩타이드 중 가장 많은 연구가 이루어져 있으며 세균억제, 혈압저하, 항혈전, 면역조절 등 다양한 기능을 가지고 있다.(8)

체내 소화과정에서 자연스럽게 생성되는 펩타이드 이외에도 식품의 제조과정 중 인위적으로 단백질 분해효소를 첨가하거나 또는 발효과정 중 미생물이 분비하는 단백질 분해효소에 의해서도 기능성 펩타이드가 생성될 수 있다. 기능성 펩타이드에 대한 주제는 그 내용이 방대하기 때문에 이곳에서는 칼슘과 뼈 대사의 조절에 영향을 미칠 수 있는 펩타이드에 국한하여 살펴보기로 하겠다.

발효과정 중 어떠한 기능성을 가진 펩타이드가 생성되는가 하는 문제의 열쇠는 어떠한 미생물이 발효에 사용되었는가에 달려있다. (그림 2)는 사용하는 유산균에 따라 조골세포의 증식을 촉진하는 발효분해물이 생성될 수 있음을 보여준다. 조골세포의 분화 및 골기질 성숙에미치는 영향은 염기성 인산분해효소 Alkaline Phosphatase; ALP의 활성과 오스테오칼신Osteocalcin; OCN mRNA의 발현량을 측정하여 그 문제의 열쇠를 풀었다. 앞서 언급한 조골세포의 증식효과가 확인된 농축유청단백질 분말을 대조군으로 놓고 비교한 결과 조골세포가 분화하면서 발현되는 ALP는 대조군보다 유의적으로 높게 나타났으며 특정균주에 의한 발효물은 세포의 증식과 함께 뼈의 석회화과정에 기여하는 것으로 밝혀졌다.(50) 조골세포에 의해 합성되는 오스테오칼신은 뼈에 존재하는 특이적인 단백질로 뼈와 혈장에 축적되어 조골세포의 활동성 및 골의 형성 정도를 평가하는 중요한 생화학적 지표로 사용된다. 조골세포의 분화가 유도되고 5일이 지난 후에는 대조군과 발효생성물간에 차이가 관찰되기 시작하였으며 시간이 경과함에 따라 뚜렷한 차이가 확인되었다. 유산균 *Lactobacillus casei 393* 에 의한 우유발효생성물이 뼈의 대사에 미치는 효과는 난소절제 쥐를 이용한 6주간의 동물실험을 통하여 검증되었다. 식이의 1%를 발효물로 대체한 실험군은 대조군으로 사용한 농축유청단백질 분말 급여군과 비교하여 실험종료 후 체중에는 유의적인 차이가 없었으나 뼈의 무게 및 칼슘 함량은 유의적으로 증가하였으며 골밀도 및 뼈의 파괴강도도 유의적으로 상승하였다.

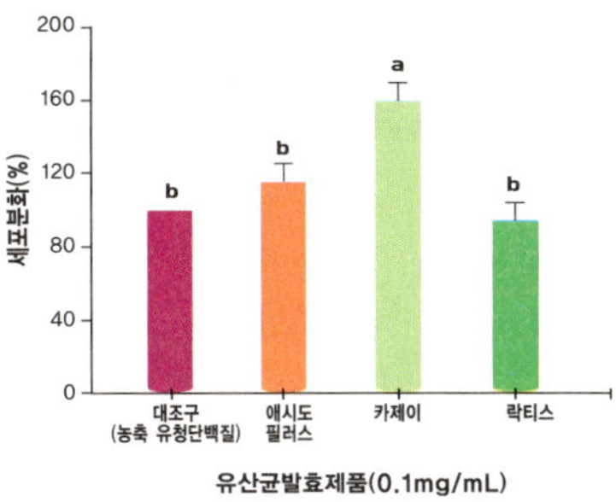

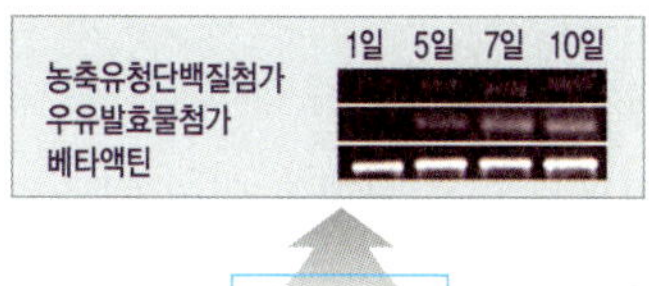

	세포분화 10일후(%)	ALP활성(nm/min/mg/protein)
농축유청단백질	100	3.14[b]
우유발효물	232	5.55[a]

(그림 2) 유산균의 종류에 따른 생성발효물의 조골세포(MT3T3-E1 cells)의 증식 촉진효과(위)및 염기성 인산분해효소 활성, 오스테오칼신의 mRNA 발현양의 변화(아래)

또한 파골세포의 활성변화를 알아보기 위하여 사용한 주석산내성산성인산분해효소Tartrate Resistant Acid Phosphatase 의 활성이 유의적으로 감소하는 것으로 나타나 우유의 발효물은 골 흡수의 저해 효과를 가진 것으로 확인되었다.(21)

위의 연구결과 이외에도 유산균 발효물이 골밀도를 강화하는데 긍정적 효과를 미칠 수 있다는 사실은 다른 유산균*Lactobacillus helveticus*의 우유발효물을 이용한 경우에도 나타났다.(29)

뼈의 대사에 영향을 미칠 수 있는 또 하나의 기작은 체내에서 칼슘의 효율적인 이용을 돕는 방법이다. 우유에는 1L에 약 1.2g의 칼슘이 존재하는데 우유의 칼슘은 두 가지 형태로 존재한다. 총 칼슘의 80%는 우유단백질인 카세인과 결합하여 콜로이드 상태로 존재하며Colloidal Calcium Phosphate 이러한 칼슘은 인과 복합체를 이룬 인산칼슘의 형태로 카세인 단량체를 서로 연결하는 결합체의 역할을 수행한다.

칼슘의 약 20%는 용해성상태로 존재하는데 무기태의 용해성칼슘은 칼슘의 본격적인 흡수가 일어나는 소장에서 불용성의 염을 형성하기 때문에 체내이용성이 떨어진다.

카세인을 구성하는 아미노산 중 세린Serine은 인과 결합한 포스포세린Phosphoserine 의 형태로 존재하는데 포스포세린은 칼슘과 같은 양이온과 결합할 수 있는 능력을 가지고 있기 때문에 콜로이드형태의 칼슘을 형성할 수 있다. 카세인 중 포스포세린 잔기는 밀집되어 분포하는 특징을 가지고 있기 때문에 트립신Trypsin 과 같은 단백질 분해효소를 처리하여 적절한 방법으로 인을 함유한 잔기들을 회수하면 칼슘과 같은 미네랄의 체내 흡수를 도와줄 수 있는 기능성 펩타이드인 인을 함유한 카세인분해물Caseinphosphopeptide ; CPP을 제조할 수 있다.

현재까지 카세인분해물과 칼슘흡수와의 관계를 연구한 결과들을 종합적으로 분석해보면 동물실험에서는 상당부분 긍정적인 효과가 나타난 반면 임상실험에서는 그 효과를 증명하기위해서는 더 많은 연구가 필요한 것으로 보인다. 임상연구결과의 차이는 일부 피 실험자의 연령이나 혹은 함께 섭취하는 식품의 종류 등에 따라 달라질 수 있을 것으로 생각된다. 이와 같이 우유에는 뼈를 구성하는 칼슘뿐만 아니라 칼슘의 체내이용이나 대사를 조절할 수 있는 성분이 존재한다. 특히 발효에 의해 생산될 수 있는 골밀도 강화 기능성을 지닌 펩타이드는 우유자체에 미량으로 존재하는 MBP를 비교하여 쉽게 대량으로 생산할 수 있다는 점에서 산업적인 측면에서도 높은 잠재력을 가지고 있다.

최근에는 안전성이 검증된 식품에서 발생하는 기능성 펩타이드를 통해 다양한 체내의 생리대사를 조절하려는 노력이 전 세계적으로 활발히 진행되고 있으며 이미 상당한 진보를 보이고 있다.

05

젊어서 우유섭취와 같은 손쉬운 행동이 훗날의 건강을 지킨다.

어릴 적 우리가 듣던 설화와 동요에서는 꼬부랑 할머니에 대한 이야기가 나온다. 우리가 무심코 부르던 꼬부랑 할머니는 친숙하고 인자한 모습의 대명사로 표현되고 있지만 왜, '꼬부랑' 이 할머니를 상징하는 말이 되었을까 하는 물음에 대해서는 인식하지 못하고 있었던 것 같다.

건강한 골격을 만들고 유지하는 것은 매우 중요하며 일생을 통하여 진행되어야 하는 과제다. 골다공증과 뼈 골절에 영향을 주는 여러 요인 중에서 영양적인 요소와 육체적인 활동과 같은 환경적인 요인은 매우 중요하다.

영양적인 요소는 일생동안 적절한 양의 칼슘을 섭취하는 것을 말하며 어렸을 때는 유전적으로 최대 골량을 형성시킬 수 있는 양까지 최대로 만들고 어른이 되어 골격을 유지시키고 뼈의 손실을 최소화 시키도록 만드는 것이다. 단일 영양소만을 고집해서 칼슘만을 먹는다고 뼈가 건강해지는 것은 물론 아니다. 인산, 마그네슘, 칼륨, 비타민 D, 비타민 A, 단백질 등 도 필요하다. 우리가 우유와 유제품을 뼈의 건강을 유지하는 식품 중에서 제일로 생각하는 이유는 우유에 함유된 무기질 중에서 제일 많이 들어있는 것이 칼슘이라는 점과 뼈 건강에 관계하는 각종 영양소가 골고루 들어있는 유일한 식품이기 때문이다.

또한 우유 상태로 있을 때에는 기능이 없다가 우리 몸속의 소화효소에 의해서 분해가 되면 뼈의 밀도를 높여주는 물질로 변화되는 성분이 존재한다는 사실도 우유만이 가지는 장점이다.

우리 몸속의 뼈 상태는 일생을 거치는 동안 변화한다. 뼈의 크기가 커지고 뼈의 무기질함량도 증가된다. 그러나 무한정 커지는 것도 아니고 무한정 늘어나는 것은 절대 아니다. 이미 커져버린 뼈는 다시 줄어들 수 없고 변화하지 않는 것처럼 보일런지도 모른다. 그러나 장년기 이후에 발생되는 여러 가지 신체적인 변화처럼 우리 몸속의 뼈도 노화하고 뼈의 무기질은 나이가 들어감에 따라 감소한다. 이것은 누구도 피할 수 없는 자연의 법칙이다. 단지 우리가 할 수 있는 것은 그 감소량을 줄이는 것뿐이다. 젊어서 우유섭취와 같은 손쉬운 행동이 훗날 큰 보탬이 되게끔 말이다.

우유 한잔의 과학

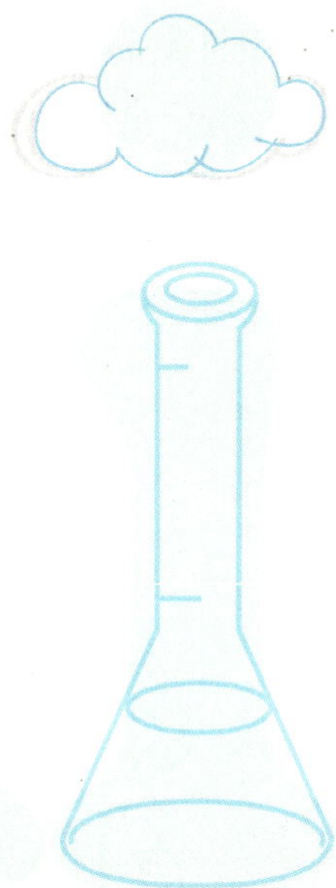

05.

이선영

| 인체영양학 |

현 충남대학교 식품영양학과 교수

주요약력 프랑스 니스의과대학
소화기학 교실 초빙교수

저　　서 리빙토픽– 영양과 식생활(교문사)
식생활과 다이어트(파워북)

제8장

우유의 권장섭취량으로는 대사증후군이 유발되지 않는다

- 대사증후군이란 무엇인가
- 대사증후군의 위험요인과 진단기준
- 우유섭취가 대사증후군의 원인이라고 볼 수는 없다
- → 대사증후군으로 분류되는 항목별 연구조사와 그 대처방안

⊙ 당뇨, 비만, 고혈압, 이상지질혈증 등을 일컬어 성인병, 생활습관병, 만성퇴행성질환으로 불리다 최근 들어 선진국에서 사망률의 우위를 차지하는 동맥경화성 심혈관질환이 여러 가지 요인들의 복잡한 상호작용으로부터 유래됨을 알게 되면서 대사증후군이라 부르게 되었다.

⊙ 1998년부터 2004년까지 보고된 연구들의 메타분석 결과, 대사증후군이 있는 경우 심혈관질환의 동반위험도가 1.65배, 당뇨병 동반위험도가 2.99배로 보고하여 대사증후군이 심혈관질환과 당뇨병 발생에 중요한 위험인자임을 지적하였다.

⊙ 대사증후군의 유전적인 요인을 무시하기는 어렵지만 설혹 유전적인 소인이 있더라도 식사와 운동, 흡연, 음주 등 기타 생활습관의 조절로 치료와 관리효과를 볼 수 있고 질병의 예방차원에서도 효과를 기대할 수 있기 때문에 유전적인 소인보다는 식사와 생활습관이 더 중요한 위험요인으로 간주된다.

⊙ 우리나라 국민들에게 권장하고 있는 정도의 우유섭취는 대사증후군의 위험요인으로 작용하지는 않는다. 영국에서는 4개의 연구결과를 메타 분석한 결과 오히려 우유와 유제품의 소비가 심혈관질환, 당뇨, 암 등 치명적인 질환에 대비하여 사람의 수명을 연장시킬 수 있다고 보고하였다.

대사증후군이란 무엇인가

먹거리 찾기에 급급했던 시절을 일찌감치 벗어난 우리나라 국민들의 관심은 식생활의 양적인 수준이 아니라 질적인 수준에 초점을 맞추는 방향으로 그 수준이 상향조정되었고 이에 따라 '웰빙' 실현에 대한 욕구가 끊임없이 표출되고 있다. 그러나 한 사람의 식습관과 생활습관은 오랜 기간의 경험과 훈련을 통하여 이루어지는 것이기 때문에 잘못된 습관은 일반 생화학적 검사만으로는 알아내기 어려운 부정적인 변화를 점진적으로 일으켜 인체의 대사를 교란하고 항상성을 깨뜨리게 된다. 인체의 항상성이 깨지면 일정기간이 지난 후 고질적인 질병들의 발병으로 이어지게 되는데 이러한 질병들이 자각증상을 보이기 시작하면 이미 병은 깊어진 상황이 된다. 진전기간이 오래된 질병일수록 고치기는 어려운 법이다. 그러나 식생활의 문제로 발생된 질병은 식생활 변화만으로도 생명에 문제를 일으키지 않을 정도로 관리할 수 있다.

이와 같이 식생활과 관련된 질병들은 비교적 최근까지도 '성인병' 이라 불리고 있었는데 이 의미는 성인이 되어 발병되는 질환이라는 뜻으로 일본에서부터 시작된 용어였다. 그러나 이러한 질병들이 비단 성인들에게만 발병되지 않고 있다는 사실이 최근 들어 밝혀지고 있다. 또한 '생활습관병' 이라는 용어도 사용되어 왔는데 이 용어는 어의 그대로 생활습관이 잘 못되어오는 질환이라는 뜻이다. 이러한 질환들은 대개 천천히 진행되지만 관리하지 않고 그대로 두면 점점 나빠져서 나중에는 돌이킬 수 없는 상황으로 빠져들게 되는데 이러한 의미에서 '만성퇴행성질환' 이라고도 불렸다.

최근 들어 의학계에서는 '대사증후군' metabolic syndrome이라는 용어를 거의 확정적으로 사용하고 있는데 이는 선진국에서 사망률의 우위를 차지하는 동맥경화성 심혈관질환이 여러 가지 요인들의 복잡한 상호작용으로부터 유래함을 알게 되면서 부터였다.

대사증후군은 많은 질병들이 서로 연결되어 있음을 뜻한다.

'대사증후군 '이라는 용어를 쓰기까지 의사들은 그 증상에 대한 의심을 거쳐 집중적으로 관찰하고 이론을 정립하는데 꽤 많은 시간을 투자하였다. 이미 1960~70년대에 비만, 당뇨병, 이상지질혈증, 고혈압이 한 사람에게서 동시에 발병되는 현상이 처음으로 관찰되었고(1) 이후 1980년대 후반에 Reaven이 이러한 질환들이 복합적으로 나타나기 시작하여 궁극적으로 심혈관질환들로 귀결되는 것을 보고 이러한 증상을 처음으로 '신드롬 X' Syndrom X라 불렀다. '신드롬

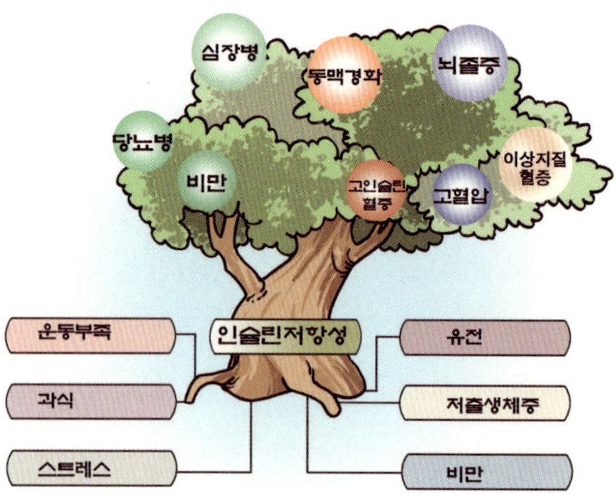

(그림 1) 대사증후군 개념도

X' 는 아직 확정적이지 않은 복합증후군을 뜻하며 많은 질병들이 서로 연결되어 있음을 뜻한다. '신드롬 X' 가 대두되면서 이 증후군은 당대사와 직접적인 관련이 있으며 곧이어 혈당을 조절하는 인슐린이라는 호르몬과의 관련성이 밝혀지게 되었다. 인체가 당분을 섭취하면 장에서 흡수되어 혈당이 올라가게 된다. 당분은 인체의 필수에너지원이지만 과잉으로 섭취하게 되면 지방으로 저장되었다가 필요시 다시 사용된다. 사람이 당분을 과잉섭취하여 혈당이 올라가게 되면 인체에 불리한 현상이 나타나기 때문에 인슐린이라는 호르몬이 분비되어 혈당(혈당은 포도당으로 존재한다)의 수준을 내리게 된다. 즉, 인슐린이 혈당을 세포 내로 집어넣는 역할을 하게 된다는 것이다. 이렇게 세포막 안으로 넣어진 포도당은 세포 내에서 에너지원으로 사용되기 위해 산화되거나, 에너지원으로 사용되지 않은 여분의 포도당은 더 큰 분자로 환원되어 글리코겐으로 바뀌어 간이나 근육조직에 저장되거나 체지방으로 전환되어 지방조직을 확대시킨다.

당뇨병의 유무에 따라 대사증후군의 위험요인도 함께 높아진다.

어떤 사람들은 췌장의 기능에 문제가 생겨 인슐린의 분비량이 절대적으로 적어지면서 혈당조절이 안 되는 질환, 즉 당뇨병에 걸리게 되는데 이런 경우의 당뇨병을 '제1형 당뇨병' 이라 한다. 또한 어떤 사람들은 췌장에서 인슐린 분비기능은 정상에 가깝지만 세포막의 인슐린 수용체가 인슐린을 잘 인식하지 못하여 혈당의 조절이 안 되는 당뇨병에 걸리게 되며 이러한 당뇨를 '제2형 당뇨병' 이라 한다. 일반적으로 제2형의 당뇨병 유병률은 제1형의 당뇨병 유병률에 비하여 매우 높다. 동양과 서양에 약간의 차이는 있지만 역학조사 결과 당뇨 환자들의 80~90%가 '제2형 당뇨병 '인 것으로 밝혀져 있다.

문제는 제2형 당뇨병 환자들의 경우 혈중 인슐린의 농도가 높은데 있다. 이들은 인슐린의 분비기능이 정상이거나 높아 혈당이 올라가면 인슐린분비가 원활하게 이루어져 혈중농도가 증가하지만 세포는 이를 인식하지 못하여 포도당이 세포내로 잘 들어가지 못한다는 문제를 안고 있다. 이러한 증상에 대해 학계에서는 '인슐린저항성이 높다' 혹은 '인슐린 민감성이 낮다' 라고 설명한다. 이럴 경우 세포는 주변의 혈당을 에너지원으로 충분히 가지고 있으면서도 늘 에너지원의 고갈로 새로운 에너지공급을 원하게 되고 이는 식욕을 부추기게 된다.

2007년, 국민건강영양조사 결과에 따르면 당뇨병의 유무로 인한 대사증후군 위험요인들의 동반정도는 모든 항목에서 높은 것으로 나타났다. 그 내용을 살펴보면 고혈압의 동반비율은 1.7배, 비만은 1.3배, 복부비만은 1.5배, 고콜레스테롤혈증은 1.2배, 고LDL-콜레스테롤혈증은 1.1배, 고트리글리세리드는 1.3배, 저HDL-콜레스테롤혈증은 1.3배 높았으며 전체적으로 대사증후군 발병률은 2.96배 높았다.

이 결과만을 가지고 당뇨병과 대사증후군의 위험요인들 간의 인과관계를 단정 지

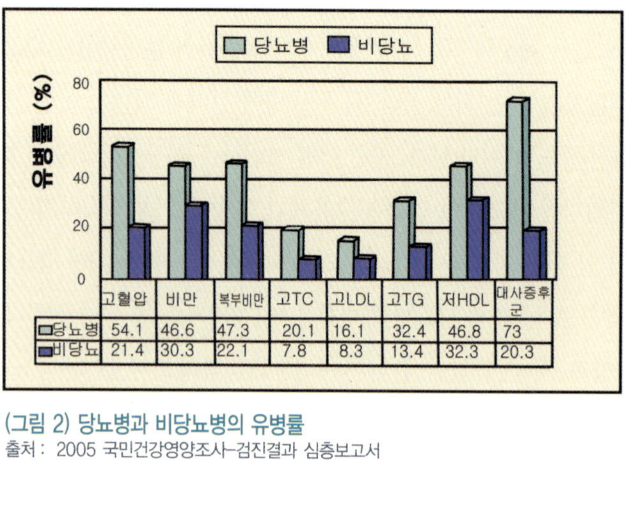

(그림 2) 당뇨병과 비당뇨병의 유병률
출처 : 2005 국민건강영양조사-검진결과 심층보고서

을 수는 없지만 밀접한 상관성을 가지고 있는 것은 사실이다. 당뇨병과 당뇨병 환자의 동반질환 유병률에 대한 역학조사결과에 따르면 '제2형 당뇨병' 환자들 중 80% 이상이 비만증을 수반하는 것으로 나타났다. 비만한 상태 역시 제2형 당뇨병과 인과관계가 분명하지 않은 상관성을 가지고 있다. 비만한 사람들은 당뇨병으로 진전되고 당뇨병이 있는 사람들은 체지방대사에 문제가 생겨 비만환자가 되고는 한다.

대사증후군은 식생활의 불균형에서 시작된다.

이와 같은 결과에 따라 학계는 인슐린저항성의 발생과 이에 따른 보상적 고인슐린혈증혈중 인슐린 분비가 높아진 증상으로 인해 고혈압, 고지혈증, 당뇨병이 발병하게 된다고 간주하고 인슐린저항성을 '신드롬 X'의 대표적인 원인으로 발표하게 되었다. 그 후로 '인슐린저항성증후군' Insulin Resistance Syndrome이란 용어가 등장하였다. 1998년 World Health Organization(WHO)에서 심혈관질환 위험인자들의 군집현상을 대사증후군Metabolic Syndrome이라 명명하였고 진단기준을 제시하였다.

이와 같은 연구결과와 이러한 용어들에서만 보더라도 식생활의 불균형으로 인해 초래되는 질병들은 인간생애의 이른 시기부터 잘못된 습관에 의해 발병되는 경우가 많으며 오랜 시간이 지나면서 서서히 진행되어 증세가 발현하고 점점 나빠지게 되는 것들이다. 따라서 의료적인 처치보다는 생활습관의 교정이 더 큰 개선효과를 보일 수 있다. 생활습관 중에는 식습관과 운동습관, 스트레스 해소 등 여러 가지 요소들이 있지만 가장 근본적이며 교정과정이 길어 고통스러운 것이 식습관이라 할 수 있다. 이러한 점을 고려할 때 생의 초기부터 식습관을 올바르게 길들이고 생의 전환기에서 잘못되지 않았는가를 항상 진단하면서 올바른 방향을 설정하는 일들이 필요한 것으로 보인다.

대사증후군의 위험요인과 진단기준

대사증후군의 위험요인

대사증후군이 최근 들어 크게 이목을 끄는 것은 심혈관질환과 당뇨병 발생의 위험요소라는 점과 그 유병률이 점차 증가하고 있기 때문이다.

1998년부터 2004년까지 보고된 연구들을 메타 분석한 결과, 대사증후군이 있는 경우 심혈관질환의 동반위험도가 1.65배, 당뇨병 동반위험도가 2.99배로 보고하였으며 대사증후군이 심혈관질환과 당뇨병의 발생에 중요한 위험인자임을 증명하였다. 그 외에 대사증후군은 지방간, 다낭성 난소 증후군, 콜레스테롤, 담석, 천식, 수면장애, 암 등과 관련이 있다는 보고들이 있어 대사증후군의 발병 은 현대인의 건강에 있어 최대 적신호로 볼 수 있다.

최근 대사증후군의 발병률과 관련요인에 대한 연구가 많이 진행되었는데 그 결과 대사증후군의 발병은 유전적인 요인과 생활습관에 의해 크게 영향 받는 것으로 나타났으며 흡연, 운동, 식이섭취 중 특히 탄수화물과 지방의 섭취가 관련이 있는 것으로 알려져 있다.

당뇨병이나 고혈압, 이상지질혈증 등의 유전적인 성향에 대해서는 이미 많은 연구를 통하여 잘 알려져 있기 때문에 대사증후군의 유전적인 요인을 무시하기는 어렵다. 그러나 모든 대사성질환에서 유전적인 소인이 강하게 발현되는 것은 아니다. 설혹 유전적인 소인을 갖고 있더라도 식사와 운동, 흡연, 음주 등 기타 생활습관의 조절로 유의한 치료와 관리효과를 볼 수 있고 질병의 예방차원에서도 효과를 기대할 수 있기 때문에 유전적인 소인보다는 식사와 생활습관이 더 중요한 위험요인으로 간주된다. 더욱이 이들은 유전적인 소인과 달리 조절이 가능한 요인들이기 때문에 조기진단을 통해 병증의 위험집단을 조기에 발견하고 생애의 이른 시기부터 잘 관리해 준다면 큰 위험부담 없이 평생을 살아갈 수 있게 된다.

대사증후군의 진단기준

대사증후군의 진단 기준에 쓰이는 요소들은 보다 정량적으로 측정이 가능한 지표로써 가장 위험도가 큰 요인들로 구성되어 있다.

우리나라에서는 2005년부터 국민건강영양조사연구에 대사증후군 항목이 추가되었고 그 진단기준은 2005년과 2007년 기준에 일부 차이가 있으나 기본적으로 미국의 3차 콜레스테롤 관리지침 The New National Cholesterol Education Program Guidelines, Adult Treatment Panel Ⅲ; NCEP-ATPⅢ 기준을 따르고 있다.

2005년도 조사 시에는 세계비만학회 IASO에서 아시아인들의 허리둘레에 맞추어 제시한 기준인 남성의 허리둘레 ≥ 90cm, 여성의 허리둘레 ≥ 80cm를 택하였으나 2007년도 조사 시에는 2006년에 대한비만학회 Korean Society for the Study of Obesity; KSSO에서 우리나라 국민의 실정에 맞추어 제시한 기준인 남성의 허리둘레 ≥ 90cm, 여성의 허리둘레 ≥ 85cm를 적용하여 산출하였다. 이렇게 조사 시기에 따라 다른 판정기준이 적용되어 대사증후군 유병률에 대한 연차비교는 다소 문제가 있다.

대사증후군 진단은 (표 1) 에 제시된 5개의 위험요인 중 3개 이상에 해당되는 경우를 증세가 있는 것으로 판단하게 된다.

(표 1) 대사증후군의 진단기준

	NCEP-ATP Ⅲ1) (2001)	2007국민건강영양조사
진단	위험인자 1-5개중에 3개 이상인 경우	위험인자 1-5개중에 3개 이상인 경우
위험요인	허리둘레 M(2) ≥ 102cm, F(3) ≥ 88cm	허리둘레4) M ≥ 90cm, F ≥ 85cm
	트리글리세리드 ≥ 150mg/dℓ	트리글리세리드 ≥ 150mg/dℓ
	HDL-콜레스테롤 M 〈 40mg/dℓ, F 〈 50mg/dℓ	HDL-콜레스테롤 M 〈 40mg/dℓ, F 〈 50mg/dℓ
	혈압 ≥ 130/85mmHg	혈압 ≥ 130/85mmHg
	공복시 혈당 ≥ 110mg/dℓ	공복혈당 ≥ 110mg/dℓ

1) NCEP-ATP Ⅲ : The New National Cholesterol Education Program guidelines, Adult Treatment Panel Ⅲ
2) M : 남성
3) F : 여성
4) Standard of Korean Society for the Study of Obesity (대한비만학회)

2005년도 국민건강영양조사자료 중 20세 이상 대상자들에 대하여 분석한 자료에 따르면 대사증후군 유병률은 전체 20.9%로, 남성 24.4%, 여성 18.3%로 조사되었다. 좀 더 세분화해 보면 20~49세까지의 남성은 19.5%, 여성은 7.2%였으며 50세 이상의 남성은 31.1%, 여성은 35.3%로 50세 이상 폐경기 이후의 여성에서는 급증하고 있음을 볼 수 있다.

우유섭취가 대사증후군의 원인이라고 볼 수 없다

대사증후군으로 분류되는 항목별 연구조사와 그 대처방안

우리나라 국민건강영양조사에서 만성질환으로 검진조사하고 있는 항목은 비만, 고혈압, 당뇨, 이상지질혈증, 폐쇄성폐질환, 구강질환, 빈혈, B형 간염 등 8개 항목으로 분류된다. 또한 급속한 증가율을 보이고 있는 유병률에 대한 연구를 위해 검진까지는 아니더라도 설문 조사되고 있는 질환은 알러지성 질환으로 비염, 아토피, 천식, 그리고 관절염, 중이염 등이 있다.

이와 같은 검진조사 항목 중에서 주로 대사증후군과 관련된 질환인 당뇨, 비만, 고혈압, 이상지질혈증의 유병률과 식이 요인과의 관련성 중 특히 우유섭취가 갖는 의의에 대해 살펴보도록 하겠다.

비만

식생활의 변화와 신체활동량의 감소는 비만인구의 증가를 초래하고 있으며 이와 관련된 대사증후군들의 발병률을 증가시키고 있다.

국민건강영양조사에서 비만의 진단기준은 세계보건기구 아시아 태평양지부의 기준(체질량지수 ; BMI, 25kg/m^2)이상을 적용하여 조사한 결과 우리나라 19세 이상 성인의 비만유병률은 2007년 31.7%로 지난 10년간 약 6%p 증가하였으며 특히 남자는 지난 10년간 10%p 이상 증가하여 매년 약 1%p 씩 증가하는 추이를 보였다.(4)

따라서 2007년 현재 우리나라 국민의 3명 중 1명은 비만인 것으로 확인되고 있으며 이는 비슷한 시기의 일본의 비만유병률 24.0%보다 훨씬 높은 수치를 기록하고 있다. 남자는 비만유병률이 36.6%로 30대와 50대에서 비만유병률이 높았고 여자는 27.8%로 연령과 함께 비만유병률이 증가하는 것으로 나타났다.

우리나라 '국민건강영양조사 제3기 심층분석연구보고서'(5)에 따르면 남자 비만인은 정상체중군과 비교하여 1일 에너지 섭취량이 100Kcal 정도 높은 것으로 나타났다. 여자비만인의 경우엔 두 군간 에너지섭취량에서는 별 차이가 없었으나 오히려 지방섭취량 비율은 비만군에서 낮았고 당질의 섭취량 비율은 비만군에서 유의하게 높았다. 이러한 결과를 통해 우리나라 국민의 경우 비만의 식생활과 관련된 위험요인은 지방보다 오히려 탄수화물의 섭취량에서 그 원인을 찾아볼 수 있다.

우리나라 국민은 특히 복부지방 비율이 높은 것으로 알려져 있다. 복부지방은 내장 가까이 체지방이 축적되어 있는 것으로 피하지방보다 심혈관질환과의 연관성이 더 큰 것으로 보고되고 있다. 따라서 전신이 살쪄 보이지 않아도 배만 나온 체형이 전신이 통통한 체형보다 더 위험할 수도 있다는 결과이다.

우리나라 국민들의 평균 우유 섭취량은 비만의 위험인자로 보기 어렵다.

2005년, 국민건강영양조사를 살펴보면 우리나라 국민이 하루 동안 섭취하는 총지방량은 20대가 1일 평균 56.5±2.3g 으로 가장 많고 65세 이상 노인층은 24.0±0.8g/일로 나이가 듦에 따라 감소하고 있음을 알 수 있다. 그러나 지방섭취량이 가장 많은 20대의 경우도 우유로부터 섭취하는 지방량(1.9±0.2g/일)은 총지방섭취량(56.5±2.3g/일)의 3.4%에 불과하며 또한 우유로부터 섭취하는 열량(37.0±3.4Kcal/일)은 하루에 섭취하는 평균열량(2194.5±40.1Kcal)의 1.68%에 불과한 것으로 나타났다.

동일한 방식으로 산출된 각 연령대의 통계치는 다음 (표 2)과 같다.

(표 2) 20세 이상 성인의 우유 및 유제품 지방 섭취현황(2007년 국민건강영양조사 결과)

연령	열량섭취량 (kcal/일)	지방섭취량 (g/일)	우유 유래 섭취 열량 (kcal/일)	우유 유래 섭취 지방량 (g/일)	우유의 열량기여도 (%)	우유의 지방기여도 (%)
20-29세	2194.5±40.1*	56.5±2.3	37.0±3.4	1.9±0.2	1.68	3.4
30-49세	2158.1±23.6	48.4±0.9	27.0±1.6	1.5±0.1	1.25	3.1
50-64세	1975.6±23.0	35.3±0.9	22.6±2.1	1.2±0.1	1.14	3.4
≥ 65세	1642.5±23.2	24.0±0.8	19.5±2.2	1.1±0.1	1.18	4.6

* 평균 ± 표준편차

** 산출추정치

우리나라 국민의 우유섭취량은 연령에 따라 조금씩 다르기는 하지만(30.7~58.0 g/일) 30대 이상 중장년들이 우유로부터 섭취하는 열량은 1일 총섭취열량의 1.18~1.25%에 불과하고 총 지방 섭취량 중 우유의 지방이 차지하는 비율은 3.1~4.6% 정도이다. 따라서 아직 우리나라 국민들의 평균 우유섭취량은 비만의 위험인자로 보기 어렵다.

다만 성인이 1일 우유섭취 권장기준인 두 컵(400mL)을 마시게 된다면 우유로부터 들어오는 열량은 약 240Kcal, 지방량은 12.8g 으로 열량과 지방섭취량이 다소 많아지게 된다. 이럴 경우에는 저지방우유를 선택하여 마시는 방법으로 지방섭취량은 줄이고 칼슘이나 비타민 D, 비타민 B_2 등의 유익한 성분은 섭취하도록 노력해야 한다.

그러나 우리나라 국민의 식습관 상 하루에 400mL의 우유섭취란 우유를 아주 좋아하는 경우를 제외하고는 도달하기 힘든 양이며 대부분의 사람들이 하루에 1잔(200mL)의 우유도 제대로 섭취하지 않는 것이 현실이다. 우리나라 영양학계에서는 우리나라 국민의 우유섭취가 아직도 부족하다는 사실을 거듭 지적하고 있다. 특히 폐경기 전후의 여성들은 골다공증예방을 위해서라도 우유나 유제품의 섭취량을 늘려야 한다.

당 뇨

2007년, 국민건강영양조사에서는 비만관련 질환의 1순위로 당뇨병을 들고 있으며 이에 대한 상세한 조사결과를 보고하고 있다. 당뇨병의 진단기준은 공복혈당이 126mg/dL이상이거나 해당 약물을 복용하거나 인슐린주사를 맞고 있는 경우로 정의된다.

우리나라 사람들의 당뇨병 유병률은 1970년 1% 미만으로 추정되던 것이 1980년대 말에 약 3%로 증가하였으며 2001년 20세 이상 성인의 7.6%, 2005년 30세 이상 성인의 8.5%, 2007년 만 30세 이상 성인의 9.7%로 상당히 빠른 속도로 증가하고 있다. 이러한 증가속도는 1992년 조사 자료를 토대로 한 세계보건기구의 예측보다 더 빠른 속도로 알려져 있다. (1)

2007년도 자료에 따르면 당뇨병 유병률은 30대에서 50대까지 성인의 경우 남녀의 차이가 큰 폭을 보이고 있다. 특히 50대 남자의 유병률은 여자와 비교할 때 두 배 이상이 높은 것으로 나타났지만 오히려 60세 이후에는 여성이 더 높아지는 결과를 보였다.

이러한 당뇨병의 이환 중에도 정부와 민간의 적극적인 당뇨병 예방관리, 건강검진 확대 등으로 인해 관리현황(인지율, 치료율, 조절률)이 크게 개선되었다는 점은 그나마 다행스러운 일이다. 그러나 아직도 당뇨병의 초기단계인 30~40대의 당뇨병의 인지율 등이 여전히 낮은 수준이라는 점은 불안한 일이다.

우유의 섭취가 오히려 당뇨 유병률을 감소시킬 수 있다.

앞서 기술한 비만은 대사증후군의 시작이라고도 할 수 있는데 비만한 상태가 오래 지속되고 관리되지 않을 경우에는 또 다른 여러 가지 질병을 동반하게 되며 이 중 제1동반질환은 당뇨병이라 할 수 있다.

당뇨와 관련한 식사요인은 여러 가지가 있을 수 있겠으나 당뇨관리의 궁극적인 목표가 '혈당의 안정' 인 점을 고려할 때 혈당을 증가시킬 수 있는 요인인 탄수화물을 먼저 거론해야할 것이다. 또한 우리나라 국민의 비만 위험요인 중 중요한 식이요인이 지방보다는 탄수화물의 섭취라는 사실을 염두에 두었을 때 당의 섭취량은 대사증후군과 관련하여 주의를 기울여야할 부분이기도 하다.

우유의 탄수화물 함량은 1잔(200mL)당 9.5g으로 대부분이 유당Lactose이며 소량의 포도당, 갈락토오스, 올리고당 등이 함유되어 있다. 우리나라 국민의 우유 섭취로 인한 탄수화물의 기여도는 20대가 1%정도이며 30대 이후는 0.5~0.6% 정도에 불과하다. 또한 1일 2 잔(400mL)의 우유를 섭취한다고 할지라도 20g 내외로 1일 총 탄수화물 섭취량(306.5±2.2g/일)의 6.5%에 불과하다. 따라서 하루 충분한 양의 우유를 섭취한다고 해도 열량적인 측면이나 당류의 섭취 면에서도 당뇨의 위험요인이 된다고 볼 수 없다. 오히려 우유의 섭취는 일반식사에서 부족하기 쉬운 칼슘과 비타민 D, 비타민 B_2, 비타민 A 등을 효율적으로 공급할 수 있기 때문에 얻는 유익이 더 크다고 볼 수 있다.

2008년, 캐나다에서 공복혈당장애를 가지고 있는 과체중자와 비만인 60명을 대상으로 수행한 연구에서 1일 3~4회 이상 우유를 섭취한 대상자들이 1일 1회만을 섭취한 대상자들에 비하여 대사증후군 발생 위험률이 반 정도인 것을 확인하였다. 1일 유제품 섭취 횟수가 2회 정도인 중정도의 섭취군에서는 대사증후군 유병률이 감소하지 않았지만 2.5회 이상 군에서는 섭취량에 비례하여 대사증후군의 유병률이 낮아졌다고 보고하였다.(5)

고혈압

고혈압은 '침묵의 살인자' 라고 불릴 만큼 자각증상이 없이 진전되다가 갑자기 치명적인 손상을 일으키거나 사망에 이르게 하는 무서운 질병이다. 고혈압은 동맥혈압이 높은 상태로써 안정기 수축기 혈압(최고혈압)이 140mmHg, 이완기 혈압이 90mmHg를 초과하는 경우이다.

혈액은 우리 몸을 구성하는 세포들에게 산소와 영양분을 공급하기 위해 존재하는 조직이다. 혈액이 굵은 대동맥으로부터 적혈구 하나도 지나가기 어려울 정도로 가는 관인 모세혈관까지 흐르기 위해서는 혈액을 밀어 보내는 힘이 필요하다. 이 힘의 원천은 심장이고 심장은 평생을 쉬지 않고 이러한 일을 규칙적으로 수행해야만 한다. 심장이 대동맥으로 혈액을 뿜어낼 때 대동맥의 벽은 상당히 큰 압력을 받게 되고 심장이 다시 이완할 때는 대동맥 벽의 내압은 크게 감소하게 된다. 대동맥 벽이 이러한 압력의 차이를 감당할 수 있는 이유는 벽에 두껍고 탄력성이 좋은 근육 층이 있기 때문이다.

그러나 우리의 혈압을 최종적으로 결정짓는 요인은 대동맥의 혈압에만 국한되지 않는다. 혈액은 내경이 큰 대동맥으로부터 구경이 작아지는 중동맥, 세동맥을 거쳐 모세혈관으로 들어가게 되는데 이 때 상당한 저항력이 생기면서 혈압을 올리는 역할을 하게 된다. 대동맥 뿐 아니라 보다 작은 동맥들도 이에 대해 수용할 수 있는 탄력성을 지녀야 하는데 장기간의 바람직하지 않은 식습관과 생활습관으로 인해 혈압이 높아진 상태에서 동맥의 벽들이 혈압을 감당하지 못하면 약한 부분의 혈관이 터지는 사고를 당하게 된다.

사고의 지역이 코 속과 같이 외부로 유출되는 경우 큰 문제를 일으키지 않지만 뇌 내와 같이 중요한 기능을 수행하는 부분에서 혈액이 유출되어 고이게 되면 신경조직의 손상이 오게 되고 정신기능이나 신체기능에 상당한 손상이 오게 된다. 뇌신경계와 같은 중추신경계는 한 번 손상을 받게 되면 회복이 상당히 어렵거나 불가능하다. 따라서 심장과 혈관의 건강을 유지하는 것이 건강하게 오래 살 수 있는 비결인 것이다.

다행히 우리나라 사람들의 고혈압 유병률은 지난 10년간 꾸준히 감소추세에 있어 1998년 30.0%, 2001년 28.6%, 2005년 28.0%를 거쳐 2007년 24.9%(남자 27.1%, 여자 22.1%)로 보고되고 있다.

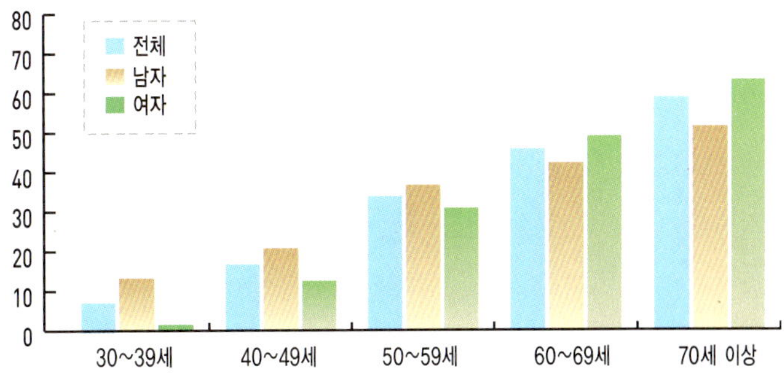

(그림 3) 2007년 국민건강영양조사 결과 – 연령별, 성별 고혈압 유병률

이는 정부와 민간의 적극적인 고혈압 예방관리, 건강검진 확대 등으로 인해 관리현황이 크게 개선된 결과로 볼 수 있다. 그러나 여전히 50대 이상의 유병률은 30% 이상으로 세 사람 중에 한 사람이 고혈압이라는 심각한 상황이다.

특히 여성의 경우에는 폐경기 이후 급속하게 유병률이 증가하고 있는 것으로 밝혀져 평균수명이 길어지고 있는 현대인들에서는 철저하게 초기부터 대비해야 할 질병 중 으뜸으로 꼽힌다. 한편 고혈압은 병증이 진행되는 동안 자각증상이 없어 아직까지도 인지율은 63.5%, 치료율은 54.8%로 낮은 편이다.

고혈압을 일으키는 1등요인은 과다한 나트륨의 섭취

고혈압은 유전적인 소인이 매우 강하게 작용하는 병증의 하나로 가족 중 고혈압 환자가 있을 경우에는 이른 시기부터 관리가 필요하다.

고혈압의 위험요인은 유전 외에도 흡연, 이상지질혈증, 당뇨, 노화, 성별, 스트레스 등과 식이인자 등이 알려져 있다. 식이인자로는 나트륨, 지방, 알코올의 과잉 섭취와 칼슘이나 마그네슘, 칼륨 등 양이온의 부족이다. 고혈압의 위험요인 중 가장 중요한 식이성 요인은 나트륨이라 할 수 있는데 이는 오랜 기간 짠 음식을 먹어 온 사람들에게서 고혈압의 발병률이 높기 때문이다. 나트륨은 소금의 40%를 차지하는 성분으로 우리가 하루에 소금을 10g먹는다고 가정하면 나트륨은 4g, 즉, 4,000mg을 섭취하는 것이다. 다만 소금 뿐 아니라 조리 시 음식에 간을 하기위해 사용하는 간장, 된장, 고추장, 케찹, 소스, 드레싱, 조미료 등에도 나트륨 함량이 높아 가미한 음식을 좋아하는 사람들은 알게 모르게 나트륨을 많이 섭취하게 된다.

나트륨은 생체에 없어서는 안 되는 필수성분이지만 자연식품 중에도 함유되어 있으며 이를 섭취하는 것만으로도 충분히 최소필요량을 만족시킬 수 있다. 자연

(표 3) 식품 1인분량의 영양소 함량 비교

식품		1인분 (g)	열량 (kcal)	지방 (g)	콜레스테롤 (mg)	Na (mg)	K (mg)	Na:K (비율)	Ca (mg)
육류	소고기 (안심)	60	89	3.8	33.0	272	229	1.19	14
	돼지 삼겹살	60	199	17.0	38.4	26	121	0.21	5
어패류	명태	50	37	0.3	29.0	105	119	0.88	24
	고등어	50	92	5.2	24.0	38	305	0.12	13
	바지락	80	54	0.9	20.0	296	184	1.61	72
	멸치(중)	15	35	0.8	17.0	130	174	0.75	194
해조류	미역(생)	30	8	0.1	0.0	183	219	0.84	45
	김(건)	2	12	0.9	0.0	86	83	1.04	10
우유	일반	200	120	6.4	22.0	110	296	0.37	210
	저지방	200	72	1.2	4.1	110	302	0.36	262

식품 중 채소나 과일, 곡류 등에는 나트륨의 함량이 매우 적으며 육류와 유제품에는 중정도의 나트륨을 함량하고 있고 어패류나 해조류에는 비교적 많은 양의 나트륨이 들어있다.

고혈압을 일으키는 나트륨은 흡수가 되었을 때 인체 내에서 문제를 일으키기 때문에 나트륨의 섭취를 방해할 수 인자들을 잘 이용하면 고혈압의 발병이나 관리에 도움을 받을 수 있다. 예를 들면 나트륨은 혈압을 올리는 인자이지만 동일한 1가의 양이온인 칼륨은 나트륨의 흡수율을 낮추어 혈압을 낮추는 인자로 작용한다. 그러나 식품 내 칼륨의 함량이 높더라도 나트륨의 함량이 많으면 고혈압 환자들에게는 역시 도움이 되지 않는다.

고혈압 환자에게 칼슘보충은 혈압저하의 지름길이다.

우유는 육류나 어류 등과 거의 동량의 나트륨을 가지고 있지만 이들보다 칼륨의 함량이 높아 나트륨 : 칼륨의 비율이 낮으며 칼슘의 함량은 월등히 높고 흡수되기 좋은 형태로 존재한다는 이점을 가지고 있다.

'고혈압 환자에게 우유를 주지 않아야 할 것인가?' 하는 질문에 영양학계는 'No' 라는 입장을 취하고 있다.

미국의 46세 이상의 중년여성 29,000명을 대상으로 유제품, 칼슘, 비타민 D의 섭취가 고혈압에 영향을 미치는지를 알아보기 위해 수행한 전향성 연구(6) 가 있었다. 그 연구결과에 의하면 식품을 통해 섭취한 칼슘과 비타민 D, 그리고 저지방 유제품의 섭취는 혈압과 유의한 음의 상관성을 보여주었으나 보충제로 투여받은 칼슘과 비타민 D는 효과가 없었다. 하루 1잔 혹은 2잔 정도의 일반우유를

섭취하는 것으로 성인의 혈압이 올라가는지에 대해서는 확실하지 않지만 만일 콜레스테롤의 섭취량을 주의해야하는 경우라면 저지방우유를 선택하면 이러한 문제는 해결될 것으로 보인다.

일반인의 경우 우유의 1일 섭취권장량인 400mL 속에는 44mg의 콜레스테롤이 함유되어있는데 대부분 심혈관질환자들의 1일 콜레스테롤 허용치를 300mg으로 보았을 때 그 기여도는 높지 않다. 콜레스테롤의 수준에 따라 식품을 고, 중, 중 저, 저 함량군으로 나누는데 우유는 저 함량군에 속하며 고혈압 환자들의 식단처방 시 1일 1인분(200mL) 이상의 우유나 유제품을 섭취하도록 하고 있다. 이처럼 고혈압 환자들에게도 칼슘의 1일 권장섭취량(700~800mg)을 충족시키기 위해 우유를 권하고 있지만 2005년도 국민건강영양조사 결과에 따르면 대부분의 국민들의 칼슘섭취량은 권장기준의 70~80% 정도에 불과한 것으로 나타났다. 특히 여성의 경우는 고혈압 환자군의 칼슘 섭취량(509.4±19.2mg/일)이 정상혈압 군의 칼슘 섭취량(543.2±10.7mg/일)에 비하여 유의하게 낮았다.[7]

칼슘을 보충해 주었을 때 혈압을 저하시키는 효과가 검증된 것[8,9]은 이미 오래전의 일이다. 이러한 이유로 고혈압 환자들에게 칼슘의 섭취를 권장하고 있지만 사실 많은 사람들이 이러한 효과에 대해서는 잘 알지 못하는 실정이다.

2005년, 국민건강영양조사결과 중 검진결과의 심층 분석 보고서에서는 고혈압 환자들의 열량, 지방, 나트륨의 섭취량은 정상군에 비해 차이가 없거나 오히려 적은 반면, 고혈압 전 단계 환자(수축기 혈압 120~139mmHg,이완기혈압 80~89mmHg)들에서는 유의하게 높은 것으로 보고되고 있다. 이러한 결과는 고혈압 환자들이 진단을 받고 이미 식이요법을 수행하고 있을 가능성을 제시하고 있다. 보고서에 따르면 오히려 고혈압 전 단계군들의 나트륨과 열량의 섭취량이 정상군에 비해 높고 지방의 섭취량은 정상군과 비슷한 것으로 나타나 이 군의 식사내용이 고혈압 환자들의 식이요법 전 식사내용과 일치할 수도 있다는 결론을 제시하고 있다.

인체의 혈압은 체내에 체류하는 수분량에 의해 조절되고 수분량은 나트륨의 체내 체류량에 비례한다. 인체의 신장에서는 나트륨과 수분의 70~80%정도는 거의 수동적으로 재흡수 되고 20~30%는 능동적으로 흡수되며 이 양을 조절하는 것은 효소와 호르몬들이다. 특히 혈액 속의 안지오텐신 1 전환효소Angiotensin-1 Converting Enzyme ; ACE의 활성이 혈압을 상승시키는 역할을 하는데 이 효소의 활성을 저해하는 펩타이드 성분이 우유의 단백질에는 다량 함유되어있다.(10) 그 외 카소키닌Casokinin과 락토키닌Lactokinin 등은 혈압 강하에 효과가 있는 펩타이드들로 알려져 있고 이에 대한 연구보고들이 다수 발표되어 왔다.(11)

이상지질혈증(고지혈증)

고지혈증 혹은 이상지질혈증은 대사증후군의 한 요인으로 혈액 속의 콜레스테롤과 트리글리세리드의 함량이 증가하여 혈액의 흐름을 방해하고 혈관 벽에 점착되어 동맥경화를 일으키고 뇌혈관질환과 허혈성 심질환의 원인이 되는 것으로 알려져 있다.

이러한 환자들의 혈중 지질 프로파일을 살펴보면 트리글리세리드나 LDL-콜레스테롤의 농도는 증가하고 HDH-콜레스테롤의 농도가 감소하는 특성을 보이는데 두 가지의 콜레스테롤이 일으키는 변화의 방향이 다르기 때문에 최근 들어 '고지혈증' 이라는 용어보다는 '이상지질혈증' 이라는 용어를 채택하여 사용하고 있다.

2005년, 국민건강영양조사 결과에 따르면 평균 이상지질혈증은 연령에 따라 증가하였고 남자는 50대에 여자는 60대에 가장 높은 유병률을 보였다. 남자는 여자에 비해 전 연령층에서 이상지질혈증의 유병률이 높은 것으로 나타났다. 우리나라 사람들의 이상지질혈증은 저HDL-콜레스테롤혈증의 유병률이 압도적으로 높았으며 그 다음은 고트리글리세리드혈증 이었고 고LDL-콜레스테롤혈증은 7% 정도에 불과하였다. 이러한 현상은 서구인들의 양상과는 다르게 나타나는 결과이며 우리나라 국민이 탄수화물 위주의 식사를 하기 때문인 것으로 파악되고 있다. 아울러 이러한 결과는 최근 급격히 증가되고 있는 비만과 제2형 당뇨병의 원인으로도 크게 작용하는 것으로 보고 있다.

2007년, 만 30세 이상 우리나라 국민의 이상지질혈증 유병률에 대한 보고서를 살펴보면 고콜레스테롤혈증, 저HDL-콜레스테롤혈증, 고트리글리세리드혈증의 유병률이 각각 10.8%, 47.6%, 17.3%로 나타났으며 지난 10년간 계속 증가추세를 보이고 있고 저HDL-콜레스테롤혈증의 경우 그 비율이 상당히 높은 것을 알 수 있다.

다른 동물성 식품보다 우유가 포화지방을 더 많이 함유하고 있지는 않다.

2005년, 국민건강영양조사결과 이상지질혈증 환자의 열량 섭취량이 정상인에 비해 더 많은 것으로 조사되었으며 지방의 열량비는 낮고 당질(탄수화물)의 열량비는 높은 것으로 나타났다. 이러한 현상은 여자의 경우 더 뚜렷하게 나타났다.

이상지질혈증의 식이성 위험요인은 콜레스테롤, 포화지방, 트랜스지방, 당 등을 들 수 있는데 이러한 요인들은 이 질병에 가중효과를 일으킨다. 동물성식품의 섭취가 많아지면 포화지방과 콜레스테롤의 섭취량이 늘게 되는데 이 두 지방은 각각 혈액의 콜레스테롤을 높이는 효과를 보이며 두 가지가 함께 섭취되면 서로 상승작용을 하여 건강에 더욱 좋지 않은 결과를 초래하게 된다. 그러나 식품 내 포화지방산은 사슬의 길이가 4개로부터 24개 까지 다양한데 이들이 모두 같은 효과를 보이는 것은 아니며, 혈중 콜레스테롤을 가장 많이 상승시키는 포화지방

(표 4) 식품 속의 지방산 함량(단위 g/식품 100g)

식품	총지방산	포화지방산			불포화지방산		기타 지방산
		중쇄지방산 (C_6–C_{10})	장쇄지방산		단일불포화지방산	다가불포화지방산	
			C_{12}–C_{16}	C_{18} 이상			
쇠고기(설도)	14.19	Tr	3.40	1.48	7.93	0.40	0.98
돼지고기(등심)	23.29	0.02	6.57	2.86	10.82	2.52	0.50
닭고기(다리살)	12.60	–	3.06	0.73	6.47	2.26	0.08
달걀	9.11	–	2.34	0.20	4.37	1.60	0.60
보통우유	3.19	0.10	1.34	0.48	0.91	0.11	0.25
모유	3.15	0.04	0.96	0.22	1.30	0.60	0.03

산 탄소사슬의 길이는 12개에서 16개의 장쇄지방산이며 단쇄지방산과 탄소 수 18개 이상의 장쇄지방산에서는 그 영향력이 작은 것으로 알려져 있다.

우유는 탄소 수 12~16개의 장쇄지방산을 어느 정도 함유하고 있지만 그 양이 다른 동물성식품에 비하여 많지는 않다.

이상에서 살펴본 바와 같이 우리나라 국민들에게 권장하고 있는 우유섭취량 정도로는 대사증후군의 위험요인으로 작용하지 않는다. 일부 우유 및 유제품의 섭취가 인슐린저항성을 높여 대사증후군을 유발한다는 연구결과들이 보고되고 있기는 하지만 영국에서는 4개의 연구 결과를 메타 분석한 결과 오히려 우유와 유제품의 소비가 심혈관질환, 당뇨, 암 등 치명적인 질환에 대비하여 사람의 수명을 연장시킬 수 있다는 결과를 보이고 있다.(12) 우유섭취와 인슐린저항성에 대한 관계는 다음 장인 9장에서 좀 더 상세히 다루어져 있다.

제9장

우유로 체지방을 조절하고 비만에서 탈출하자

- 현대인의 무분별한 체중조절은 세계적인 영양문제로 대두
- 체지방의 함량에 따라 판정되는 비만
- 식습관이 만들어낸 비만
- 인슐린저항성과 비만 그리고 우유
- 다이어트와 우유

⊙ 인슐린저항성이 생기는 주요원인은 복부비만과 운동부족, 열량의 과잉섭취 등으로 보고 있다. 그러나 인슐린저항성(제 2형 당뇨의 대표적인 증상)과 비만의 인과관계는 뚜렷하지 않다. 단지 두 질환이 밀접한 관련성을 가지고 있다는 사실만 받아들여지고 있을 뿐이다.

⊙ 단맛을 갖는 탄수화물식품의 섭취는 혈당을 급격하게 올려 인슐린분비를 촉진하고 이로 인해 비만이 되는 경우가 많다. 탄수화물을 어느 정도 먹느냐보다는 어떤 탄수화물을 어떻게 먹느냐가 더 중요한 문제라는 것이다.

⊙ 유제품에 관한 문제도 마찬가지이다. '유지방이 많으니까, 유당이 많으니까 먹지 않는 것이 좋다'가 아니라 우리 몸에 하나도 도움이 안 되는 튀김음식, 과자, 페이스트, 유탕면류(라면) 등을 줄이고 그 대신 우유를 먹는 것이 유리하다는 것이다.

⊙ 단기간에 이루는 다이어트는 요요현상을 초래하고 장기간에 걸치는 다이어트는 영양결핍을 가져온다. 따라서 체지방을 조절하고 항비만 효과가 있는 것으로 밝혀진 우유는 다이어트에 없어서는 안 될 필수식품이다.

현대인의 무분별한 체중조절은

세계적인 영양문제로 대두

비만과 저체중 문제는 현대인들의 양극화된 영양문제를 자명하게 보여주고 있다. 특히 사춘기에 있는 10대들이나 성인여성들의 경우 날씬한 몸매에 대한 욕구가 지나쳐 무분별한 다이어트를 실시하고 이로 인한 부작용 등으로 병원을 찾게 되는 경우가 늘고 있다. 이러한 체중조절의 실패는 서구지역뿐만 아니라 아시아지역에까지 확대되어 전 세계적인 영양문제로 대두되고 있다. 한국인을 비롯한 아시아인들은 서구인들에 비해 아직까지도 비만도가 낮은 것으로 보고되고 있지만 그 양상이 조금 다르게 나타나고 또한 비만으로 인해 발병되는 합병증의 유병률은 서구인 못지않은 것으로 보고되고 있다. 많은 학자들은 연구자료들을 근거로 아시아인들은 서구인들에 비해 비만도의 증가에 따라 '질병위험상승경향'이 더 민감하게 나타난다고 주장하고 있다. 이러한 연구결과들을 근거로 아시아인들의 비만진단기준은 서구인들에 비하여 낮은 수치를 적용하고 있다.

2005년, 3차 국민건강영양조사의 건강검진에 대한 심층연구보고서에 따르면 전체 분석대상자를 정상군과 비만군으로 나누어 영양소 섭취량의 평균값을 비교하였을 때, 비만군 중 남자의 열량 섭취량은 정상군과 비교하여 높았으나 탄수화물: 단백질: 지방의 열량 비에는 유의한 차이가 없었다. 여자는 두 군 간에 에너지 섭취량에서는 차이가 없었으나 비만군의 탄수화물 열량 비는 높은 반면, 지방 열량 비는 오히려 낮았다.

비만 중 복부비만은 대사증후군과 더욱 밀접한 관련성을 가지고 있고 특히 합병증으로 심혈관질환을 병발하고 있어 문제가 되고 있다. 국민건강영양조사에 따르면 정상군에 비해 비만군이나 복부비만군이 총콜레스테롤, 중성지방, 공복 시 혈당 등의 대사이상 수치가 유의하게 높았고 HDL-콜레스테롤 값은 유의하게 낮은 것으로 나타났다.

복부비만 유병률은 남녀의 차이가 확연히 들어나는 데 남자의 경우는 50~60대까지 복부비만의 유병률이 증가하다가 이후 감소하는 것을 볼 수 있으나 여자의 경우는 40대에서 50대로 넘어가면서 복부비만의 유병률이 급격히 증가하여 폐경으로 인한 호르몬의 변화가 원인으로 추정되고 있다. 따라서 20대까지는 남성 복부비만 환자가 많지만 30대 이후는 여성 복부비만 환자의 수가 더 많은 것으로 보고되었다. 복부비만군의 영양소 섭취량의 평균값을 비교하면 남자에서 정상군에 비하여 복부비만군이 평균 열량섭취량과 탄수화물:단백질:지방의 섭취열량비율에 유의한 차이가 없었으나 여성의 경우는 정상군의 열량섭취량과 지방의 열량비가 더 높은 것으로 조사되었다.

체지방의 함량에 따라 판정되는 비만

에너지 섭취량과 소모량이 균형을 이루지 못하면 체내에 여분의 에너지가 축척되거나 저체중의 결과를 초래한다. 그러나 비만이라 함은 체지방량이 정상인과 비교하여 많아져 있는 상태를 말하며 근육이 많은 경우와는 구분된다. 인체의 지방은 생리적 기능을 유지하기 위한 필수지방Essential Fat과 여분으로 저장되는 저장지방Storage Fat으로 나뉜다. 즉, 지방은 인체를 구성하고 보호하는 조직이기

(그림 1) 인체의 구성 (출처 : Gallagher D. 등 Healthy percentage body-fat ranges. an approach for developing guidelines based on body mass index, Am.J.Clin Nutr.72 : 694, 2000)

때문에 없어서는 안 되는 필수조직이지만 필요이상으로 생성되면 열량원으로 저장되게 된다. 여성의 체지방이 남성에 비해 많으며 필수지방량은 남자 3%, 여자 12% 정도이고 적정한 수준의 저장지방량은 남자 5~21%, 여자 9~23%이다.

체지방량을 측정하는 방법

비만판정에는 체지방량이 측정되어야 하는데 인체의 체지방량을 측정하는 방법은 여러 가지가 있다. 그 중 가장 정확한 체지방측정은 수중밀도법인데 체지방이 많아질수록 몸의 비중이 감소한다는 원리에 입각한 방법으로 커다란 수통에 인체를 잠기게 하여 무게를 측정하고 수통의 밖에서 잰 체중을 대비로 비중을 산출한다. 그러나 규모가 큰 시설이 필요하고 비용도 많이 들며 측정하는 사람들을 번거롭고 힘들게 한다는 단점이 있어 주로 실험용으로만 사용되고 있다.

다행히 요즘엔 생체의 전기저항을 이용한 인체성분분석기를 사용하여 인체의 체지방량과 무지방량을 측정한다. 인체의 지방조직은 전기가 잘 통하지 않아 저항이 크고 나머지 수분이 많이 포함되어있는 부분은 전기가 잘 통하기 때문에 저항이 적게 발생한다는 원리를 이용하여 인체성분분석기를 제작하여 이를 측정하고 있다. 그러나 이 분석기가 고가이고 이동이 어려워 원활한 사용이 가능하지 않다는 단점이 있어 적정체중을 판정하는 다른 방법들을 사용하고 있다.

가장 간편하게 이용할 수 있다는 장점을 지니고 있어 보편적으로 사용되고 있는 지표는 체격지수를 활용하는 방법이다. 체격지수로는 체질량지수와 허리-엉덩이 둘레비를 기준으로 두고 측정하는 방법인데 두 가지 모두 나름대로 의의를 가지고 있다.

체질량지수Body Mass Index ; BMI는 체중(kg)을 m 단위로 환산한 키의 제곱으로 나눈 값이다. 체질량지수의 정상범위는 18.5~22.9이며 이보다 적을 때를 저체중, 23.0~24.9를 과체중(비만의 전 단계), 25.0이상을 비만으로 판정한다. 한국인은 서구인들에 비해 신체 전반의 체지방이 적은 편이며 체지방이 조금만 많아져도 질병위험률이 증가하기 때문에 한국비만학회에서는 아시아인의 비만기준인 체질량지수 25.0을 비만 하한치로 잡고 있으나 서구인들을 위한 진단기준은 체질량지수 30.0이다.

(표 1) 한국과 국제 비만진단기준

비만도	한국인 기준(한국비만학회)	국제기준(WHO)
정상	18.5-22.9	18.5-24.9
과체중	23.0-24.9	25.0-29.9
경도비만	25.0-29.9	30.0-34.9
중등도 비만	30.0-34.9	35.0-39.9
고도비만	35.0이상	40.0이상

두 번째로 언급된 체격지수는 허리-엉덩이 둘레비로써 허리의 가장 가는 부분과 엉덩이에서 가장 많이 튀어 나온 부분의 둘레를 재서 측정한다. 이 지수는 체지방량을 측정한다기보다는 체지방의 분포를 더 잘 설명해 주는 방법이다. 허리-엉덩이 둘레비는 복부비만의 진단지표로 활용할 수 있으며 남자는 0.95, 여자는 0.85이상이면 복부비만으로 판정한다. 또한 허리둘레는 남자 90cm, 여자 85cm를 기준하여 이 수치의 이상이 되면 위험한 것으로 판정한다.

최근 대사증후군과 관련하여 허리-엉덩이 둘레비보다 허리둘레의 크기가 더 복부비만과 관련성이 깊다고 하여 허리둘레를 보다 중요하게 생각하는 경향도 있다. 또한 나라마다 허리둘레의 위험수준을 다르게 정하고 있는데 일본의 경우는 허리둘레 진단기준이 남자에 비해 여자가 더 높다. 우리나라의 국민건강영양조사에서도 대사증후군에 속하는 성인 여성들의 경우 대사증후군 위험요인들 중 이상 수준에 속하는 비율이 가장 높은 요인이 허리둘레였다. 따라서 허리둘레는 현대인들에게 있어 철저히 조절해야하는 체격지수가 되고 있다.

(그림 2) 복부비만

식습관이 만들어낸 비만

무엇을 얼마나 먹느냐가 중요한 것이 아니라 무엇을 어떻게 먹느냐가 관건

인체의 지방세포에 저장되는 에너지원은 트리글리세리드이며 이 지방은 당질을 많이 섭취하거나 알코올의 과다한 섭취, 지방의 과잉섭취 등으로 다량 생성된다. 섭취한 탄수화물은 일단 세포의 에너지원으로 사용된다. 에너지원으로 사용되고 남은 탄수화물의 일부는 글리코겐의 형태로 간이나 근육에 저장되며 나머지는 모두 지방으로 전환되어 체 지방조직에 축적된다.

우리의 몸에는 트리글리세리드를 채울 수 있는 수많은 지방세포들이 존재한다. 지방세포는 태생기부터 이유기까지 가장 많이 분화되어 체내에 남게 되며 그 이후 사춘기까지 분화속도는 점차 감소하여 성인이 되면 그 수가 일정해 진다. 이유기 전후에 너무 많이 먹게 되면 이 때 지방세포의 수가 한없이 늘어나 성인이 되어 체지방으로 채워질 수 있는 지방조직의 공간이 상당히 늘어나게 된다. 이 공간은 언제든지 지방을 채우기 위해 준비되어 있으며 사람이 에너지원을 너무 많이 섭취하여 여분의 지방이 많아지면 이 공간으로 들어가 속을 꽉꽉 채우게 되며 살이 찌는 현상으로 나타난다. 이유기 때 지방세포수가 많아져있는 사람이 성인이 되어 열량섭취량이 늘어나게 되었을 때 증가하는 지방조직량은 거의 한도가 없을 정도라고 생각하면 된다. 따라서 이유기 때 너무 많은 열량의 섭취는 성인기의 과도한 비만을 막기 위해서라도 잘 대처해야하는 문제이다.

그러나 성장기의 열량섭취량은 신체의 크기와 성장속도, 활동량, 기타 생리적 요구량에 따라 적절한 수준으로 유지되어야 한다. 너무 적게 섭취하게 되면 적절한 성장이 일어나지 않거나 면역력이 떨어져 병원균에 쉽게 감염되거나 하여 오히려 삶의 질이 더 떨어지는 결과를 낳는다. 건강과 활력을 유지하기 위해서도 적절한 열량섭취는 이루어져야한다.

문제는 어떻게 잘 먹느냐하는 것이다. 무턱대고 '유제품은 지방이 많고 열량이 많은 편이므로 날씬한 몸매를 유지하기 위해 먹어서는 안 된다' 는 생각은 한 가지만 생각하고 다른 것은 생각하지 못하는 매우 편협한 생각이다. 비만을 일으키는 보다 주요한 요인이 지방인지 탄수화물인지는 사람들의 식습관에 따라 다르다. 서양에서는 지방이 더 주요한 요인일수도 있지만 우리나라와 같이 지방섭취량이 아직도 많지 않고 오히려 탄수화물 섭취량이 많은 국민들에게는 탄수화물의 섭취량이 더 영향력 있는 비만요인이 될 수도 있는 것이다.

서구인들이 탄수화물로부터 섭취하는 열량비는 50%정도이지만 우리나라 국민의 식단에서는 탄수화물식품이 가장 많은 양을 차지하고 있으며 섭취열량의 60~65%에 이른다. 식품가공 산업이 발달하지 않았던 시대에는 우리의 식사 내 탄수화물의 열량비가 70% 이상으로 더 높았다. 그 때는 그래도 당뇨도 많지 않았고 비만도 적었다. 탄수화물의 섭취비가 감소한 요즘 들어 비만과 당뇨병 발병률이 증가하고 있는 이유는 탄수화물급원의 상당량이 단맛을 갖는 단당류 혹은 이당류들로 구성되어있기 때문이다. 단맛을 갖는 탄수화물식품의 섭취는 혈당을 급격하게 올려 인슐린을 많이 분비하게 만들고 이로 인하여 비만하게 되는 경우가 많으며 이러한 상황이 지속되면 당뇨병이 발병하게 된다. 식품회사에서 만들어 파는 식품들이 국민들의 입맛을 변화시키면서 더 달게, 더 짭짤하게 먹도록 유도하고 자연의 맛에 대해서는 점차 둔감해 지게 만들어 온 것이다. 반면, 단맛을 갖지 않는 탄수화물을 우리는 '다당류' 라 부르는데 곡류, 채소류, 서류(감자나 고구마와 같은), 두류 등에 함유되어 있는 탄수화물로 분자량이 커서 소화되는 데 시간이 걸리며 따라서 흡수되는 속도가 늦어 혈당을 급격히 올리지 않기 때문에 인슐린 요구도가 높지 않다. 또한 이러한 식품 중에는 식이섬유와 미량의 영양소들이 많아 성인병에 유리하다. 다당류를 주로 먹었던 이전시대에는 성인병의 발병률이 오히려 적었고 단당류 섭취량이 늘면서 성인병은 증가하고 있는 것이다. 따라서 우리가 특정영양소를 어느 정도 먹느냐보다는 어떤 영양소를 어떻게 먹느냐가 더 중요한 문제가 된다.

유제품에 관한 문제도 마찬가지이다. '유지방이 많으니까, 유당이 많으니까 먹지 않는 것이 좋다' 가 아니라 우리 몸에 하나도 도움이 안 되는 튀김음식, 과자, 페이스트, 유탕면류(라면) 등을 줄이고 그 대신 우유를 먹는 것이 유리하다는 것이다. 우유에는 유지방과 유당도 들어 있지만 이런 음식들에 비하면 극히 적은 양이고 오히려 그보다 현대인에게 부족하기 쉬운 비타민 D와 칼슘 등 더 없이 귀중한 영양소가 풍부하기 때문이다.

04 인슐린저항성과 비만 그리고 우유

인슐린저항성이란?

인슐린은 췌장에서 분비되는 저장성호르몬으로 에너지의 축척을 유도한다. 인체에 저장될 수 있는 에너지원은 탄수화물과 지방이며 정상적인 신체에서 단백질이나 아미노산이 에너지원으로 사용되는 양은 극히 적다. 세포의 에너지원으로 사용되고 남은 탄수화물은 간이나 근육에 글리코겐으로 저장되었다가 혈당이 저하되거나 운동으로 인하여 세포의 포도당 요구도가 높아지면 유리되어 세포의 에너지원으로 사용된다. 간의 글리코겐은 주로 혈당을 유지하는데 사용되고 근육의 글리코겐은 운동에 대비하여 저장되는 에너지원이다. 그러나 이 양들은 극히 제한되어있기 때문에 에너지섭취량이 많을 경우 간과 근육에 저장되고도 남는 탄수화물은 지방으로 전환되어 지방세포 속을 채우게 된다.

동화호르몬인 인슐린은 세포에서 포도당이 산화되어 에너지를 발생하는데도 일조하지만 여분의 탄수화물을 전환하여 지방조직의 양을 늘릴 때도 큰 역할을 한다. 인슐린은 지방조직에 대해서는 분해를 억제하고 합성을 유도하는 역할을 한다. 또한 단백질을 합성하는 데 도움을 주어 근육을 만들고 성장기에 신체조직의 증량을 유도한다. 이와 같이 인슐린은 탄수화물, 지방, 단백질의 3대 열량영양소에 모두 영향을 미치는 에너지조절 호르몬이다.

인슐린의 분비가 정상이거나 정상 이상인데도 불구하고 세포 내로 포도당 유입이 제대로 이루어지지 않는 상태를 '인슐린저항성' Insulin Resistance ; IR이 증가하였다고 한다. 인슐린저항성이 높으면 세포 내로 들어가지 못한 포도당이 혈액에 체류하여 혈당을 높게 유지시키고 이로 인해 췌장세포는 계속 인슐린을 분비하도록 자극받는다. 따라서 인슐린의 혈중 농도가 높게 마련인데 이 경우 체지방이 축척되고 혈액에 지방이 체류하여 이상지질혈증이 유발되며 신체의 단백질의 합성은 억제되고 분해되어 혈중 아미노산 농도가 증가한다. 정상적인 신체는 아미노산을 에너지로 사용하지 않으나 고혈당인 경우에는 아미노산도 에너지로 사용되며 단백질합성은 오히려 저하되어 상처가 생겨도 회복이 잘 안되고 근력이 약해지고 노화가 촉진된다. 또한 인슐린은 염분과 수분을 동시에 저장하려는 성질을 가지고 있어 혈중에 인슐린 농도가 높게 유지되면 체액량(혈액량)이 늘면서 혈압이 올라가게 된다. 비만환자들은 지방조직이 증가하는 만큼 혈관의 길이가 늘어나며 이에 따라 심장에서 펌핑하여 내보내는 혈액량 또한 늘어나야 하기 때문에 심장의 수축 시 동맥에서 받는 압력은 더욱 상승하게 된다. 즉, 혈압이 올라가게 된다는 뜻이다.

인슐린저항성이 생기는 주요 원인은 복부비만과 운동부족, 열량의 과잉섭취 등으로 보고 있다. 그러나 인슐린저항성(제2형 당뇨의 대표적인 증상)과 비만의 인과관계는 뚜렷하지 않다. 단지 두 질환이 밀접한 관련성을 가지고 있다는 사실만 받아들여지고 있을 뿐이다.

우유섭취와 인슐린저항성을 두고 대립된 찬반론

최근 들어 비만이나 당뇨환자가 아닌 정상인에게서도 '특정 식품이 인슐린저항성을 유발할 수 있는지 혹은 인슐린저항성을 낮출 수 있는지' 하는 연구가 활기를 띄고 있다. 인슐린서항싱은 체지방의 축적을 유발하고 비만의 가장 심각한 위험요인이기 때문이다.

식생활이 바람직하지 못한 방향으로 발전하면서 건강에 대한 불안감이 커지고 최근의 보건의료계의 이슈가 되고 있는 대사증후군이 인슐린저항성과 밀접한 관련성을 가지고 있음이 알려지면서 식품에 대한 관심도 크게 증가하였다. 우유 역시 세인의 관심의 대상이 되고 있는 식품 중 하나로 과연 인슐린저항성을 유발하는 식품인가를 다각적으로 연구하고 있는 상황이다. 특히 우유는 아주 어린나이부터 지속적으로 섭취하는 식품이기 때문에 만일 우유가 인슐린저항성의 원인이 되고 그 효과가 누적되어 나타날 수 있다면 장차 대사증후군 유병률을 증가시킬 수 있는 상당히 비중 있는 요인이 될 수 있기 때문이다.

과연 우유의 섭취가 인슐린저항성을 증가시켜 대사증후군으로 이환하고 있는 것인가?

결론부터 이야기 하자면 일부 연구에서는 우유 속의 지방과 단백질들이 인슐린저항성을 증가시키기 때문에 섭취해서는 안 된다는 반대론과 우유는 현대인에게 부족하기 쉬운 영양소들이 함유되어 있고 많은 생리활성 물질들이 들어 있어 이로 인해 오히려 인슐린저항성의 증가를 상쇄할 수 있다는 찬성론이 대립되어 있는 실정이다. 따라서 이 문제는 아직 명확하게 해결되지는 않은 논제로 남아 있다할 수 있다.

반대 : 우유나 유제품 섭취가 계속되면 당뇨병 위험률이 높다

반대론에 속하는 연구들을 살펴보면 어린나이에 유제품의 섭취가 많은 개체에서 인슐린저항성이 높아져 제2형 당뇨의 발병가능성이 높다고 주장하고 있다.(1-3) 또한 성인을 대상으로 진행한 일부 연구결과 역시 우유나 유제품의 부정적인 면에 대해 기술하고 있다.(4,5) 이들의 주장에 따르면 우유나 유제품을 섭취한 사람들의 식후 혈당은 높지 않지만 인슐린 수치는 상당히 높게 측정돼 오히려 혈당지수가 높은 흰 빵 보다도 인슐린 수치가 더 높은 현상을 보인다는 것이다.(6) 따라서 이들은 우유나 유제품 섭취가 계속되면 당뇨병 위험률이 증가할 것이라는 견해를 피력하고 있다.

또한 이들에 따르면 우유섭취는 인체에서 인슐린 분비를 증가시키고 유사인슐린생장인자(IGF-I)의 혈중 농도를 높인다고 한다. 이 두 가지 물질의 분비는 우유의 주요 단백질인 카세인과 유청단백질과 관련이 있는데 카세인의 경우 IGF-1의 분비를 유도하지만 인슐린 분비에는 영향을 주지 않고 유청단백질은 인슐린의 분비를 유도하지만 유사인슐린생장인자에 대한 영향은 거의 없다고 이들은 말하고 있다. 따라서 이 두 가지 요소 모두 우유의 주요한 단백질이라는 사실을 놓고 볼 때 결국 우유의 섭취는 대사증후군의 발병을 증가시킬 수 있다는 결론을 내릴 수 있게 된다고 주장하고 있다.(7)

그러나 소에서 분비되는 모든 생장인자들은 초유에서 다량 분비되나 그 이후의 젖에서는 급격히 감소하며 소의 젖 분비를 위하여 성장호르몬을 투여한 소의 젖이 아니라면 우리가 일상적으로 마시는 우유에는 그 양이 극히 적어 인체를 대상으로 실험한 경우 위에서 언급한 것과 같은 문제는 일어나지 않을 것으로 보고 있다.

찬성 : 우유속의 많은 인자들이 오히려 인슐린저항성의 증가를 상쇄한다.

우유에 대한 부정적인 연구결과보다 우유가 최종적으로는 체지방을 증가시키지 않으며 대사증후군의 위험을 오히려 감소시킨다는 연구결과들이 훨씬 많이 보고되어 있다.

우유 속의 많은 인자들에 의해 위에서 언급한 인슐린저항성의 증가를 상쇄할 수 있다는 것이다. 중재연구나 국민건강영양조사와 같은 대규모의 조사연구에 따르면 우유를 단독으로 섭취하게 한 후 바로 측정하였을 경우에는 인슐린 분비를 증가시키지만 오랜 기간 동안 우유를 섭취한 대상자들의 인슐린저항성이 증가되었다는 결과는 거의 찾아보기 힘들다는 것이다. 최종적인 결과를 보면 체중이 줄고 혈압이 감소하여 오히려 우유를 많이 섭취한 사람들의 경우 대사증후군의 유병률이 낮은 결과들을 많이 보이고 있다는 것이다.

실제로 우유 속의 중쇄지방산은 인슐린민감성을 증가시키고 유청단백질, 아미노산, 칼슘, 기타 무기질 등은 체중과 체지방조절에 긍정적인 영향을 주고 있으며 유당, 시트르산, 펩타이드 등은 칼슘의 생체이용률을 증가시켜 체지방감소에 효과가 있는 것으로 보고되고 있다.(8) 또한 많은 연구들은 유제품을 통한 적량의 칼슘섭취가 체지방을 조절하고 에너지의 균형을 유지하게 한다고 결론짓고 있다.

만일 유제품섭취가 인슐린저항성을 증가시켜 당뇨와 비만을 유발하는 주요 요인이라면 우유 및 유제품섭취가 많은 나라의 국민은 유제품섭취가 상대적으로 적은 나라의 국민에 비해 당뇨와 비만 유병률이 훨씬 높아야할 것이다.

그러나 이러한 역학 조사결과들은 거의 없다. 식품의 수급이 원활하고 경제적으로 여유가 있는 나라에서는 우유를 많이 섭취하던 안하던 대사증후군이 증가하고 있는 추세는 거의 같다. 한국이나 아시아인들의 우유섭취량은 서구인들에 비해 훨씬 적지만 당뇨 유병률은 더 빨리 증가하고 있으며 당뇨병 환자의 수도 적지 않다. 따라서 적어도 아시아에서는 당뇨발병의 원인을 우유로 보기 어렵다는 것이다.

한편, 어린 시기는 사람이나 동물이나 성장에 필요한 동화작용이 빠르게 일어나기 때문에 이시기에 동화호르몬이 적절하게 작용하지 않으면 신체의 성장이 정상적으로 일어나지 않는다는 것은 어느 누구도 부정할 수 없는 사실이다.

따라서 이시기에 뼈와 근육을 키우고 면역력을 키워가며 체내 에너지 저장력을 늘려 성장기에 대비해야 하는데 특히 우유 속에는 이에 대비한 여러 종류의 생장인자들이 많이 함유되어있다는 것이다. 이러한 긍정적인 연구는 지금도 활발히 진행되고 있다.

사람을 대상으로 이러한 연구들을 수행하기는 쉽지 않고 많은 연구들의 접근방법이 서로 다르기 때문에 비교가 가능한 경우도 있고 그렇지 않은 경우도 있다. 또한 사람을 대상으로 하는 연구는 간섭요인들이 많아 최종결과를 설명함에 있어 상당한 주의를 기울이지 않으면 잘못된 해석을 내리게 되고 이후 그것이 다른 연구들에 의하여 잘못된 결론이라는 지적을 당하게 되는 경우가 발생하게 된다. 따라서 식품의 소비가 건강에 미치는 영향에 대해 이야기할 경우에는 명확한 인과관계가 성립될 수 있는 결과인지를 확실히 따져 보아야 할 것이다.

05 다이어트와 우유

다이어트는 어렵고도 고된 행보다.

비만은 인체에 유입된 열량에 비해 소모하는 열량이 적은 경우 초래되는 현상이기 때문에 체중조절을 위해서는 열량 섭취를 줄이거나 소모를 늘려야 한다.

현대인들은 노동시간이 줄고 여가시간이 늘어나면서 운동을 따로 하지 않는 경우 몸의 움직임이 상당히 적어지는 특징을 가지고 있다. 여가시간 동안 TV 시청이나 컴퓨터 게임 등 움직임을 요하지 않는 활동에 시간을 많이 할애하고 있으며 그러는 동안 간식이나 야식의 빈도를 늘리고 있다. 또한 먹거리의 내용도 보다 기름지고 당분과 염분의 섭취가 증가되어 식욕조절이 어렵게 되면서 비만에 대한 우려는 높아지고 있으며 이에 따라 세계적으로 다이어트 열풍은 이미 오래전부터 시작되었다. 그러나 먹거리를 변화시키지 않는 한 다이어트 후에는 대부분 요요현상을 겪게 된다.

이러한 사회현상에 발맞춰 식품회사들은 앞 다투어 다이어트식품과 보조제들을 출시하고 있으며 학계에서도 항비만 소재 쪽에 꽤 많은 자금과 인프라를 쏟아붓고 있다. 그러나 그 노력만큼 확실한 감량소재나 식품, 보조제들은 찾아보기 어려우며 이러한 보조제들을 사용한다고 해도 운동이나 식사요법을 함께 실행하지 않으면 효과가 지속되기는 어렵다는 것이 사실이다.

일반인들도 다이어트의 원리는 잘 이해하고 있지만 먹고 싶은 것을 먹지 않고 그 스트레스를 이겨내야 하는 상황은 상당히 어렵고도 고된 행보이다. 따라서 사람들은 다이어트를 감행하더라도 성공에 도달하는 사례가 많지 않으며 특히 사회생활을 계속해야 하는 경우는 많은 외부의 방해요인으로 인해 다이어트의 성공률은 더욱 낮다.

원 푸드 다이어트 (One Food Diet)

여러 가지 음식을 먹어 가면서 다이어트를 수행하는 것이 번거롭고 귀찮은 사람들에게 간혹 원 푸드 다이어트를 권하기도 한다. 한 가지 음식 혹은 두어 종의 식품만을 먹으면서 체중을 조절하는 방법인데 수행하는 사람 측에서는 더 없이 편하고 간단한 방법이지만 나름대로 부작용이 많은 방법이다.

세간에 떠도는 원 푸드 다이어트에는 '사과 다이어트', '물 다이어트', '수박 다이어트', '김치 다이어트', '포도 다이어트', '감자 다이어트', '바나나 다이어트', '파인애플 다이어트', '옥수수 다이어트', '토마토 다이어트', '계란 다이어트', '고구마 다이어트', '두부 다이어트', '미역 다이어트', '청국장 다이어트', '묵 곤약 다이어트', '덴마크 다이어트', '프랑스 다이어트', '황제 다이어트' 등 그 종류만도 수십 가지이지만 여기서 그치지 않고 계속 늘어날 것으로 보인다. 그러나 사람의 몸은 한 가지 식품이나 몇 가지 영양소로 구성되어 있는 것이 아니기 때문에 한가지의 식품만으로 인체의 구성에 필요한 모든 영양소를 생합성해 내지 못한다. 또한 미량영양소의 저장량은 극히 적으며 다이어트로 인한 대사의 변화는 영양소의 저장고에도 영향을 미칠 수 있으므로 따라서 이러한 다이어트는 오랜 기간 지속할 수 있는 다이어트가 아님에도 불구하고 권하는 측에서는 상당기간을 권유하고 있어 부작용이 우려되는 방법 중 하나다.

실제로 1972년 '황제다이어트'를 제창하였던 미국의 의사 Robert Atkins 박사는 거대한 체구를 유지하면서 사망직전까지 심혈관질환에 시달렸다. 황제다이어트는 탄수화물을 섭취하지 않고 단백질만 섭취할 경우 체지방의 감량에 효과적일 것이라는 이론 하에 제창된 다이어트방법으로 2주간 표준체중 1Kg당 1.5g의 육류 · 생선 · 계란 등 단백질을 섭취하되 밥 · 국수 · 빵 등 탄수화물은 전혀 섭취하지 않는다. 식사는 하루에 3번 하는데 매 끼니 마다 원하는 만큼 먹을 수 있다. 이때 채소는 충분하게 먹는다. 그러나 장기간 실시하게 되면 뇌에 심각한 문제를 일으킬 수 있으며 심한 경우에는 케토시스Ketosis : 케톤혈증 까지 유발하는 것으로 알려져 있다. 또한 일단 체중이 감소하기는 하지만 단백질 대사과정에서 생긴 질소노폐물 때문에 신장에 무리가 올 수 있으며 다량의 동물성지방과 콜레스테롤을 함께 섭취하게 되어 이상지질혈증,동맥경화증 등을 가속화한다. 이와 같이 원푸드 다이어트의 부작용은 심각한 수준으로까지 진전될 수 있다.

우유를 이용한 저 열량 다이어트

항간에는 또 다른 원푸드 다이어트로 '우유 다이어트'가 소개되고 있다.

1200~1500Kcal의 저 열량 식사를 하면서 하루에 1~2컵 정도의 우유를 마시는 방법인데 우유의 열량은 총 열량을 벗어나지 않아야 한다. 경우에 따라 약 800~900Kcal을 일반 식사로 채우고 나머지를 유제품으로(우유라면 하루에 3~4컵 정도) 섭취하기도 한다.

우유의 칼슘이 체지방감소효과가 있어 다른 식품 대신 우유를 섭취하면 다이어트 효과를 얻을 수 있다는 이론이다. 엄밀히 따지면 이 다이어트는 원푸드 다이어트는 아니며 오히려 우유의 체중감량 효과를 이용한 저 열량 다이어트로 볼 수 있다.

우유 다이어트

- 아침엔 생수 한 잔에 우유 한 잔을 마시고, 현미밥 반 공기와 채소반찬 한 가지와 생선 한 토막 정도를 먹는다.
- 점심은 원하는 대로 먹되 절대 과식은 피한다.
- 저녁 전에 우유 한 잔을 마시고 현미밥 반 공기와 채소, 해조류, 버섯류, 콩류 등을 반찬으로 배고프지 않을 정도만 먹는다.
- 취침은 저녁 후 3~4 시간 안에 이루어지도록 하고 야식을 먹지 않는다.
- 달콤한 음식, 지방이 많은 튀김음식 등은 절대 피하는 것이 중요하다.
- 중정도의 강도를 갖는 운동을 주 3~4회 이상 하도록 한다.

서구사람들은 하루 우유를 2~3잔 섭취하는 것이 보통이기 때문에 우유 1~2잔을 포함하여 하루 1,200~1,500Kcal을 섭취하는 다이어트 방법은 상당히 매력적으로 다가 올 수 있다. 그러나 저 열량식은 장기간 이어질 때 부작용이 우려되기 때문에 보다 균형 잡힌 식사구성이 필요하고 따라서 계획된 식단에 따라 몸의 상태를 지속적으로 모니터링 해 가면서 수행하는 것이 바람직하다.

우유속의 칼슘, 펩타이드, 지방산 등이 체지방을 조절한다.

우유의 섭취가 혹은 유제품의 섭취가 체지방 축척에 어떠한 영향을 미칠 것인지는 우유섭취를 권장하는 영양학계나 유제품을 생산하는 식품업계나 날씬한 몸매를 원하는 여성들이나 근육단백질을 키우고자 하는 남성들이나 모든 사람들의 관심 있는 주제였기 때문에 상당히 오래 전부터 지금까지도 학술연구의 주제가 되어 왔다.

평소에 유제품섭취가 많지 않던 중년의 비만남녀를 대상으로 대조군과 우유군으로 나누어 우유군에는 6개월간 유제품을 3~4인분씩 섭취하게 하고 대조군은 일상 식습관을 유지하게 하였을 때 체성분의 변화가 있었는지를 살펴본 연구[9]가 있었다. 연구내용을 살펴보면 전체를 대상으로 하였을 때 체성분의 차이는 보이지 않았고 오히려 콜레스테롤이 약간 증가하였는데 상대적으로 저 칼슘 식사를 했던 사람들에게서는 우유섭취로 인하여 허리둘레와 복부둘레가 유의하게 감소된 결과가 나타나 우유제품의 섭취가 체성분 변화를 유도할 수 있다는 가능성을 보여 주었다.

지금까지 축척된 연구결과들을 종합해 보면 우유는 항비만 효과나 대사증후군을 개선시킬 수 있는 여지를 많이 가지고 있다. 물론 이런 종류의 실험연구는 완벽한 계획자체가 어렵고 계획이 되었다 하더라도 수행 상 어려움이 많아 완벽한 근거로 활용될 수 있는 결과를 얻기도 힘들다. 사람을 대상으로 특히 식이요인들을 포함하는 여러 가지 요인들을 통제하면서 잘 계획된 실험연구를 진행하는 것은 실험 대상자들의 상당한 인내와 노력이 필요하기 때문이다. 또한 사람을 대상으로 하는 실험연구의 결과는 초기에 예상되었던 것과 다른 결과가 나올 경우 이에 따른 해석이 난해하다는 어려움도 안고 있다. 그럼에도 불구하고 많은 연구들은 우유 속의 칼슘이나 펩타이드, 지방산 등이 체지방조절을 할 수 있다는 결과를 보고하고 있다.

우유 속에는 많은 항비만 인자들이 함유되어 있다.

우유속의 칼슘이 체지방감소에 효과가 있다는 연구보고는 상당히 많다.

연구자들은 우유의 체지방억제 효과가 오로지 칼슘섭취 덕분인지를 검증하기 위해 우유나 유제품 섭취군과 칼슘보충제만 투여한 군을 설정하여 비교실험 하였다. 결과는 우유가 항비만 효과를 보이는 이유는 칼슘 외의 성분에 있을 수 있다는 것이었다.

▶ 대표적인 유청단백질은 그 자체로서도 그것이 함유하고 있는 펩타이드들의 영향으로 또는 소화효소에 의해 분해되어 나오는 아미노산들에 의해 혹은, 이들의 혼합효과로 말미암아 포만감을 유도하여 식욕을 억제하는 효과가 있는 것으로 보고되고 있다.(10)

▶ 우유가 가지고 있는 지방산들의 프로파일은 육류의 것과는 사뭇 다른데 그 중 탄소수가 6~10개 정도인 중쇄지방산Medium Chain Fatty Acid ; MCFA은 인슐린 민감성을 증가시키고 식욕을 억제하거나 직접적으로 지방합성에 사용되지 않는다는 점에서 항비만 효과가 있을 것으로 보고되고 있다.

또한 칼슘급원에 관한 실험연구에 따르면 식품으로 섭취하는 칼슘과 보충제로 공급하는 칼슘은 그 효과 면에서 다른 결과가 나타났는데 우유나 유제품 등으로부터 섭취하였을 경우가 더 이로운 효과를 보여주었다고 하였다.(11)

▶ 그 외에 우유 속의 기능성 성분으로 공액리놀레산Conjugated Linoleic Acid ; CLA의 항비만 효과는 많이 회자되고 있다. 공액리놀레산은 반추동물인 소나 양의 고기와 우유나 치즈와 같은 유제품 등에 들어 있는 불포화지방으로 동물실험을 통해 체지방을 녹이는 것으로 확인되었으며 일부연구(12)에서는 인체에서도 같은 효과가 있는 것으로 나타났다. 공액리놀레산이 체지방을 억제하는 기전으로는 에너지대사 기전의 변화, 지방산 산화, 세포사멸apoptosis, 지방분해, 세포분열, 지방합성 등이 있으며 이러한 여러 기전에 영향을 미치는 것으로 보고되고 있다. 동물의 경우 인슐린민감성을 증가시키고 당내응성을 개선시킨다는 연구결과(13)와 짝풀림단백질Uncoupling Proteins ; UCPs의 합성 증가, 지방분해효소의 합성 억제로 지방세포의 수와 크기를 감소시키고 전지방세포의 사멸을 유도하여 근육에서 카르니틴아실트랜스퍼레이즈 Ⅰ와 Ⅱ Carnitine Acyltransferase I and II ; CAT I and II의 활성증가로 인한 지방분해와 산화촉진 등에 대한 역할(14)도 보고되었다. 인슐린의 민감성이 증가하면 더 많은 지방산과 당이 근육의 세포로 들어가 에너지원으로 사용되기 때문에 체지방조직의 성분으로 사용되지 않아 항비만 효과를 보인다는 이론이다.

이러한 연구결과가 인체에서도 유효한가를 검증하기 위한 많은 연구들이 진행되었고 연구결과 또한 상반된 것들이 보고되다가 최근의 연구대부분에서는 공액리놀레산의 종류에 따라 항비만 효능이 보이는 것으로 최종결론을 내리고 있다.

최근 오하이오 주립대학 연구팀은 제2형 당뇨병을 앓는 35명의 평균연령 60세의 여성들을 대상으로 실시한 연구에서 4개월에 걸친 공액리놀레산을 함유한 보충제가 여성들의 체질량지수와 체내 총 지방량을 모두 줄여 주었다고 미국 임상

영양학회지에 보고하였다.(15)

또한 미국 위스콘신의 한 연구(16)에 따르면 이전에 실시된 18개의 연구결과를 메타 분석한 결과 하루 3.2g의 공액리놀레산 섭취가 체지방감소에 효과적인 것으로 확인됐다. 이 분석결과에 의하면 대조군에 비해 공액리놀레산을 섭취한 사람들의 경우 주 당 90g의 체내 지방이 더 감소하여 12주간 총 1.1kg의 체지방감소효과를 보인 것으로 나타났다.

그러나 이러한 공액리놀레산의 효과는 섭취를 중단할 경우 서서히 감소하여 원상태로 돌아오게 되는데 최근 우리나라의 연구진은 유산균인 락토바실러스의 한 종이 인체의 장에서 공액리놀레산을 생성하여 체지방을 억제할 수 있다는 사실을 밝혀내 특허출원 중이다. 즉, 유산균을 섭취하면 장에서 공액리놀레산이 만들어져 체지방 축적을 억제할 수 있다는 것이다.

그러나 다른 연구들에서는 체지방은 감소시키나 인슐린저항성을 유도하고 혈중 렙틴수치를 낮추어 지방간을 유도할 수도 있다는 부작용도 보고되고 있기 때문에(17) 공액리놀레산의 인체에 대한 확정적인 효과와 안전성에 대해서는 아직 더 많은 연구결과들을 필요로 하고 있다

다이어트에 없어서는 안 될 우유

체중의 감량은 열량섭취량을 줄이거나 에너지소모량을 늘림으로써 성공할 수 있다. 두 가지를 동시에 실천할 수 있다면 배고픔에 시달리지 않고 근육도 키우면서 활력 또한 찾을 수 있어 성공적인 다이어트가 될 수 있지만 대부분 먹는 것을 줄이면서 운동까지 하려면 상당한 의지를 갖고 실천해야 한다.

다이어트 시 섭취열량은 대략 평소에 먹던 것에 비하여 500Kcal 내외를 줄이게 되는데 운동을 할 경우는 300Kcal 정도를 적게 섭취하도록 하면 효과를 볼

수 있다. 따라서 여성의 경우 1,300~1,500Kcal, 남성의 경우 1,500~1,700Kcal 정도만 유지해주면 꾸준하게 체중을 감량할 수 있다.

영양학적으로 가장 안전한 체중감량수준은 1주에 0.5kg으로 장기간에 걸쳐 다이어트를 시행하면 꾸준한 감량효과를 볼 수 있다. 1주에 0.5kg이라면 한 달에 2kg으로 다이어트 효과를 빠르게 보려는 사람으로서는 감질 나는 결과라고 생각할 수 있지만 이 수준은 영양적인 측면에서 바라볼 때 가장 안전한 감량수준이다. 공복감으로 스트레스를 받거나 먹는 것에 대한 집착이 생기지 않는 한도 내에서 조금씩 포만감을 빨리 느끼고 자연스럽게 먹는 양을 줄이는 과정은 다이어트를 성공적으로 이끌 수 있는 방법이다.

그러나 이러한 바람직한 방법으로 다이어트를 수행할 때도 문제는 있다. 특히 장기간 다이어트를 지속할 때 문제는 더욱 심각해진다. 한국영양학회에서 권장하는 성인 여자의 1일 영양권장섭취량은 2,000Kcal 내외이며 남성은 2,200Kcal 내외이다. 이 양은 음식만 골고루 섭취하면 어지간한 영양소는 대부분 충족을 시키게 되는 양이다. 사람은 먹는 양이 많아지면 많은 영양소를 골고루 섭취하게 되어있다. 그러나 열량 섭취량이 500Kcal 이상 줄게 되면 여러 가지의 필수영양소들이 적게 섭취되어 장기간에 걸쳐 다이어트를 하는 경우는 모니터링하여 보충하지 않으면 영양결핍 증세에 들어갈 수 있다.

필자가 연구실에서 성인여성들을 대상으로 조사한 바에 의하면 1일 섭취 열량이 1,400Kcal 정도에 불과할 경우 탄수화물, 단백질, 지방 등의 열량영양소는 최소 필요량 보다는 많이 섭취하게 되어 별 무리가 없지만 칼슘은 심각하게 부족하고 그 외에 식이섬유, 비타민 A, 비타민 B_1, B_2 등의 미량영양소들이 부족해지는 것을 볼 수 있었다. 따라서 다이어트의 기간이 길어지고 열량제한이 심할수록 양질의 식품으로 섭취할 필요가 있으며 우유는 양질의 단백질, 칼슘과 비타민 D, 단일불포화지방산 등을 충분히 흡수되기 쉬운 형태로 함유하고 있기 때문에 다이어트를 할수록 섭취해야할 식품이라고 할 수 있다.

다이어트를 심하게 행할 경우는 배변에 문제가 생겨 변비를 호소하는 경우가 있으며 피부의 건조와 노화가 진행될 수 있다. 지방의 분해산물들은 장을 자극하고 변통을 원활하게 하여 변비를 예방해 줄 수 있으며 피부 건강을 지켜주는 지용성 비타민들은 지방과 함께 섭취해야만 흡수가 잘된다.

위에서 언급한 우유 다이어트는 이러한 점들을 보완하고 다이어트의 폐해를 개선할 수 있는 방법이라 볼 수 있다.

결론적으로 한국인의 식습관 상 우유의 섭취가 비만을 유도하는 주요한 식이요인이라 볼 결론적으로 한국인의 식습관 상 우유의 섭취가 비만을 유도결론적으로 한국인의 식습관 상 우유의 섭취가 비만을 유도하는주요한 식이요인이라 볼 수는 없다. 오히려 다이어트를 행하는 경우와 같이 식품의 섭취량이 줄어드는 경우에는 필수영양소들의 섭취가 부족하여 영양실조에 들어갈 수 있기 때문에 필수영양소들을 다량 함유하고 있는 우유의 섭취가 권장된다고 할 수 있다. 만일 우유의 열량이 그래도 문제가 될 수 있다면 일부는 저지방우유를 섭취함으로써 어느 정도 해결할 수 있다. 따라서 위에서 언급한대로 우유섭취를 줄이려 하지 말고 단당류와 기름에 튀긴 음식들, 지나치게 가공된 식품들을 피해감으로써 건강한 체중의 유지를 이루려는 노력이 더욱 바람직하다.

우유 한잔의 과학

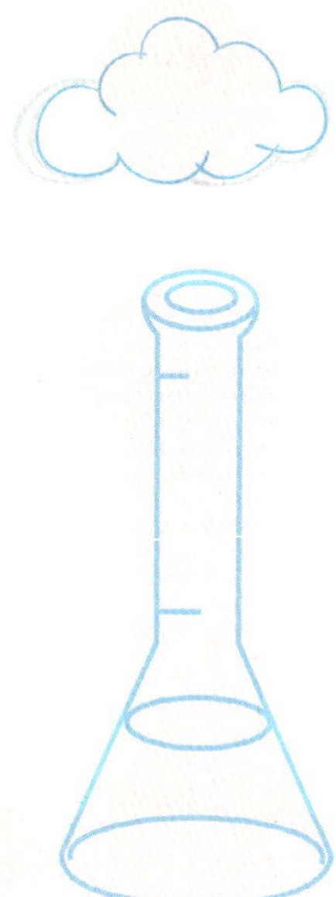

06.

김거유

| 유화학 |

현 강원대학교 동물식품응용과학과 교수

주요약력 오하이오 주립대학 방문교수

저 서 최신유가공학(유한문화사)

축산물의 과학(유한문화사)

제10장

우유, 심혈관질환을 유발할 수 있는 많은 식이요인중 하나에 불과하다

- 유지방은 산화가 어렵고 영양학적으로도 우수한 지방산으로 구성되어 있다
- 유지방을 구성하고 있는 지방산과 심혈관질환과의 관계
- 심혈관질환이 없는 건강한 삶을 위한 제언

◉ 우유와 비교하여 식물성지방과 모유에 많이 들어 있는 다불포화지방산은 산화되기가 쉽고 산화되어 생기는 과산화지질이 동맥경화 및 노화를 촉진시키는 것으로 알려져 있다. 반면 우유지방에 많은 단일불포화지방산인 올레산(n-9 계열)은 산화되기가 어렵고 혈액 안의 콜레스테롤을 감소시키는 작용을 하고 있으며 위액의 분비를 촉진하는 효과가 있는 것으로 알려져 있다.

◉ 혈중 콜레스테롤의 수치를 좌우하는 것은 식품속의 콜레스테롤 함량보다는 지방의 양과 균형이라고 할 수 있다. 우유의 유청단백질에는 콜레스테롤 합성을 저해하는 기능이 있기 때문에 우유섭취를 통한 콜레스테롤의 증가에 대해서는 그렇게 염려하지 않아도 된다.

◉ 관상동맥질환 발병이나 혈중 콜레스테롤 함량에 '좋은 식품' '나쁜 식품' 은 어디에도 없다. 개인이 좋아하는 우유, 아이스크림과 같이 좋아하는 식품을 먹더라도 적당한 양을 섭취하고 가공식품의 섭취를 줄이는 등 절제된 범위 내에서 주요 식품그룹을 통해 다양한 식품을 소비한다면 건강하게 장수 할 수 있다.

유지방은 산화가 어렵고 영양학적으로도 우수한 지방산으로 구성되어 있다

우유 및 유제품이 심혈관계통의 질환에 미치는 영향은 유지방을 구성하고 있는 개별 지방산의 함량과 그들 지방산의 영양학적 특성과 깊은 관련이 있다고 할 수 있다. 따라서 먼저 우유 속에 함유되어 있는 유지방의 특성과 유지방을 구성하고 있는 각각의 지방산에 대한 영양학적 특성을 살펴보고 그 위에서 심혈관질환과의 관련성을 살펴보아야 한다.

유지방은 물과 다른 지방과도 잘 혼합될 수 있는 성질을 지니고 있다

물과 기름은 서로 섞이지 못하는 물질의 전형적인 예라고 할 수 있다. 그러나 우유에 함유된 지방은 수분이 전체의 약 87%를 차지하고 있는 우유속에서 대부분 직경이 평균 1㎛의 미세한 지방구 형태로 분산되어 있다. 유지방이 이렇듯 미세한 지방구의 형태로 우유 내에 잘 분산되어 있을 수 있는 비밀은 지방구의 표면을 둘러싸고 있는 막에 있다. 유지방을 둘러싸고 있는 유지방구막의 표면은 물과 잘 혼합되고 막의 안쪽은 지방과 잘 혼합될 수 있는 특수한 성질을 가지고 있다.

또한 지방구의 표면에는 인지질, 콜레스테롤, 지용성 비타민 등이 존재하고 단백질을 주성분으로 하는 막으로 둘러싸여 있는데 이 막이 지방구끼리 뭉치지 않도록 작용한다. 수분 중에 이러한 작은 지방구가 유 현탁액 형태로 분산되어 있기 때문에 우유는 독특한 맛을 내고 입에서 부드러운 느낌을 갖게 되며 다른 지방보다도 소화가 잘 되는 특징을 지니고 있다. 이러한 이유로 우유가 어린이부터 고령자, 병 치료중인 사람에게도 안심하고 음용할 수 있는 영양원으로써의 가치를 가지고 있다.

유지방은 글리세린과 지방산이 에스테르 상으로 결합되어 있는 글리세라이드 Glyceride로 구성되어있다. 천연의 지방 대부분은 세 개의 지방산이 결합되어 있는 트리글리세라이드Triglyceride : 중성지방가 일반적인 구조이며 유지방은 98%가 트리글리세라이드로 구성되어 있다.

유지방은 매우 독특한 지방산으로 조성되어 있다

지방을 구성하는 지방산은 20종류 이상이 있으며 지방산의 종류와 함량에 의해 그 지방의 성질이 결정된다.

지방산은 포화지방산Saturated fatty acids; SFA: 이중결합 없음, 단일불포화지방산 Monounsaturated fatty acids; MUFA: 하나의 이중결합 함유 또는 다가불포화지방산 Polyunsaturated fatty acids ; PUFA : 2개 이상의 이중결합으로 분류되며 다가불포화지방산의 경우 더 세분화하면 첫번째 이중 결합의 위치에 따라 오메가6(ω6) 와 오메가3(ω3) 지방산으로 나눌수있다. 또한 지방산은 사슬길이에 따라 단쇄지방산 (탄소수 6개 이하), 중쇄지방산(탄소수 6~12개), 장쇄지방산(탄소수 12개 이상)으로 분류된다.

유지방은 약 62%의 포화지방산과 30% 정도의 단일불포화지방산, 4% 정도의 다가불포화지방산을 함유하고 있으며 나머지 4%는 그 이외 다른 형태의 지질로 되어 있는 매우 독특한 지방산 조성을 나타내고 있다.

(표 1) 유지방의 지방산 조성

지방산	총 지방산 중 함량(%)	융점 ℃	탄소수	성상
포화지방산				
뷰틸산	3.0 - 4.5	-7.9	4	실온에서 액체
카프로산	1.3 - 2.2	-1.5	6	
카프릴산	0.8 - 2.5	+16.5	8	
카프르산	1.8 - 3.8	+31.4	10	실온에서 고체
라우르산	2.0 - 5.0	+43.6	12	
미리스트산	7.0 - 11.0	+53.8	14	
팔미트산	25.0 - 29.0	+62.6	16	
스테아르산	7.0 - 3.0	+69.3	18	
불포화지방산				
올레산	30.0 - 40.0	+14.0	18	실온에서 액체
리놀레산	2.0 - 3.0	-5.0	18	
리놀렌산	최대 1.0	-5.0	18	
아라키돈산	최대 1.0	-49.5	20	

(Dairy Processing Handbook, Tetra Pak processing systems,1995)

유지방과 식물유의 지방산 조성의 특징을 간단히 비교해보면 유지방은 산화되기 쉬운 정도의 기준이 되는 불포화지방산의 비율이 낮고 콩기름이나 식물유보다 산화되기 어려운 구조를 지니고 있다. 전체 지방산에 대한 불포화지방산의 비율은 우유의 경우 33%, 모유 60.8%, 콩기름은 86% 이다.

불포화지방산은 산소가 없으면 산화되기가 어렵다. 따라서 ppm으로 표시될 정도로 우유에 포함되어 있는 산소의 양은 미량이고 더군다나 유지방이 지방구막 물질로 피복되어 있기 때문에 산소와 직접 접촉할 기회조차 극히 제한적이어서 다른 지방과 달리 산화의 걱정은 매우 낮다.

우유와 비교하여 식물유와 모유에 많이 들어있는 다가불포화지방산은 산화되기 쉽고 산화되어 생기는 과산화지질이 동맥경화 및 노화를 촉진시키는 것으로 알려져 있다. 반면 우유지방에 많은 단일불포화지방산인 올레산(n-9계열)은 산화되기가 어렵고 혈액안의 콜레스테롤을 감소시키는 작용을 하고 있으며 위액의 분비를 촉진하는 효과가 있는 것으로 알려져 있다.

우유에 함유되어있는 포화지방산에는 뷰틸산 등의 단쇄지방산이 많이 함유되어있다. 그러나 단쇄지방산은 에너지원으로 대사되기 때문에 몸에 지방으로 축적되기는 어렵다. 따라서 우유의 지방산은 포화지방산이 많다고는 하나 다가불포화지방산의 함량이 낮기 때문에 지방의 산화에 대한 염려가 크지 않다고 하겠다.

또한 포화지방산의 구성도 소화흡수가 어려운 장쇄포화지방산보다 위나 소장점막에서 직접 소화흡수 되는 뷰틸산과 같은 단쇄지방산이 주로 많기 때문에 영양학적으로도 매우 우수하게 이루어져 있다.

유지방을
구성하고 있는 지방산과 심혈관질환과의 관계

심장의 관상동맥질환 Coronary Heart Disease ; CHD 은 심혈관질환 중에서 가장 일반적이며 생명에 치명적인 영향을 미치는 심각한 형태의 질환으로 선진국에서는 사망의 주요한 원인이 되고 있다. 미국에서는 1950년대 이후 관상동맥질환에 의한 사망이 놀라울 정도로 감소하고 있음에도 불구하고 관상동맥질환은 여전히 다른 어떤 질병보다도 사망률이 높은 질병으로 간주되고 있다. 미국에서는 1994년에 심장관련 질병으로 48만 7천명이나 사망하였으며 1998년에 의학적 치료비, 생산성 감소 등에 의한 손실이 9천5백억달러에 달하는 것으로 알려져 있다.

우리나라도 최근 식생활의 변화 및 생활양식의 변화로 심혈관질환이 증가하고 있고 이러한 원인으로 인해 사망자가 날로 증가하고 있는 추세이다. 따라서 경제적 손실뿐만 아니라 관상동맥질환에 의한 높은 사망과 사망률을 고려하면 관상동맥질환의 위험을 미리 관리하고 방지하는 것이 주요한 공중위생의 목표라고 할 수 있다.

관상동맥질환의 발병 원인

심혈관질환의 발병에는 유전적인 요인과 환경적인 요인을 포함한 매우 다양한 요인들이 관여하고 있다.

그러나 관상동맥질환의 발병에 있어서 가장 중요한 위험요소 세 가지는 흡연, 고혈압, 그리고 혈액 내 콜레스테롤의 높은 함량 특히 LDL콜레스테롤의

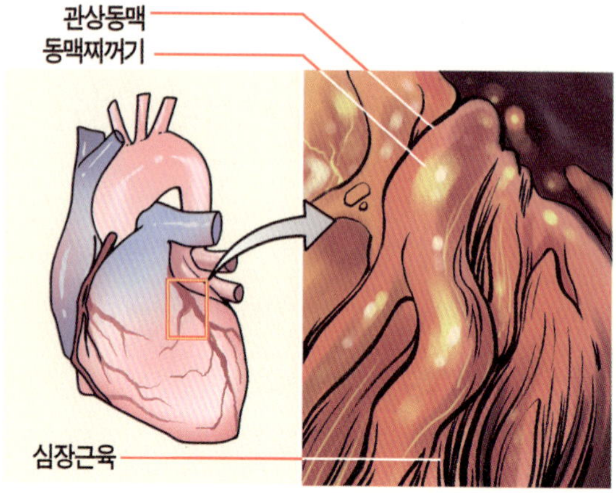

(그림 1) 심장질환을 앓고 있는 환자의 관상동맥에 쌓인 찌꺼기 – 동맥경화 유발

수치라고 할 수 있다. 그 외 위험요인으로는 당뇨, 운동부족, 낮은 HDL수치, 이상지질혈증(고지혈증), 비만 등을 들 수 있다. 노화와 관상동맥질환에 대한 가족력의 빠른 발현 등은 변하지 않는 요인들이다.

관상동맥질환이 가지고 있는 다양한 발병요인들 중 특히 대부분의 국가건강관련기관이나 연구자들이 주요 원인으로 간주하고 있는 것은 여전히 높은 혈중 콜레스테롤 함량이다.

혈액 속에 콜레스테롤 및 중성지질의 함량이 높아지면 혈액이 끈적끈적해지고 이상지질혈증을 일으키는데 이상지질혈증은 동맥경화의 원인이 되고 있으며 아울러 여러 가지 질병을 일으킨다. 그러나 부족하게 되면 세포막과 혈관이 약해져 오히려 뇌출혈 발생이 쉽게 이루어지며 신경장애를 일으키기도 한다.

콜레스테롤의 상승은 지질의 과잉 섭취가 원인으로 알려져 있으며 중성지방 Triglyceride 은 알콜 및 설탕의 과잉섭취가 문제가 된다.

일반적으로 바람직한 총 혈중 콜레스테롤 함량은 200mg/dL 로 200~239mg/dL 은 위험수치의 경계에 있으며 240mg/dL 은 고콜레스테롤혈증이라고 한다. 높은 수치의 혈중 콜레스테롤과 관상동맥질환발병의 위험성과는 긴밀한 상관관계가 있다는 것이 집중적인 역학조사, 실험실 결과, 임상실험 결과 등을 통해 밝혀진 사실이다.

또한 최근에는 혈액속의 지질과 단백질 덩어리인 지단백질Lipoprotein이 관상동맥질환의 위험성과도 관련이 있는 것으로 밝혀졌다. 지단백질은 밀도를 기준으로 하여 지질성분과 아포리포프로틴Apolipoprotein에 따라 유미지립Chylomicron, 초저밀도지단백질Very Low Density Lipoproteins ; VLDL, 저밀도지단백질Low Density Lipoprotein ; LDL, 고밀도지단백질High Density Lipoprotein ; HDL 등 네 가지 그룹으로 분류된다. 주요 콜레스테롤을 운반하는 지단백질인 LDL콜레스테롤의 수치가 높으면 관상동맥질환 발병위험도도 증가되며 반대로 낮은 함량의 HDL콜레스테롤도 관상동맥질환의 발병위험도를 증가시키는 주요 원인 가운데 하나이다. 따라서 관상동맥질환의 위험을 줄이기 위해서는 LDL수치를 낮추고 HDL수치를 증가시키는 것이 무엇보다 중요하다.

일반적인 지질 테스트로는 관상동맥질환의 위험도를 정확히 예견하기 어렵다. 그러나 어찌되었든 혈액 중 높은 중성지방 수치는 변하지 않는 확실한 관상동맥질환의 위험요인이라고 하겠다. 일부 연구결과에서는 높은 수치의 혈중 콜레스테롤 함량을 가지고 있는 사람이라도 LDL콜리스테롤의 수치를 낮추고 HDL콜레스테롤의 수치를 높이면 관상동맥질환의 위험성이 감소된다고 발표했다.

무엇보다도 혈중 콜레스테롤 함량과 지단백질 함량에 유전적인 요인이 주요한 역할을 하지만 식품도 상당히 영향을 미친다고 할 수 있다. 지금까지 이루어진 모든 식품의 관상동맥질환발병 위험성에 관한 연구에서 지방섭취가 가장 큰 주목을 받고 있다. 지난 40년간 집중적으로 이루어진 연구결과는 식품속의 지방함량과 지방종류가 혈중 콜레스테롤의 함량에 영향을 미친다는 것이다. 미국식품의약국 FDA에서는 어떤 식품에 표시된 식품속의 지질, 특히 지방과 콜레스테롤 함량과 관상동맥질환의 발병사이에는 관련성이 있 다는 주장을 인정하고 있다. 다시 말해 다양한 식품들이 심혈관질환에 영향을 미치지만 낮은 함량의 포화지방산과 콜레스테롤의 섭취는 심혈관질환을 오히려 감소시킬 수 있다는 주장을 새롭게 인정하고 있는 것이다.

현행의 지방과 콜레스테롤 섭취를 위한 식이지침에서는 지방과 콜레스테롤 함량이 낮은 식품을 권장하고 있다. 유제품의 경우엔 저지방 유제품이 주로 권장된다. 일반적으로 유제품의 지방과 콜레스테롤 함량이 혈중 콜레스테롤 수치를 증가시킬 것으로 쉽게 생각할 수 있다.

그러나 현재까지 총 섭취하는 식품 가운데 적당한 양의 지방을 제거하지 않은 유제품의 섭취가 관상동맥질환의 위험성을 증가시킨다고 하는 분명하고 확실한 증거는 아직까지 없다.

우유와 유제품의 섭취는 콜레스테롤 증가에 영향을 주지 않는다

콜레스테롤은 체내에 과잉으로 존재하게 되면 동맥경화를 일으키지만 콜레스테롤은 세포막의 원료가 되며 뇌의 신경세포에도 다량으로 사용되고 부신피질호르몬 및 담즙산의 원료가 되는 등 생명을 유지하기 위해서 없어서는 안 되는 물질이다. 또한 콜레스테롤은 식사를 통해서 섭취되고 그 2배 이상의 양이 체내에서 합성되는 만큼 몸에 필요한 성분이다.

이상지질혈증의 경우 식사로부터 섭취되는 콜레스테롤의 양을 하루에 300mg 이하로 억제하는 것이 바람직하다고 알려져 있으나 건강한 성인의 경우 그다지 과민하게 생각할 필요는 없다. 혈중 콜레스테롤의 수치를 좌우하는 것은 식품속의 콜레스테롤의 함량보다는 지방의 양과 균형이라고 할 수 있기 때문이다. 또한 우유의 유청단백질에는 콜레스테롤의 합성을 저해하는 기능이 있기 때문에 우유 섭취를 통한 콜레스테롤의 증가에 대해서는 그렇게 염려하지 않아도 된다.

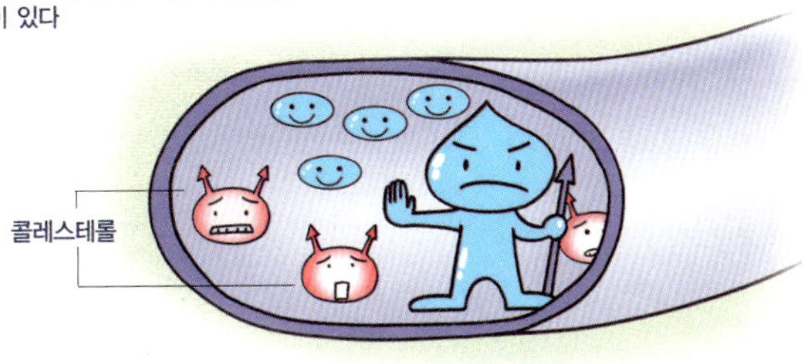

(그림 2) 유청단백질의 콜레스테롤 합성저해효과

일반적으로 사람의 체내에는 약 100~120g 정도의 콜레스테롤이 저장되어 있으며 성인의 경우 하루에 1~2g 정도의 양이 대사과정에서 필요하다. 그러나 모든 양을 음식을 통해서 공급할 필요는 없다. 그 이유는 많은 양이 체내에서 합성되기 때문이다. 일반적으로 보통음식을 통해서 공급해줘야 하는 콜레스테롤의 양은 하루에 300~500mg 이라고 알려져 있다. 흔히 우유를 마시면 혈중 콜레스테롤이 높아진다고 생각하는 사람들이 있다. 그러나 우유 1컵(200mL)에 들어있는 콜레스테롤의 양은 25mg정도로 콜레스테롤의 섭취량을 하루 300mg이라고 할 경우 약 8%에 지나지 않는다. 또한 버터 100g 중 콜레스테롤 함량은 220mg 정도이며 실제로 토스트 2개(한 끼 식사 양)에 사용되는 버터의 양은 많아도 10g 정도에 그치고 여기에 함유되어 있는 콜레스테롤의 양은 약 22mg 정도이다.

따라서 일반적으로 섭취하는 우유의 양을 가지고 기준할 때 그 정도의 섭취가 혈중 안에 있는 콜레스테롤의 함량을 현저하게 증가시켜 건강에 나쁜 영향을 미친다고 보기는 어렵다.

일본에서 '우유섭취와 혈중 콜레스테롤 함량과의 관계'를 조사한 결과에 따르면 12주간 매일 400mL의 우유를 섭취했어도 체중의 증가나 콜레스테롤의 상승은 나타나지 않았다.(26)

또한 최근의 식품섭취와 관련한 미국 농무성USDA 자료에 따르면 유제품이 총지방과 콜레스테롤의 섭취에 미치는 영향은 비교적 미약한 것으로 보고되고 있다. 1994년, 미국에서 조사된 결과에서도 버터를 포함한 유제품의 섭취는 총 식이지방의 12%, 포화지방산의 24%, 콜레스테롤의 16%를 차지하고 있는 것으로 밝혀졌다.

이러한 결과는 우리가 일상적으로 음식을 먹으면서 섭취하는 총지방섭취량 중 지방과 기름을 통해 섭취되는 52%와 육류, 닭고기, 생선을 통해 섭취되는 25%와 비교해도 유제품을 통해 이루어지는 지방섭취의 비율이 훨씬 낮다는 것을 알 수 있다.

또한 미국의 경우 육류, 닭고기, 생선은 유제품과 비교하여 포화지방과 콜레스테롤 섭취의 기여도가 훨씬 높은 결과를 보여주고 있다.

특히 1989년부터 1991년까지 실시된 개인의 식품섭취에 관한 조사에서 버터섭취는 총지방섭취의 2.3%를 그리고 성인이 섭취하는 포화지방산의 4.1%를 차지하는 것으로 나와 있다. 2살에서 18살까지의 연령대에 관한 조사에서 버터는 총지방의 1.2%와 포화지방산 섭취의 2%를 차지하는 것으로 나타났다.(21)

동맥경화의 예방에는 육류나 유제품등에 함유되어 있는 동물성지방을 과다 섭취하지 않는 것이 좋다고 일반적으로 이야기 한다. 이것은 동물성지방에 많이 함유되어 있는 포화지방산이 혈액 안에 쌓이게 되면 간에서 콜레스테롤의 합성이 촉진되기 때문이다. 그러나 콜레스테롤도 건강을 유지하기위해서는 필요한 영양소로써 부족하게 되면 혈관이 약해지고 뇌출혈의 위험성이 높아져 신경장애가 발생될 수도 있다. 따라서 중요한 점은 포화지방산과 불포화지방산을 균형 있게 섭취하는 일이다.

우유의 지방은 68%가 포화지방산으로 구성되어 있는데 그 가운데 12%는 탄소수가 적은 단쇄지방산, 중쇄지방산으로 이루어져 있다. 이들 지방산은 장쇄지방산과는 대사과정이 상이하여 연소되기가 쉽고 중성지방 및 지방으로 체내에 축적되기 어려운 성질을 가지고 있기 때문에 우유의 지방은 육류의 지방보다 체내에 축적되기 어렵다는 의미가 된다.

콜레스테롤은 좋은 점과 나쁜 점을 동시에 가지고 있다. 따라서 콜레스테롤의 악영향에만 과민한 반응을 보이는 것은 편협된 생각이며 다른 식품과의 균형을 고려해 볼 때 우유는 콜레스테롤과 지질이 적당하게 함유된 영양학적으로 우수한 식품이라고 할 수 있다.

더욱이 우유 1컵 정도(200mL)에 함유되어 있는 지방은 7.8g정도이며 하루 3컵을 마신다고 해도 다른 식육에 비하여 그 양은 아주 적다.

우유 및 유제품의 영양성분과 심혈관질환과의 관계

유제품의 특정 영양성분, 예를 들면 지방, 지방산, 단백질 등과 같은 성분이 관상동맥질환위험도와 지단백질 함량, 그리고 혈액 내 지질 함량에 미치는 영향에 대해 살펴볼 필요가 있다.

식이 지방산의 종류별 영향

유지방을 구성하고 있는 각각의 지방산들이 심혈관질환에 미치는 영향은 지방산에 따라 서로 다르다. 즉 포화지방산과 불포화지방산이 심혈관질환에 미치는 영향이 다르고 n-3계열 지방산과 n-6계열 지방산 역시 다르게 작용하며 또한 이들 그룹 간에도 지방산의 종류에 따라 그 영향이 다르다. 때문에 식품 중에서도 일부 특정성분, 예를 들면 개별지방산이 혈액 내 지질함량에 미치는 다양한 연구결과들은 하나의 식품섭취에 관한 하나의 기준치를 제공해주는 것에 그친다.

따라서 우리가 반드시 주의해야 할 사항은 고농도의 각 지방산을 식품에 첨가하거나 섭취하였을 때 얻어진 각각의 결과들을 가지고 다양한 식품과 여러 종류의 식품성분이 혼합된 식사를 하는 경우에 적용시켜 어떠한 결론을 추론하는 것은 적절치 못하다는 것이다. 아울러 유지방구와 같이 식품 가운데 독특한 물리적인 형태를 가지고 있는 지방이 혈액 내 지방함량에 미치는 영향은 다를 수밖에 없다는 사실이다.

또한 현대인에게 많은 동맥경화, 심장질환, 알러지 등의 생활습관으로부터 생기는 병은 포화지방산과 리놀레산 등 n-6계열의 다가불포화지방산이 과잉으로 섭취되면서 발병하는 것으로 알려져 있다. 그러나 한편으로는 올레산등의 단일불포화지방산 및 다가불포화지방산 중에서도 n-3계열의 알파-리놀렌산 및 EPA[Eicosapentaenoic Acid], DHA[Docosahexaenoic Acid]가 n-6계열의 리놀레산의 과잉섭취로 일어날 수 있는 부정적인 작용을 상쇄시켜 준다.

따라서 건강관리를 위해서는 지방산을 균형 있게 섭취하는 것이 중요하다고 할 수 있는데 지방산섭취의 바람직한 비율은 포화지방산, 단일불포화지방산, 다가불포화지방산의 비율을 3 : 4 : 3 으로 n-6계열 지방산과 n-3지방산은 4: 1의 비율이 적당하다. 이와 같은 균형을 맞추기 위해서는 n-3계열 지방산 및 단일불포화지방산을 적극적으로 섭취하는 것이다.

n-3계열의 지방산은 등 푸른 생선과 들깨기름 등에 많이 함유되어 있는데 우유를 통하여 단일 불포화지방산이 많은 유지방을 보충해 주면 보다 균형 있는 영양 섭취 방법이 될 수 있다. 물론 지방은 칼로리가 높기 때문에 적당히 에너지 균형을 맞추면서 지방으로부터의 에너지 비율을 20~25%로 조절 할 필요는 있다.

일반적으로 영양섭취가 과잉인 사람들에게 권장되는 식사방법은 지방의 섭취를 줄이라는 것인데 특히 건강을 위해서는 콜레스테롤과 포화지방산 그리고 트랜스지방이 많이 함유된 음식을 가급적 피하라는 것이다. 이러한 권고지침은 포화지방산의 섭취가 심장쇼크와 심장발작 동맥관련 질병의 위험증가와 관련이 있다는 가정에 기초하고 있다.

식품산업분야에서는 오랜 기간 동안 이러한 위험성분을 식품에서 줄이고자 하는 노력을 기울여 오고 있으며 식품가공 산업 역시 지방의 감소 특히 포화지방산과 가공과정 중에 생산되는 트랜스지방의 함량을 줄이기 위해 많은 노력을 경주하고 있다.

1. 포화지방산 및 중성지방과 혈액 내 지질 함량과의 관계

일반적으로 우유는 1L에 약 33g의 지질을 함유하고 있는데 지질 가운데 95%를 차지하고 있는 것이 중성지방 Triacylglycerol 이며 중성지방을 구성하고 있는 지방산 가운데 약62%가 포화지방산으로 구성되어 있다.

지방산의 사슬 길이로 보면 단쇄와 중쇄지방산이 일반적으로 총지방산중량 중 10%를 차지하고 있으며 반면에 장쇄지방산은 총지방산중량 가운데 50% 가까이를 차지하고 있다.

유지방은 포화지방산의 비율이 높아 근본적으로 심혈관질환과 관상동맥질환에 관계가 있을 것이란 생각이 일반적이다. 또한 유지방의 섭취와 심혈관질환과의 관계에 대한 근본적인 원인을 포화지방산의 증가가 심혈관질환과 관계가 있는 혈중 콜레스테롤의 함량을 증가시키기 때문으로 생각하기 쉽다. 그러나 포화지방산중 개별지방산이 혈액 내 지질함량에 끼치는 영향은 각 지방산마다 상이하기 때문에 총포화지방산의 함량은 그리 중요하지 않다.

오랜 기간 동안의 여러 연구결과들에 따르면 식이지방의 종류 및 양은 혈중 콜레스테롤의 함량에 영향을 끼치고 포화지방과 총지방의 과다섭취는 어느 정도 LDL콜레스테롤의 함량에 영향을 미치는 것으로 밝혀져 있다.

포화지방산의 섭취는 혈중 총 LDL, HDL-콜레스테롤의 수치에 미치는 강력한 하나의 예측요인이라 할 수 있다. 포화지방산에 의해 에너지가 1% 증가할 때마다 혈액 내 콜레스테톨 함량은 2mg/dL 올라가며 이러한 포화지방산에 의한 총 콜레스테롤의 증가는 비록 HDL콜레스테롤의 증가에도 이유가 있지만 주로 LDL콜레스테롤의 증가에 원인이 있는 것으로 알려져 있다.

각각의 개별적인 포화지방산이 혈액 내 콜레스테롤 수치에 미치는 영향이 다르

다는 사실은 오래전부터 알려져 왔다. 팔미트산(C_{16}:0), 미리스트산 (C_{14}:0), 그리고 라우르산(C_{12}:0)의 경우는 LDL콜레스테롤 수치를 증가시키기는 하지만 HDL 수치에는 일관성 있는 결과를 보여주고 있지는 않다. 스테아르산(C_{18}:0)과 중쇄지방산은 LDL, 그리고 HDL콜레스테롤 수치에 미치는 영향은 미약하거나 전혀 영향을 끼치지 않는다.

최근 각 지방산에 관한 고찰에서 라우르산, 스테아르산 그리고 올레산과 비교하여 팔미트산이 고콜레스테롤증의 가장 큰 원인으로 밝혀졌다. 미리스트산이 포화지방산 가운데 고콜레스테롤증에 관련이 가장 큰 것으로 발표되기도 했으나 아직 더 많은 연구가 진행되어야 확실한 결론을 알 수 있다. 식품을 통한 미리스트산의 섭취는 팔미트산에 비해 상대적으로 낮은 점을 고려하면 미리스트산이 혈액 내 콜레스테롤의 함량증가에 관여할 가능성은 크지 않다고 할 수 있다.

스테아르산은 다른 장쇄 포화지방산인 팔미트산, 미리스트산, 라우르산들과 비교하여 조사한 결과 이러한 장쇄포화지방산을 스테아르산으로 대체하였을 경우 총지방과 LDL콜레스테롤 수치를 감소시키는 것으로 나타났다.

덴마크에서 건강한 젊은 남성을 대상으로 실시된 신진대사 연구에서는 식이에 높은 스테아르산(총에너지 섭취에서 15%)을 급여하였을 때 높은 함량의 팔미트산, 미리스트산 그리고 라우르산과 비교하여 혈액 내 지질의 함량에 긍정적인 영향을 미치는 것으로 나타났다. 단쇄, 중쇄 포화지방산은 문맥에서 바로 흡수되기 때문에 유미지립 형태로 혈액을 통하여 간까지 운반되지 않기 때문에 장쇄지방산과 달리 혈중 지질에 미치는 영향이 다르다고 할 수 있다. 한정된 실험결과이지만 혈중 지질에 대한 중쇄지방산의 영향은 작다고 할 수 있다.

유지방이 포화지방산의 주요한 공급원임에도 불구하고 유지방의 스테아르산과 단쇄, 중쇄지방산은 다른 포화지방산과 비교하여 혈중 콜레스테롤의 증가를 최소화한다. 젊은 남성을 대상으로 실시한 연구에서(30%의 총지방 중 9% 의 포화지방산 식이 급여) 유제품이 육류나 코코넛오일에 비해 혈중 콜레스테롤의 증가를 적게 시키는 것으로 나타났다.(4)

광범위한 역학조사와, 실험실 실험, 그리고 임상적인 발견 등으로 부터 얻은 결론은 혈액 내에 콜레스테롤의 높은 함량과 관상동맥질환의 발병위험 간에는 상관관계가 있다는 것이다. 혈액 내에서 주로 콜레스테롤의 운반에 관여하는 LDL 콜레스테롤의 높은 수치가 관상동맥질환 위험요인이라고 할 수 있다. 반면, 혈액 내 중성지방의 높은 함량이 독자적인 관상동맥질환의 위험요인인지 아닌지에 대해서는 논란의 여지가 있다.

중성지방 그 자체는 관상동맥질환의 발병위험과 관련이 있으나 다른 위험요인들과 함께 할 경우에는 중성지방의 위험도가 낮아지게 된다. 몇몇 연구결과를 보면 총콜레스테롤과 LDL콜레스테롤의 수치를 낮추고 HDL콜레스테롤의 함량을 높이면 적어도 이상지질혈증 환자들에게 있어 관상동맥질환의 위험을 감소시킬 수 있는 것으로 나타났다. 확실한 사실은 유전적인 요인이 혈액 내 콜레스테롤과 지단백질의 함량변화에 무엇보다도 주요하게 작용하지만 식품이 끼치는 영향도 매우 크다고 할 수 있다.

2. 불포화지방산과 혈액 내 지질함량과의 관계

단일불포화지방산 특히 올레산(C_{18}:1)은 식물성지방(올리브유)과 동물성지방(유지방속 지방산의 25~30%)에 많이 함유되어있다. 올리브유, 캐놀라유, 코코아버터, 쇠고기 등은 단일불포화지방산의 주요한 공급원이다. 단일불포화지방산은 혈중 콜레스테롤의 수치에 영향을 끼치지 않거나 끼친다 하더라도 그 영향력은 미약하다.

올레산으로 라우르산, 미리스트산 또는 포화지방산인 팔미트산을 대체하였을 경우 총콜레스테롤과 LDL콜레스테롤의 수치를 감소시키는 효과가 있다는 주장이 제기되었다[9]. 올레산이 HDL콜레스테롤의 수치에 끼치는 영향은 아직 불분명하다. 여러 가지 연구결과로 알 수 있는 것은 포화지방산 대신 다가불포화지방산이 풍부한 음식의 과다섭취로 인한 불균형만 없다면 단일불포화지방산과 다가불포화지방산이 혈중 지질과 지단백질에 끼치는 효과는 비슷한 것으로 나타나고 있다. 그러나 HDL콜레스테롤 수치를 유지하거나 증가시키기 위해서는 단일불포화지방산이 많은 식단이 다가불포화지방산이 많은 식단보다 더 유용하다고 할 수 있다. 그 이유는 단일불포화지방산이 많은 식단이 죽상동맥경화의 진행을 더디게 할 수 있기 때문이다.

다가불포화지방산은 크게 2가지로 분류할 수 있는데 생선기름에서 발견되는 n-3 계열의 지방산과 필수지방산인 리놀레산을 함유하고 있는 옥수수, 목화씨, 콩기름 같은 식물성기름에서 발견되는 n-6계열 지방산으로 구분된다.

많은 연구에서 포화지방산을 n-6계열의 다가불포화지방산으로 대체하면 LDL콜레스테롤 및 총지질의 함량을 낮추는 것으로 밝혀졌다. 또한 단일불포화지방산과 다가불포화지방산은 혈중 콜레스테롤의 감소효과가 동일한 것으로 나타났다. 인위적으로 제조된 식단 대신 자연식품식단을 이용했을 경우 리놀레산은 올레산보다 총지질의 함량을 낮추는데 큰 효과를 나타냈으나 HDL콜레스테롤의 함량감소에는 효과가 없었다.[10] 최근 '인간의 혈액 지방질에 대한 각각의 지방산들의 영향' 에 대한 연구에서 모든 지방산 중에서 다가불포화지방산이 가장 강력한 고콜레스테롤혈증 개선효과가 있는 것으로 나타났다.[9] 다가불포화지방산이 매번 1%씩 증가할 때마다 총 혈중 콜레스테롤 수치는 0.9mg/dL, LDL콜레스테롤은 0.5mg/dL 감소시키는 것으로 나타났다. 하지만 리놀레산이 풍부한 식단은 LDL콜레스테롤뿐만 아니라 마찬가지로 HDL콜레스테롤의 수치까지 줄이는 것으로 나타났다.

n-3지방산의 섭취는 혈중 중성지방의 수치를 줄이고 혈소판의 응집을 감소시

키며 LDL콜레스테롤과 HDL콜레스테롤의 수치도 증가시키나 총콜레스테롤함량에 미치는 영향은 크지 않은 것으로 알려져 있다. 하지만 식단에 들어있는 n-3계열 다가불포화지방산의 함량이 일반적으로 적기 때문에 혈중 지질에 미치는 영향 역시 상대적으로 낮다고 할 수 있다.

미국심장협회에서는 오메가3 지방산을 식사의 보조제로 섭취하는 것 보다 생선으로 오메가3를 섭취하도록 권장하고 있다.

3. 트랜스지방산과 혈액 내 지질 함량과의 관계

트랜스지방산의 화학적 정의는 '적어도 한개 이상의 이중결합이 트랜스형인 불포화지방산이다' 일반적으로 트랜스지방산은 시스형 단일불포화지방산의 이성체로서 액체 식물오일을 부분 경화시켜 마가린과 쇼트닝을 만들 때 생성된다.

트랜스지방산과 심혈관질환과의 관련성에 관한 연구는 주로 식물성기름을 부분 경화할 때 생성되는 트랜스지방인 일라이드산Elaidic Acid, 트랜스 18:3,n-3과의 관련성에 관한 내용들이었다.

트랜스지방산의 섭취가 증가하면 심혈관질환의 발병위험 또한 증가되는데 식물성 기름을 경화시키는 과정 중에 만들어진 트랜스지방산은 LDL콜레스테롤의 함량은 증가시키는 반면 HDL콜레스테롤의 함량은 감소시키고 중성지방과 지단백질 함량은 증가시킨다. 따라서 트랜스지방산은 LDL콜레스테롤의 함량을 증가시키면서 HDL콜레스테롤의 함량에는 영향을 주지 않는 포화지방산보다 심장질환에 대한 위해도가 10배 이상 더 높기 때문에 건강에 좋지 않은 지방산이다.

지금까지 이루어진 식물성기름에서 발생하는 트랜스지방산이 심혈관질환에 끼치는 영향에 관한 연구결과들을 살펴보면 트랜스지방산이 LDL콜레스테롤의 수치는 높이고 HDL콜레스테롤의 수치는 줄이는 것으로 나타났으며 중성지방의 함량을 증가시켜 혈중 지질에 부정적인 영향을 끼치는 것으로 밝혀졌다. 또한 염증의 활성화, 내피기능장애 등 지질대사와 관련이 없는 다른 대사에도 영향을 끼치는 것으로 알려져 있다.

세계보건기구에서는 트랜스지방의 섭취량을 하루 에너지의 1% 미만으로 권고하고 있다. 이것은 하루에 섭취하는 에너지를 2,000Kcal로 계산할 때 트랜스지방 2.2g에 해당된다. 그러나 다양한 가공식품의 섭취가 증가하고 있고 기름에 튀긴 식품의 섭취가 늘어나면서 트랜스지방의 섭취는 권고치를 쉽게 초과할 수 밖에 없다. 따라서 총칼로리의 1% 미만으로 트랜스지방을 섭취하기 위해서는 경화유를 사용한 식품의 섭취로 제한할 필요가 있다. 현재 각 나라에서는 함유량을 정해 법적으로 규제하고 있다.

유제품과 육제품에는 사료속의 리놀레산, 리놀렌산과 목초가 반추동물의 위내 미생물에 의해 소화되는 과정에서 수소첨가 반응이 일어나기 때문에 어느 정도의 트랜스지방산이 함유되어 있다. 유제품은 100g의 유지방 당 3g의 트랜스지방산이 들어있다. 반면 마가린에는 유제품의 10배나 더 함유되어 있다.

우유 및 유제품에 자연적으로 함유되어있는 트랜스지방산은 식물성기름을 인공적으로 경화시켜 가공할 때 생성되는 트랜스지방산인 일라이드산Elaidic Acid, 트랜스 18:3,n-E3과는 달리 사람의 건강에는 부정적인 영향을 끼치지 않는다.

반추동물에서 발생하는 트랜스지방산인 박센산Vaccenic Acid 은 경화유와는 달리 항암효과와 심혈관질환의 발병을 억제시키는 효과가 있는 것으로 밝혀져 있다. 그러나 반추동물에서 발생하는 트랜스지방산과 심혈관질환과의 관련성에 관한 연구는 그다지 많이 이루어지지 않아 확실한 결론을 내리기는 아직 시기상조다.

그럼에도 현재까지 진행된 결과들을 종합해보면 반추동물에서 발생한 트랜스지방산이 경화유에서 발생한 트랜스지방보다 심혈관질환에 해롭다는 과학적인 사실 또한 없다. 따라서 앞으로 반추동물에서 발생한 트랜스지방산의 건강증진

효과 및 심혈관질환에 대한 긍정적인 효과를 알기위해서는 과학적인 연구가 더 많이 이루어져야 할 필요성이 있다.

4. 공액리놀레산 및 스핑고지질과 혈액 내 지질 함량과의 관계

유제품에는 앞에서 거론한 지방산들 이외에도 다른 지방산이 존재하는데 공액리놀레산Conjugated Linoleic Acid 과 스핑고지질Sphingolipid 이 그것이다. 이들 지방산은 관상동맥질환의 위험으로부터 몸을 보호하는 것으로 알려져 있다.

공액리놀레산은 리놀레산에 존재하는 이중결합의 위치 및 형태가 다른 이성질체를 말한다. 자연계에 널리 존재하는 리놀레산은 C_9과 C_{12} 등 2개의 이중결합을 가지고 있으나 높은 온도나 반추동물의 위내에 존재하는 효소에 의해 여러 가지 형태가 만들어진다. 일반적으로 공액리놀레산 이성체는 대표적으로 시스-9, 트랜스-11과 트랜스-10, 시스-12를 포함한 8개 정도가 알려져 있다.

유지방의 공액리놀레산 함량은 지방 그램당 7.3~9.0mg 정도로 알려져 있으며 유지방내 공액리놀레산 함량은 사양조건 및 급여사료를 조절함으로써 그 함량을 증가 시킬 수 있다.

토끼에게 0.5g의 공액리놀레산을 사료에 첨가하여 하루에 한번 투여한 결과 혈중 지질과 LDL콜레스테롤이 감소하였으며 HDL콜레스테롤에 대한 LDL콜레스테롤의 비율과 중성지방에도 현저한 감소효과가 나타났다. 또한 공액리놀레산을 먹인 토끼의 대동맥에서 죽상동맥경화의 발생률이 낮게 발생하였다.(12)

햄스터를 이용한 실험에서 대조군은 공액리놀레산을 급여하지 않은 그룹, 칼로리의 0.06%의 공액리놀레산 급여구, 0.11% 급여구, 1.1% 급여구, 1.1%의 리놀레산을 급여한 그룹 등 5개로 나누어 11주간 사양실험을 한 결과 대조군에 비해 공액리놀레산을 급여한 햄스터는 혈중 콜레스테롤의 함량과 중성지방의 함량이 낮게 측정되었다. 또한 공액리놀레산을 투여한 햄스터의 경우 대동맥의 지방층 면

적을 측정한 결과 초기 죽상동맥경화증이 낮게 발생하는 것으로 나타났다.(18)

이러한 결과는 공액리놀레산이 죽상동맥경화를 일으키는 요인과 초기 죽상동맥경화에서 나타나는 지방층의 형성을 감소시키는 것으로 볼 수 있다.

스핑고지질은 우유와 유제품에서 발견되는 중요한 형태의 지방이다. 그동안 이루어진 스핑고지질에 대한 연구는 주로 잠재적인 항암효과와의 관련성에 관한 것들이었다. 하지만 관상동맥질환의 발병을 억제하는 스핑고지질의 잠재적인 역할에 관한 동물실험결과는 그리 많지 않다. 2대에 걸쳐 장기적으로 스핑고지질을 1% 먹인 쥐에서 총 지질과 콜레스테롤의 수치가 30% 까지 줄었다는 연구 보고가 있기는 하다.

공액리놀레산과 스핑고지질이 심혈관질환을 예방하는 효과가 있는가 하는 점에 대해서는 보다 많은 추가적인 연구가 필요하다고 하겠다.

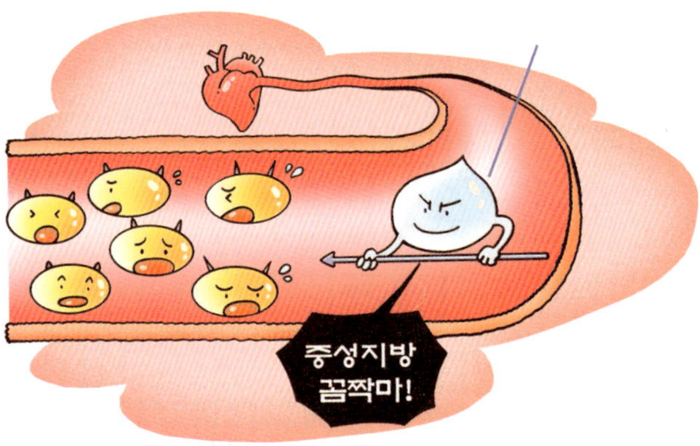

결론적으로 앞에서 거론한 각각의 지방산이 혈액 내 지질 함량에 미치는 영향에 대한 연구결과를 통해서 알 수 있는 사실은 우유에서 발견되는 많은 주요한 지방산들이 고콜레스테롤혈증에 영향을 미치지 않는다는 점이다.

따라서 우유 및 유제품에 함유되어 있는 지방산들의 심혈관질환에 대한 긍정적인 효과와 관련한 과학적인 증명은 앞으로도 좀 더 많은 연구를 통해 이루어져야 할 것으로 생각된다.

5. 이상지질혈증(고질혈증)

이상지질혈증은 비만, 당뇨병, 고혈압이 함께 있으면 동맥경화를 촉진하여 심근경색을 일으키는 이른바 죽음의 4중주를 협주하는 질환이라 할 수 있다. 이상지질혈증은 총콜레스테롤 수치가 높은 고콜레스테롤혈증, 중성지방이 높은 고트리글리세라이드혈증, LDL콜레스테롤 수치가 높은 고LDL콜레스테롤혈증으로 구분된다. 여기에 저HDL콜레스테롤혈증을 동반하면 보다 더 동맥경화의 위험인자가 높아진다고 할 수 있다.

최근 젊은 층에서도 이상지질혈증 환자가 증가하고 있다. 그 원인으로는 지질의 섭취량이 급속히 증가하고 외식이 많아지고 더불어 편식에 의한 영양의 불균형과 비만증가 등이 거론되고 있다. 운동부족 및 스트레스의 축적도 이상지질혈증을 증가시키는 원인이 되고 있다.

일반적으로 콜레스테롤의 상승은 지방의 과잉섭취가 원인이며 중성지방은 알콜 및 당분의 과다섭취가 중요한 요인이라 할 수 있다.

최근의 연구에서는 콜레스테롤 보다 중성지방이 동맥경화의 더 큰 요인으로 규정짓고 있다. 어린이나 젊은이들에게서 이상지질혈증이 증가하고 있는 것은 지질과 함께 당분이 많은 청량음료나 알코올성 음료의 과다한 섭취가 큰 원인이라고 할 수 있다.

우유는 혈류를 좋게 하는 기능이 있으며 지질대사를 촉진하는 비타민 B군도 풍부하기 때문에 동맥경화의 예방에 도움이 된다. 청량음료 대신에 우유를 마시는 것만으로도 이상지질혈증의 예방이 기대되기 때문에 요리에도 우유를 적극적으로 사용하는 것이 바람직하다. 또한 단것이 먹고 싶을 때는 우유를 이용하여 만든 디저트 음식을 섭취하는 것도 좋은 방법이 될 수 있다. 더불어 야채 및 해초, 곡물 등 식이섬유를 충분히 섭취하고 혈류를 좋게 하는 EPA 및 DHA를 풍부히 함유하고 있는 등 푸른 생선을 적극적으로 섭취할 수 있도록 하는 것이 바람직하다고 할 수 있다.

식이지방의 함량에 따른 영향

식이지방의 종류 외에도 지방의 양 또한 혈액지질과 지단백질의 함량에 영향을 준다고 밝혀져 있다. 연구에 의하면 총지방의 섭취를 에너지의 37%에서 30%로 줄이고 포화지방산, 단일불포화지방산, 다가불포화지방산도 동일한 비율로 줄이면 혈액 내 총 콜레스테롤 수치를 14mg/dL 줄여주는 것으로 나타났다.[6,8]

지방의 질 변화와 상관없이 총지방섭취의 양을 변화시키면 특정 지단백질에 영향을 줄 수 있다. 식이지방 칼로리를 에너지의 40%에서 10%이하로 급격히 감소시키면 혈액 내 LDL콜레스테롤, HDL콜레스테롤, 그리고 apo A-1 수치를 상당히 낮출 수 있다.[7,20]

하지만 고밀도지단백질HDL의 감소의 정도는 지방 칼로리 대신에 사용하는 탄수화물의 종류 즉 단당과 다당의 종류 및 저지방 음식의 포화지방산과 불포화지방산의 비율을 포함한 몇 가지 요인으로 부터 영향을 받는다.[15]

지방 칼로리의 10%가 탄수화물로 대체되면 혈액 내 HDL콜레스테롤의 수치는 3~4mg/dL 씩 감소한다. 탄수화물로 지방섭취를 대신하게 되면 탄수화물이

LDL콜레스테롤을 감소시킬 뿐만 아니라 HDL콜레스테롤의 함량도 함께 줄일 수 있기 때문에 심장질환에 미치는 영향이 크지 않다. 따라서 섭취하는 지방의 질을 바꾸거나 포화지방산을 불포화지방산으로 바꾸는 것이 관상동맥질환발병 위험을 줄이는데 보다 더 효과적이다.(7)

고탄수화물식 보다 저지방식과 단일불포화지방산을 포함하면서 포화지방산의 함량이 적은 고지방식은 HDL콜레스테롤의 수치를 증가시키고 중성지방의 수치를 감소시켜준다.(10)

반면 지방의 함량이 매우 낮은 음식(칼로리의 15%)은 HDL콜레스테롤의 함량을 감소시키고 중성지방의 수치를 증가시키는 반대의 대사변화를 유도한다.

따라서 고탄수화물식이은 아이들, 임산부, 노인들과 같은 특정집단의 영향결핍을 가져올 가능성이 있기 때문에 미국심장협회에서는 이러한 음식을 일반인에게 추천하고 있지 않다.

식이 콜레스테롤

사람들에 의해 많이 섭취되는 음식속의 콜레스테롤은 일반적으로 혈액 내 콜레스테롤의 함량에 제한적인 영향을 끼치는데 그 영향력은 미리스트산, 라우르산, 팔미트산과 같은 포화지방산과 비교하여 작다.

지난 30년 동안 2,981개의 주제로 139가지의 콜레스테롤 급여실험이 수행되었는데 일관된 결론은 음식속의 콜레스테롤 함량이 100mg 증가하면 혈액 내 콜레스테롤의 수치는 2.5mg/dL 변화한다는 사실이다.(16)

그러나 각 개인에 따라 식이 콜레스테롤에 대한 혈액 내 콜레스테롤의 반응은 다르게 나타나는데 인구의 15~20%는 식이 콜레스테롤의 영향에 민감한 반응을 보이는 반면 80~85%는 상대적으로 둔감한 반응을 나타내고 있다. 하루에

400mg의 식이 콜레스테롤을 섭취하였을 경우 생체 내에서 콜레스테롤의 자동 조절 작용이 작동하지 않는 등 민감한 반응을 보였던 사람들에게 섭취량을 300mg으로 줄여 급여하였더니 콜레스테롤의 수치가 3.2mg/dL로 낮아지는 결과가 나타났다. 식이 콜레스테롤의 함량에 따라 혈중 콜레스테롤의 변화가 둔감한 사람들은 식이를 통한 콜레스테롤의 섭취가 부족하게 되면 생체 내에서 콜레스테롤의 합성이 증가하여 식이 콜레스테롤의 부족분을 합성하여 보충하게 된다.(16)

현재는 누가 식이 콜레스테롤에 민감한지 아닌지를 구분하는 생물학적인 지표는 없다. 다만 이상지질혈증을 가지고 있는 사람이 식품에 함유되어 있는 콜레스테롤 함량에 보다 민감하다는 것이다.

미국심장협회는 '혈중 콜레스테롤 수치에 끼치는 식이 콜레스테롤의 영향' 에 대한 설명에서 특히 LDL콜레스테롤의 수치에 영향을 끼치는 식이 콜레스테롤은 포화지방산과 비교했을 때 일반적으로 약하다고 하지만 어떤 사람에게는 상당히 큰 영향을 미칠 수 있다는 점을 강조하고 있다. 따라서 포화지방산을 섭취할 때 식이 콜레스테롤에 대하여 영향을 받는 정도가 개개인에 따라 다르기 때문에 개인의 식단을 추천할 때는 반드시 이러한 점이 고려되어야 한다.

우유단백질(카세인)과 심혈관질환과의 관계

현재까지 심혈관질환과 우유 및 유제품과의 관련성에 관한 연구는 주로 유지방 함량이 주가 되어 이루어져 왔는데 우유단백질인 카세인에 대한 연구도 눈여겨 볼만하다.

혈중 콜레스테롤의 함량에 끼치는 카세인의 영향은 일관된 내용보다는 매우 다양한 연구결과를 나타내고 있다.

카세인의 영향에 대한 실험결과들은 실험 환경, 식단의 콜레스테롤 양, 단백질과 지질의 함유량, 동물의 종과 나이, 연구의 지속기간, 카세인의 종류, 그리고 개인의 콜레스테롤 함량에 따라 다양하게 나타난다.

몇몇의 연구에서는 콩 단백질과 비교하여 이상지질혈증에 미치는 카세인의 영향은 고콜레스테롤 식단에 따라 차이가 있는 것으로 나타났다. 500mg의 콜레스테롤과 20%의 카세인이 들어있는 식단을 급여하였을 경우 LDL콜레스테롤의 수치는 10% 높아지는 반면 HDL콜레스테롤의 수치는 10% 낮아졌다. 그러나 콜레스테롤의 섭취량을 하루 100mg 줄이면 카세인과 콩 단백질은 혈중의 지단백질 수치에 비슷한 영향을 미치는 것으로 밝혀졌다.(14)

'혈중 콜레스테롤 함량에 미치는 카세인의 영향'에 대한 대부분의 연구들은 성장하는 동물들에게 한 가지 단백질만을 먹이는 실험환경에서 이루어져 왔다. 따라서 이러한 결과를 가지고 다양한 음식을 섭취하는 성인에게 적용하는 것은 어려움이 뒤따른다.

현재까지의 연구결과 우유단백질인 카세인이 고콜레스테롤혈증을 유발하지 않는다는 것은 분명해 보인다.

유제품과 심혈관질환과의 관계

어떤 영양소가 혈중 지질에 미치는 효과를 검증하는데 있어서 특정한 지방과 같이 단일영양소의 영향에 대한 결과를 기본으로 하여 효과를 검증하는 작업은 매우 중요하다. 하지만 실제에 있어서 그 관련성은 매우 낮다고 할 수 있다. 자연식품에서 각 영양소들은 서로 복잡한 상호작용을 일으키고 혈중의 지방질에 영향을 끼치는데 일상에서 섭취되는 보통의 양만큼 소비되었을 때는 혈중의 지방질에 나쁜 영향을 주거나 관상동맥질환발병위험을 증가시키지는 않는다. 그리고 관상동맥질환발병위험에 단일식품의 영향 역시 나머지 식단의 영양성분의 구성에 따라 영향을 받기 때문에 이점을 고려하는 것이 중요하다.

1. 우유 및 발효유를 포함한 유제품과 심혈관질환과의 관계

어떤 연구자는 특정 유제품이 혈중 콜레스테롤을 낮추는 '우유 인자' 가 있다는 가설을 주장하였다.(19) 이러한 가설은 동아프리카의 마사이 부족을 관찰하면서 시작되었다. 그들은 아주 많은 양(하루에 한사람이4~5리터의 양)의 발효유를 마시고 있는데 그들의 혈중 콜레스테롤의 함량은 매우 낮고 관상동맥질환 발병률 역시 매우 낮은 것으로 조사되었다.(13)

이들 연구진은 추가로 수행된 연구들을 통해 혈중 콜레스테롤의 수치에 영향을 미치는 다양한 유제품들에 대하여 조사하였는데 그 중 몇 가지 연구결과에서 우유, 요구르트, 또는 락토바실러스 애시도필러스*Lactobacillus acidophilus*가 들어있는 유제품이 사람들에게 고콜레스테롤혈증을 개선한다고 밝혀냈다.

이외의 다른 연구진들의 결과에서도 이와 비슷한 내용들이 밝혀졌는데 일반식사에 추가로 하루에 3컵의 살균한 요구르트와 살균하지 않은 요구르트를 일주일간 공급한 결과 혈중 콜레스테롤의 수치가 5~10% 줄어들었다.(5) 또한 탈지유의 고콜레스테롤혈증에 대한 개선효과는 콜레스테롤의 함량이 기준치 보다 높은 사람이 낮은 사람보다 더 효과가 있었다.(2)

이러한 연구에서 밝혀진 탈지유의 혈중 콜레스테롤의 함량 저하 효과는 다른 연구자들의 결과에서도 동일한 결과들을 보여주고 있다. 동물실험에서도 역시 몇 가지 유제품이 고콜레스테롤혈증에 개선효과를 보여주고 있는 것으로 나타났는데 전유 또는 탈지유 중 하나를 먹인 쥐를 이용한 연구에서 혈중 콜레스테롤 수치가 낮아졌다.(11)

또한 고콜레스테롤 음식을 먹인 토끼에게 많은 양의 요구르트를 먹였더니 요구르트를 먹이지 않은 비슷한 콜레스테롤 수치를 가진 토끼보다 혈중 콜레스테롤

의 수치가 오히려 낮아지는 결과가 나타났다.(22)

쥐에게 요구르트와 애시도필러스Acidophilus 요구르트의 급여가 혈중 지질에 미치는 영향을 조사한 연구에서는 애시도필러스 요구르트를 먹인 쥐의 총 지질과 LDL콜레스테롤의 함량이 놀랍게 내려갔으며 반면 요구르트와 애시도필러스 요구르트는 혈액 내 HDL콜레스테롤과 중성지방의 수치에는 영향을 미치지 않았다.(1) 비피도박테리아Bifidobacteria와 유산균으로 발효시킨 탈지유에서 나온 유청을 쥐에게 먹인 연구에서는 총 지질과 LDL콜레스테롤의 수치가 낮아졌으며 항산화효소의 활력이 증가하고 발효시키지 않은 유청은 발효시킨 것보다는 효과가 떨어지는 결과가 나타났다.(25)

위에서 언급한 연구결과들은 우유 특히 탈지유의 섭취가 혈중 콜레스테롤의 수치를 낮춰줄 수도 있다는 가능성을 보여주고 있다. 그리고 우유의 고콜레스테롤 저하효과는 혈중 콜레스테롤 수치가 낮은 사람보다 높은 사람의 경우에서 보다 더 효과적인 것으로 나타나고 있다. 그러나 모든 연구가 우유와 유제품이 고콜레스테롤 저하효과를 보이는 것은 아니다. 사람을 대상으로 1L의 다양한 우유제품을 3주간 공급하였지만 혈중 콜레스테롤의 수치에는 별다른 변화가 나타나지 않았다.(23)

마찬가지로 454g의 요구르트나 발효되지 않은 유제품(454g 저지방 우유+10% 유고형분)을 4주간 18명의 정상 지질 함량을 가지고 있는 남성에게 섭취시킨 연구에서는 혈중 총 지질 , LDL, 그리고 HDL콜레스테롤 수치에 아무런 변화가 없었다. 버터섭취는 총 지질과 LDL콜레스테롤 수치를 증가시키는데 특히 혈중 콜레스테롤의 수치가 높은 사람에게 영향이 크게 나타났으며 고콜레스테롤 혈증을 가진 사람이 지방으로 부터 섭취하는 36%의 칼로리 가운데 절반을 버터로부터 공급 받았을 경우 총 지질과 LDL콜레스테롤 수치가 증가하였다.(17)

건강한 30~60세의 정상콜레스테롤 함량을 가지고 있는 독신남성에게 버터를 포함하여 5가지 종류의 지방을 6주간 제공하는 실험에서는 흥미로운 결과가 나타났다. 총 칼로리의 19% 즉 총지방섭취량의 60% 또는 일반적인 소비량의 20배에 해당하는 버터를 섭취하였을 때 통계적으로는 상당한 유의성이 있지만 5%정도의 수준에서 총 지질과 LDL콜레스테롤의 수치가 증가하였다.[24]

이러한 결과는 버터의 섭취가 혈중 콜레스테롤의 수치에 상대적으로 작은 영향을 미친다는 것을 의미한다고 할 수 있다. 하지만 이러한 연구결과들은 실제로 우리가 섭취하는 일반적인 식사의 상태를 반영하지 않고 대부분의 연구가 이루어졌기 때문에 결과를 해석하는데 조심할 필요는 있다.

이와 같이 대부분의 연구에서는 우유의 섭취가 혈중 콜레스테롤의 수치와 중성지방의 수치를 낮춰준다는 결과를 제시하고 있다. 하지만 한편에서는 동물이나 인간의 우유섭취가 중성지방 수치를 낮춘다는 사실을 확인하지 못하고 있다는 상반된 연구결과를 발표하고 있다. 이처럼 현재까지 혈액 내 높은 중성지방의 함량과 관상동맥질환발병 위험과의 관계가 명쾌한 결론에 이르지 못하고 있는 것이 사실이다. 그러나 우유와 관상동맥질환발병과의 관련성보다는 혈액 내 HDL 콜레스테롤의 낮은 함량이 관상동맥질환을 일으킬 위험성이 더 크다고 하겠다.

심혈관질환이 없는 건강한 삶을 위한 제언

지금까지의 내용을 통해 우리는 다음과 같은 점에 유의하면서 식품을 섭취하고 건강을 증진하고 건강한 삶을 영위하고자 노력해야 될 것으로 생각된다.

일반적으로 단일식품은 혈액 내 지질 함량에 특별한 영향을 미친다고 할 수 있다. 어떤 유제품의 영양소 즉 팔미트산 Palmitic Acid, 미리스트산 Myristic Acid, 라우르산 Lauric Acid, 콜레스테롤들은 고콜레스테롤혈증을 유발할 수 있으며 단일불포화지방산, 다가불포화지방산, 스테아르산과 같은 포화지방산은 탄소수가 긴 포화지방산과 비교하여 혈액 내 지질 변화에는 비교적 영향력이 크지 않다.

심혈관질환의 발생은 혈액 내 지질 함량에 미치는 어떠한 단일성분보다도 주로 유전적인 차이에 따라 개인별 양상이 매우 큰 차이를 보인다고 할 수 있다. 더욱이 단일식품의 효과는 일상적인 전체식사나 다양한 식품 속에서는 효과가 다르게 나타난다. 어느 특정한 영양성분에 대한 연구보다 일반식품에 대한 연구들은 과학적인 증거가 매우 부족한 것이 사실이다. 유가공제품은 권장량 내에서 섭취할 경우 동맥경화와 관련이 있는 혈액 인자들에게 어떠한 형태든 영향을 미치고 있으며 요구르트와 같은 발효유제품이나 다양한 우유제품은 적당량을 섭취하면 혈액 내 지질 함량을 일반적으로는 증가시키지 않는 것으로 나타나 있다.

인생의 질을 향상시키고 심혈관질환을 포함한 주요 만성질병을 감소시키기 위해서는 일반적으로 2살 이상의 경우 에너지의 30% 이상을 지방을 통해서 공급받지 않는 것이 좋으며 포화지방산은 10%, 하루에 콜레스테롤 300mg 이상을 섭취하지 않는 것이 좋다고 국가 및 보건당국에서 현재 권장하고 있다.

그러나 모든 사람이 이러한 권장사항으로 예견되는 관상동맥질환의 위험을 감소시키는 효과를 얻을 수는 없다. 이러한 권장사항은 사실 어린이를 위한 총지방섭취의 수치상 목표로 볼 때 부적절하고 성인을 위한 식이지방권장량을 수직적인 성장을 하고 있는 아이들에게 적용한다는 자체가 불합리하다고 할 수 있다. 어떤 연구들은 저지방식이 관상동맥질환위험을 감소시키거나 생명의 기대치를 증가시키는데 효과가 없으며 오히려 영양학적으로 불균형을 초래해 잠재적인 건강위험도를 양상하는 결과를 낳게 된다고 주장하고 있다. 한편 과학계에서는 현재 지단백과 혈중 지질 함량에 미치는 유전자의 영향과 특정식이의 조절에 따라 다르게 반응하는 개인적인 유전자를 밝혀내는데 노력하고 있다.

이러한 유전자의 정보는 언젠가 저지방식이나 특정식품의 영양소를 조정한 식품의 섭취에 따른 개인적인 차이를 구별할 수 있을지 모른다. 또한 식이조절에 따라 개인의 관상동맥질환고위험군의 식별법 개선으로 건강관리비의 감소, 사망률 감소, 건강개선효과 등을 기대할 수도 있다. 개인의 건강상태에 따라 저지방식이 필요한 개인들은 다양한 저지방식품을 선별적으로 선택할 필요가 있다.

관상동맥질환이나 혈중 콜레스테롤 함량에 '좋은 식품' '나쁜 식품' 은 어디에도 없다. 개인이 좋아하는 우유, 아이스크림과 같이 좋아하는 식품을 먹더라도 적당한 양을 섭취하고 가공식품의 섭취를 줄이는 등 절제된 범위 내에서 주요 식품그룹을 통해 다양한 식품을 소비한다면 건강하게 장수 할 수 있다. 아울러 심혈관질환을 방지하고 대처하기 위해서는 체중, 육체적 운동, 흡연 등과 같은 개인적 위험요인들을 잘 관리하는 것이 중요하다고 하겠다. 식이조절을 통하여 관상동맥질환위험도를 감소시키기 위한 시도는 그 효과와 비용 절감에 있어 효과는 볼 수 있다. 그러나 어느 특정식품의 일부성분이나 식품에 대한 편협 된 시각은 오히려 건강에 해로우며 비생산적인 일이 될 수 있으므로 현명한 판단이 필요하다.

제11장

우유와 유제품 섭취로 구강건강을 지킬 수 있다

- 충치와 치주질환은 구강에서 발생하는 흔한 질병이다
- 동물실험 결과, 치즈는 충치를 예방하고 우유는 충치를 증가시키지 않는다
- 사람대상 연구에서도 효과가 입증되고 있는 우유와 유제품
- 우유와 유제품의 어떠한 기능이 충치발생을 억제하고 있는가
- 치주질환은 어떠한 특정식품의 영향을 받는지 아직 확실하지 않다
- 건강한 치아를 위한 제언

⊙ 우유는 구강 건조증 환자에게 인공 침으로 이용이 가능하고 구강 내 산성도를 완화시켜 치아 표면의 범랑질층이 녹지 않게 하며 구강환경을 중성으로 유지시키고 치아를 구성하는 미네랄이 재 흡착 되도록 하는 효과가 있다.

⊙ 체다 치즈, 스위스 치즈, 블루치즈, 브리치즈, 고우다 치즈 등 많은 치즈들은 플라크 산을 아주 적게 생성하거나 전혀 생성하지 않는 것으로 많은 연구결과에서 밝혀졌다.

⊙ 범랑질층의 재미네랄화를 위해서는 지금까지 불소가 가장 대표적인 물질로 사용되어 왔다. 그러나 우유와 유제품은 범랑질층의 탈미네랄화를 방지하고 재미네랄화를 촉진하는 효과가 있다.

충치와 치주질환은 구강에서 발생하는 흔한 질병이다

충치와 치주질환은 산업화된 나라에서 구강에 발생하는 가장 흔한 질병 가운데 하나이지만 얼마든지 예방이 가능한 질병이라고 할 수 있다. 비록 성인들이 많이 걸리는 치주질환과 어린이들의 충치가 예방에 의해 감소하고는 있으나 저소득층에서는 아직까지도 공중보건 측면에서 주요한 질병으로 남아있다. 충치는 중년까지 계속 증가하는 질병중 하나이며 노년층이 되어서는 치주염과 치아의 뿌리에 생기는 충치위험이 가세하여 증가하게 된다.

이러한 만성적이고 감염성이 강한 구강관련 질환은 음식과 같은 환경과 유전적인 요인 등 다양한 원인이 관여하고 있다. 음식의 섭취는 충치의 주요한 요인 중 하나로 우리가 섭취하는 영양성분과 영양 상태에 따라 치아의 형태와 크기, 침의 양과 성분 등과 같은 구강 세포적인 문제와 치아가 잇몸을 뚫고 나오는 일 등에 영향을 미친다. 치아가 성장하고 치아가 나오는 시기에 영양이 부족하게 되면 면역학적 반응성, 침의 기능, 범랑질 층의 형성 등에 영향을 끼쳐 결국 충치에 직간접적으로 영향을 미치게 된다.

역학조사 결과에 따르면 생애 첫 기간 동안에 영양이 부족하면 유아치나 영구치에서 충치의 발생을 증가시키는 것으로 나타나고 있다. 따라서 어린이들은 특히 치아 형성과 관련이 있는 충분한 양의 칼슘, 인, 마그네슘, 불소, 미량 광물질, 그리고 비타민 D 같은 영양소를 골고루 섭취하는 것이 매우 중요하다.

충치발생의 원인

식품은 충치를 일으키지는 않는다. 충치는 세균의 작용, 산의 작용, 치태의 작용, 치아의 성분, 치아의 형태 및 위치, 식품이 가지고 있는 물리적 성질, 영양소의 종류, 유전성, 임신, 수유, 침의 분비와 성분구성 그리고 환경 등의 요인에 의해 발생한다. 이처럼 충치는 어느 특정한 한 가지의 원인에 의한 것이 아니라 여러 가지 요인들의 복합적인 상호작용에 의해서 발생하는 것으로 알려져 있다. 식품은 충치 발생과정에서 중요하지만 어디까지나 환경요인의 하나에 불과하다.

충치는 감염성의 질병으로 주요특징으로는 치아 플라크에 스트렙토코커스 뮤탄스*Streptoccous mutans*또는 락토바실러스 *Lactobacillus* 같은 박테리아가 증식하여 음식으로 섭취한 탄수화물, 특히 설탕으로부터 유기산을 생성하게 된다는 것이다. 많은 양의 유기산이 만들어지면 입안의 pH가 5.5이하로 내려가게 되며 이러한 유기산에 의해 단백질과 결합해 있는 인산칼슘이 가용화되어 탈미네랄화 Demineralization를 일으키게 된다.

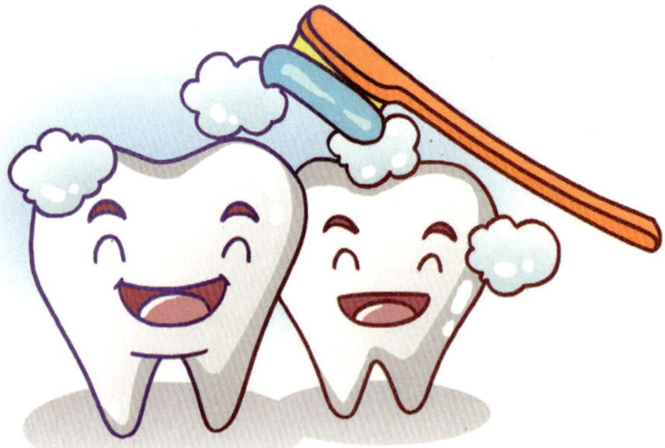

입안에서 설탕성분이 완전히 소비되고 나면 침 속에 용해되어 있는 이온으로부터 재미네랄화 Remineralization가 일어나게 되어 사라진 무기질이 회복된다. 또한 탈미네랄화는 산성식품의 섭취에 의한 직접적인 원인에 의해서도 발생하지만 치아와 플라크 사이에 남아있는 음식찌꺼기에서 생장하는 충치유발 박테리아가 생산하는 발효 산물에 의해서 간접적으로도 발생된다.

충치는 또한 치아의 민감성, 플라크의 충치유발 미생물, 특히 발효성 탄수화물 등이 하루 동안 입안에 동시에 많이 존재할 때도 발생한다.

일반적으로 구강 내에서는 치아로부터 칼슘이나 인과 같은 무기질이 빠져나가는 탈미네랄화와 무기질이 다시 대체되는 재미네랄화라는 동적인 과정이 계속 반복되면서 균형을 이루고 있다. 그러나 충치는 탈미네랄화률이 재미네랄화보다 과하게 일어날 때 발생하게 되며 일반적으로 이러한 과정은 오랜 시간을 요하게 된다.

다행스럽게도 충치는 치아로부터 무기질이 빠져나가는 계속적인 과정은 아니며 침이나 불소, 재미네랄화 등이 산 Acid의 공격으로부터 치아를 보호해주는 역할을 하고 있다.

충치예방법

충치의 원인이 다양한 만큼 충치를 예방하는 방법도 다양하다. 구강의 건강을 지키기 위해서는 항상 치아를 청결한 상태로 유지하는 것이 일차적으로 중요하다. 그리고 구강의 환경을 충치 원인균(*Streptoccous mutans* 등)이 증식하기 어려운 환경으로 만들어주는 것이라 할 수 있는데 치아에 불소 보호막을 씌워 치아의 저항성을 증가시키는 한편 구강 내 미생물의 증식을 억제하고 식이를 통한 구강 내 환경을 변화시키는 방법이 그것이다.

음식의 종류에 따라 충치의 진행에도 영향을 미치고 있는데 잘 알려진 대로 설탕과 같은 단순 당과 식품에 함유되어 있는 발효성의 탄수화물을 얼마나 자주 섭취하고 이러한 성분이 입속에 얼마나 오랫동안 머물고 있는가 하는 정도에 따라 그 영향이 좌우된다.

건조과일과 같이 설탕을 함유하고 있는 형태의 식품은 초콜릿우유와 같이 입에서 신속하게 없어지는 액상식품보다 훨씬 충치발병 위험성이 크며 발효성의 탄수화물 또한 입속이나 치아 표면에 장시간 머물게 되면 충치발생 위험도도 그만큼 증가하게 된다.

우유섭취는 충치의 주 원인균인 뮤탄스균을 감소시키는 효과가 있다. 하지만 우유속의 유당자체가 발효되는 당이기 때문에 유아가 자기직전에 오래도록 젖병을 물면 충치를 유발할 수 있다.

또한 입에 젖병을 문채로 자는 것은 침이 치아부식을 막는 작용을 방해하기 때문에 소아과 치과의사들은 이 점을 당부하고 있다. 더군다나 우유에서 발견되는 유당 같은 당분은 일반적인 섭취방법보다 위와 같은 상태에서는 치아부식을 유발하기가 쉽다. 따라서 잠자리에 들기 전 어린아이에게 당분이 들어있는 음료를 주면 안 된다고 일반적으로 이야기하고 있는 것이다.

동물실험 결과, 치즈는 충치를 예방하고

우유는 충치를 증가시키지 않는다

우유 및 유제품이 충치발생과 치주질환에 미치는 영향에 관한 연구는 동물들을 대상으로 다양한 실험을 통해 그 효과를 검증하고자 하는 많은 시도가 있었다.

동물을 이용한 실험을 통해 특정식품이 충치를 일으킬 가능성이 제기되었다. 실험대상 동물에게 높은 함량의 설탕과 가공된 전분이 들어있는 사료를 먹이면서 여러 종류의 치즈를 함께 섭취시켰더니 충치발생을 억제하는 것으로 나타났다. 고농도의 설탕을 함유한 식품으로 인해 치아표면에 약간의 충치가 있던 쥐에게 체다 치즈, 치즈 스프레드, 모짜렐라 치즈, 크림 치즈를 급여하면 치아표면의 충치가 감소되는 결과가 나타났다.(4) 충치의 정도가 심하여 침의 분비가 안 되는 동물에게 충치유발식품과 함께 체다 치즈와 스위스 치즈 타입의 치즈를 급여한 연구에서는 충치유발식품을 단독으로 급여한 경우보다 치아 윗부분이나 치근 표면의 충치가 더 악화 되지 않거나 완화되는 결과가 나타났다.(8) 이와 같은 여러 가지 동물실험의 결과를 통해 치즈가 충치를 예방하고 우유는 충치를 발생시키거나 증가시키지 않는다는 것을 알 수 있다.

또한 침샘을 제거한 쥐를 이용하여 2%의 우유(4%의 유당함유) 또는 유당 함량을 감소시킨 우유를 먹였더니 대부분 충치발생이 일어나지 않았다. 반대로 설탕 10% 또는 4%의 유당이 용해 된 용액을 급여했을 경우에는 어느 정도의 충치가 발생되었다.(2) 이러한 결과는 유당을 함유한 우유가 설탕과 비교하여 비충치성이거나 충치발생을 최소화하고 있다는 사실을 말해주는 것이라고 밝혔다.

우유는 나이 많은 노인이나 건강상의 이유로 입안의 침 분비가 감소되고 음식물을 씹거나 맛보고 삼키는 것이 어려운 경우 입안의 건조한 점막에 수분과 윤활유를 제공한다. 더불어 우유는 구강 건조증 환자에게 인공 침으로 이용이 가능하고 구강 내 산성도를 완화시켜 치아표면의 범랑질층이 녹지 않게 하며 구강의 환경을 중성으로 유지시키고 치아를 구성하는 미네랄이 재 흡착 되도록 하는 효과가 있다.

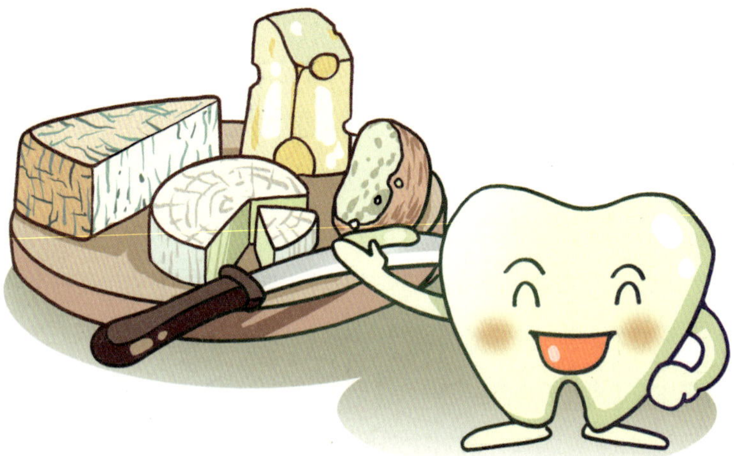

사람대상 연구에서도 효과가 입증되고 있는 우유와 유제품

치즈는 플라크 산을 아주 적게 생산하거나 전혀 생산하지 않는다.

식품섭취로 인한 입안의 pH 변화를 의미하는 플라크의 산도에 대한 조사는 식품이 충치를 발생시킬 수 있는 정도를 측정하는 또 하나의 중요한 수단이라고 할 수 있다. 체다 치즈, 스위스 치즈, 블루치즈, 브리 치즈, 고우다 치즈와 같은 많은 치즈들은 플라크 산을 아주 적게 생성하거나 전혀 생성하지 않는 것으로 나타나 있다

사람에게 다양한 식품을 급여한 다음 플라크의 pH 변화를 측정하였더니 숙성된 체다 치즈와 탈지유를 제외하고 모든 식품이 플라크의 pH가 4.0으로 낮아졌고 숙성시킨 체다 치즈, 스위스 치즈를 포함한 치즈들은 설탕의 섭취 전이나 후에 먹었을 경우 설탕에 의해 일어나는 pH의 저하를 방지하는 효과가 있었다.(14)

또한 가공 치즈를 단독으로 섭취하거나 10%의 설탕을 섭취하기 전에 먹었을 경우 플라크의 pH는 치아가 안전한 범위인 약 5.7 을 유지하고 있는 것으로 나타나 가공 치즈의 섭취가 플라크의 pH를 안정하게 유지하는 것으로 밝혀졌다. 아울러 특정품의 섭취에 따른 치아의 플라크 pH 변화를 평가한 결과 지방이 없는 우유는 비교적 충치를 일으키지 않았다.(7)

12명의 지원자를 대상으로 사과주스, 캬라멜, 초콜릿, 쿠키, 탈지분유, 스넥크래커, 밀을 으깬 조각(플레이크)등 일곱 가지의 식품에 대한 플라크 pH 반응성 순위를 조사한 결과에서는 탈지유가 잠재적인 충치유발성에서 가장 낮은 순위를 기록하였다.[3]

우유와 유제품은 범랑질층의 탈미네랄화를 방지하고 재미네랄화를 촉진한다

우유나 치즈 같은 유제품은 범랑질층의 탈미네랄화를 방지하고 재미네랄화를 촉진하는 것으로 알려져 있다. 뉴질랜드에서 실시한 연구에서는 치즈와 26%의 칼슘과 39%의 인을 함유한 유청이나 유제품이 잠재적 충치유발성이 매우 낮은 식품으로 분류되었다.[15] 또 다른 연구에서는 구운 빵조각이 범랑질층을 연약하게 하는 영향에 대하여 조사한 결과 치즈를 추가했을 경우 확실하게 영향력이 감소되는 결과를 보여주었다. 아울러 과일주스에 유청으로부터 생겨난 무기질을 첨가하였을 때 과일주스가 범랑질층을 연약하게 하는 효과를 감소시켜 주었다.

범랑질층과 치아의 뿌리가 손상된 사람의 충치를 모델로 하여 실시한 실험에서는 가공 치즈가 탈미네랄화를 방지하고 재미네랄화를 촉진하는 결과를 보여주었는데 특히 치아의 뿌리 표면에서 치아손상을 52%나 줄이는 효과를 보여주었다.[7]

이처럼 치즈섭취가 치아에 미치는 효과가 긍정적으로 나타난 이유는 치즈가 범랑질층의 재미네랄화를 증진시키고 탈미네랄화를 막아주는 역할을 하고 있기 때문으로 볼 수 있다.

치아에 유익한 치즈의 여러 기작은 치즈를 씹으면 침의 분비가 활성화되고 침에 의해서 치아우식을 보호하는 기능을 발휘하게 된다. 치즈를 씹는 과정에서 칼슘과 인이 치즈로부터 유리되어 증가된 칼슘과 플라크의 인P 농도 때문에 법랑질층의 강도가 높아질 수 있다. 또한 치즈는 카세인포스포펩타이드Casein Phosphopeptide ; CPP를 함유하고 있어 재미네랄화를 증진시킬 수 있는 것으로 동물실험 결과 밝혀졌다.

법랑질층의 재미네랄화를 위해서는 지금까지 불소가 가장 대표적인 물질로 사용되어 왔다. 그러나 최근에 카세인인산펩타이드Casein Phosphopeptide Amorphous Calcium Phosphate ; CPP-ACP가 새로 개발되었다.

이것은 우유에서 분리한 베타-카세인β-casein을 분해시킨 펩타이드인 CPP와 칼슘과 인의 복합체인 ACP를 결합시킨 나노 화합물이다. 재미네랄화에 영향을 주는 ACP는 여러 가지 칼슘과 인의 복합체 중 구강 내에서 용해도가 매우 높은 물질로 알려져 있다.

이 복합체는 중성상태에서는 구강 내 치태나 연조직, 치아표면에 결합한 형태로 존재하다가 구강 내 pH가 낮아질 경우 분해되면서 치아표면에 칼슘과 인을 공급해 주는 역할을 한다.

우유와 유제품은 역학조사와 임상학적 연구에서도 긍정적인 효과를 보여주고 있다

우유나 치즈와 같은 유제품의 섭취가 충치를 예방한다는 사실에 대한 역학조사 및 임상학적 연구결과들은 일관되게 긍정적인 효과를 보여주고 있다. 1984년에 영국에서 발표된 연구에 따르면 영국학교의 어린이들 가운데 충치에 걸린 23명의 학생과 충치가 없는 19명의 학생을 대상으로 2년간 평균 치즈섭취량을 조사하였는데 치즈를 섭취하고 충치가 없는 학생그룹은 (하루 8g) 충치가 있는 그룹(하루 4g)보다 두 배의 치즈를 섭취하는 것으로 나타났다.(13)

또한 이탈리아에서 학생(6살에서 11살 사이)들을 대상으로 실시한 '우유 섭취가 충치에 미치는 영향'에 관한 조사에서는 불소를 사용하지 않고 구강건강이 좋지 않으면서 하루에 설탕섭취가 많은 학생들의 경우 우유를 섭취하면서 충치를 예방하는 효과가 나타났다.(12)

44세에서 64세 사이의 성인 275명을 대상으로 치아뿌리의 충치상태에 따라 그룹으로 나누어 식품섭취에 대한 영향을 평가한 조사에서 충치가 없는 사람들이 충치가 있는 사람들보다 치즈, 유제품, 과일, 과일 주스 등을 더 많이 섭취하고 있으며 설탕이나 전분을 더 적게 섭취하는 것으로 나타났다.(11)

또한 충치가 없는 사람들이 충치경험이 있는 사람들보다 평소에 50%의 치즈를 더 섭취하고 25%의 유제품을 더 섭취하고 있는 것으로 조사되었다. 마찬가지로 충치가 있는 사람보다 충치가 없는 사람들이 섬유질, 단백질, 칼슘, 인, 마그네슘 등의 섭취량이 더 많았으며 더 적은 양의 설탕을 소비하는 것으로 나타났다.(10)

이스라엘에서 7~9살 사이의 어린이 179명을 대상으로 2년간 실시된 임상실험에서는 저녁식사 후 하루에 5g의 애담 치즈를 추가적으로 섭취한 어린이들이 그렇지 않은 학생들보다 충치발생이 25%나 줄어드는 결과가 나타났다.(5)

우유와 유제품의 어떠한 기능이 충치발생을 억제하고 있는가?

우유나 치즈가 충치를 억제하는 작용에 대한 메카니즘이나 방어요인에 대해서는 잘 알려져 있지 않지만 여러 가지 가능성은 제시되고 있다.

치즈의 경우 염기성 침 분비를 자극하고 플라크 박테리아의 수를 감소시키는 역할을 한다. 범랑질층의 탈미네랄화는 입안의 치아에 생긴 구멍으로부터 발효성 탄수화물을 제거하고 입안의 pH를 염기 쪽으로 변화시키는 역할을 하는 침의 분비를 촉진한다. 따라서 침이 없는 상태에서도 충치를 예방하는 치즈의 효과는 침에 의한 효과 이외에 또 다른 메카니즘이 있을 것으로 생각할 수 있다.

이러한 치즈의 효과이외에도 우유의 단백질, 지방, 칼슘, 인 같은 성분들이 구강건강에 어느 정도의 긍정적인 효과를 가져다 줄 것으로 보인다. 우유는 많은 양의 단백질과 칼슘을 함유하고 있는데 이러한 특징들이 치아건강에 매우 중요하게 작용하는 것으로 알려져 있다. 우유단백질의 80%를 차지하고 있는 카세인은 치아의 표면에서 탈미네랄화된 인산칼슘염의 형성을 도와주는 기능이 있으며 충치를 유발하는 박테리아가 치아의 표면에 부착하는 것을 방지하는 역할도 하고 있다. 또한 우유단백질인 카세인은 입안을 빠르게 중성화시키고 치아 표면의 범랑질층에 우유 속에 풍부한 미네랄을 흡착시켜 입안의 충치균으로 부터 치아를 보호하고 충치 균이 치아의 표면에서 증가하는 것을 억제해 주고 있다. 플라크 내에서도 카세인은 플라크의 인산칼슘 농도를 증가시키는 기능이 있으며 단백질에서 발생한 다양한 인산에 의해 완충력이 증가되어 탈미네랄화를 막는 것으로 알려져 있다.

카파카세인과 같은 우유단백질은 충치균에 의해 생성되는 글루코실트랜스퍼레이스Glucosyltransferase와 같은 플라크를 증가시키는 효소의 활성을 감소시키거나 치아의 표면에 부착하는 이러한 효소의 능력을 상실시켜 충치에 대응하는 보호자역할을 수행한다.

치즈의 지질은 범랑질층 표면을 보호하는 막을 형성함으로써 범랑질층의 표면이 용해되는 시간을 늦춘다. 치즈에 함유되어 있는 지방산의 항 미생물적 효과가 치아의 충치를 예방해주는 보호효과를 나타낸다고 할 수 있다. 우유나 치즈에 많은 양이 함유되어있는 칼슘과 인 성분도 항 충치성 효과를 나타내는데 치즈가 치아 플라크의 칼슘과 인의 함량을 증가시켜 충치를 예방하는 것으로 보고 있다. 치즈는 식사의 마지막 단계에 섭취하는 것이 충치를 예방하는 보다 효과적인 방법이다.

우유단백질 중 카세인의 가수분해로 생성되는 인 함량이 높은 특정 기능성 펩타이드인 카세인포스포펩타이드와 당을 함유하고 있는 글리코마크로펩타이드Glycomacropeptide ; GMP는 충치의 주 원인균인 스트렙토코커스 뮤탄스 및 그 외의 충치 유발균을 억제하는 효과가 있는 것으로 보고되고 있다.

기능성 펩타이드에 의한 충치예방은 매우 복잡한 물리, 화학적 과정에 의해서 이루어진다. 일반적으로 우유단백질의 가수분해에 의해 생성된 기능성 펩타이드의 충치예방효과는 충치 유발 미생물의 생장억제, 치아를 둘러싸고 있는 외피막에서의 완충능력 증진, 범랑질층의 탈미네랄화의 억제 그리고 범랑질층의 재미네랄화 등 다양한 기능에 의해서 이루어진다.

우유는 카세인 이외에 유청단백질, 락토페린, 라이소자임, 그리고 항체를 갖고 있는데 이들 모두 여러 형태로 충치유발 박테리아와 상호작용을 하며 치아의 건강을 증진시키는데 일조한다.

요구르트섭취는 구강내의 뮤탄스 균을 억제하여 충치를 예방하고 있으며 구강내에 일반적으로 흔히 존재하는 스트렙토코커스 소브리누스균 *Streptococcus sobrinus*에 대해서도 선택적으로 억제하는 기능이 있어서 구강건강에 도움이 된다. 지금까지 알려진 기작으로는 발효에 의해 pH가 낮아진 요구르트가 플라크의 생성을 억제하고 충치균의 항상성을 무너뜨려 치아질환 발병률을 감소시키는 것으로 알려져 있으나 아직 명확하게 알려진 바는 없다.

코코아 분말은 충치를 일으키지 않고 초콜릿우유는 탄수화물보다 치아부식에 미치는영향이 오히려 적다

코코아, 유지방, 그리고 초콜릿우유에서 발견되는 칼슘이나 인과 같은 성분을 함유하고 있는 식품이 설탕만 들어있는 식품이나 감자칩, 쿠키, 건포도 같은 스넥식품들 보다 충치에 미치는 영향은 크지 않은 것으로 보고되고 있다.

코코아분말은 충치를 일으키지 않는 것으로 알려져 있는데 코코아가 함유하고 있는 수용성 성분은 스트렙토코커스 뮤탄스와 같은 플라크 형성균에 의한 다당류의 생합성을 감소시켜 충치와 플라크의 축적을 억제하는 기능이 있다. 초콜릿우유에 들어 있는 적당한 양의 설탕함량은 우유속의 유당과 과일속의 과당과 같은 당보다 더 충치를 일으키지는 않는다. 우유에 첨가된 당은 물에 용해시킨 설탕보다 훨씬 더 충치에 해롭지 않다. 초콜릿우유와 같은 액상제품은 고형분을 함유하고 있는 탄수화물보다 빨리 입 안에서 제거되기 때문에 치아부식에 미치는 영향이 적다고 하겠다.

장시간 젖병을 물리면 어떠한 당분이라도 충치발생가능성은 증가한다.

우유를 젖병에 넣어 수유할 경우 충치를 일으킬 것으로 많은 사람들이 생각하기 쉬운데 이것은 사실이 아니며 없어져야 할 이야기라고 할 수 있다.

젖병에 의한 충치는 세 살 이전의 애기들이나 어린이에게 주스와 같은 발효성 탄수화물이 들어있는 식품을 젖병에 넣어 사용 할 경우나 가짜 고무젖꼭지의 사용으로 많이 발생한다. 이러한 조건에서 우유가 충치를 유발한다는 어떠한 역학조사의 결과는 없다. 만약에 입안에 고체 식품이 있는 상태로 고무젖꼭지를 사용하게 되면 충치가 발생하게 된다.

엄마들이 아기에게 젖병을 물릴 때 오랜 시간 동안 물리거나 잠든 후에도 젖병을 물려놓는 경우가 많다. 이러한 젖병수유는 고무젖꼭지가 침으로부터 치아표면을 막기 때문에 입안에 남아있는 어떠한 음식이라도 충치를 발생시킬 가능성이 증가하게 된다. 따라서 애기들이 젖병을 입에 물고 잠자는 동안에는 우유의 유당뿐만 아니라 어떠한 당도 이러한 상황에서는 침샘의 보호활동을 차단하여 치아우식이 쉽게 일어나게 된다. 이러한 이유로 잠들기 전 아이에게 당분이 포함된 음료를 주지 않는 것이 일반적으로 좋다고 하겠다.

물보다는 우유에 불소를 첨가하는 것이 충치예방에 좋다

불소화합물이 모든 연령대에서 충치예방을 도와주는 것은 확실한 사실이다. 이러한 이유로 많은 나라에서 물에다 불소를 첨가하는 시책을 따르고 있다.

우유는 성장과 발달에 필요한 필수영양소를 함유하고 있으며 모든 나라에서 많은 사람들, 특히 어린이들에게 많이 소비되고 있는 전 인류의 식품이기 때문에 불소공급을 위한 수단으로 매우 매력적이라고 할 수 있다.

30년에 걸친 임상실험결과에 따르면 불소를 첨가한 우유가 충치예방에 효과가 있는 것으로 밝혀졌다. 동물실험은 물론 사람의 치아 범랑질을 이용한 실험에서도 동일한 효과가 있었다.(9)

또한 쥐를 이용한 실험에서도 불소를 첨가한 우유와 일반우유, 그리고 불소를 첨가한 물을 제각각 제공하였더니 불소를 첨가한 우유의 경우가 충치발생도가 가장 낮게 나타났다.(1)

이러한 결과들을 볼 때 물보다는 우유에 불소를 첨가하는 것이 충치를 예방하는데 있어 보다 효율적인 수단이 될 수 있다고 하겠다.

치주질환은 어떠한 특정식품의 영향을 받는지 아직까지는 확실하지 않다

치주질환은 염증으로 특징지어지는 만성감염 장애로 치아를 지탱하고 있는 부드러운 조직에 막심한 손상을 일으키는 질병이다. 치주질환은 치아를 감싸고 있는 조직의 잇몸이 빨갛게 붓는 아픈 증상과 치아의 손실 없이 잇몸에 염증을 유발하는 증상 그리고 치아를 지탱하는 뼈와 부드러운 잇몸의 염증과 손상을 가져오는 증상 등을 포함한 질환을 통틀어 지칭하고 있다. 대부분은 다소 경미한 치주질환인 치은염이 생기나 그 중 아주 극소수는 치아 손실의 위험이 있는 극심한 치주질환으로 진행된다.

치주질환은 치아를 손실할 수 있는 가능성과 치료에 들어가는 경제적 비용 그리고 영양섭취 문제 등이 예상되는 질병이기 때문에 예방이 매우 중요하다고 할 수 있다. 치주질환은 박테리아로부터 감염되어 병이 발생하지만 뼈의 재생을 포함한 각 개인의 유전적인 특성에 영향을 주는 여러 요인들에 의해서도 영향을 받는다.

간혹 매우 심각한 위험성을 지닌 치주질환으로 고통을 받는 경우가 있는데 이러한 경우는 질병에 대한 유전적인 요인, 자가 면역 질환, 당뇨, 알코올 중독, 특정 약물사용으로 인한 비정상적인 내분비계 질환, 그리고 흡연, 씹는담배, 영양학적으로 부적합한 음식섭취와 같은 생활습관의 형태에 따라 증상의 정도가 차이를 보이고 있다.

섭취하는 음식에 따라 큰 영향을 받는 충치와는 달리 어느 특정음식 혹은 어떤 특정영양소가 치주질환에 영향을 미치는지에 대해서는 아직 확실하지 않다.

이론적으로는 식단이 치주질환의 발생과 증상의 진행을 몇 가지 방식으로 영향을 미치고 있는 것으로 알려져 있다. 음식의 성분들이 플라크의 축적에 영향을 끼치고 아울러 음식은 치아건강에 있어 중요한 개인의 방어 메커니즘에 영향을 준다는 것이다. 치주질환은 감염 장애의 하나로 식사의 불규칙성과 불균형이 감염에 대한 저항력을 저하시켜 질환을 유발하는 것으로 알려져 있다.

유제품과 같은 특정식품이 면역진행과 치주질환에 미치는 역할에 대해서도 역시 아직까지는 잘 알려져 있지 않다. 다만 치즈섭취가 치주질환 예방에 중요할지도 모른다는 연구가 있으나 동물을 대상으로 이루어진 실험결과일 뿐 사람에 대한 확실한 결과는 아직 없다.

한편 식품도 콜라겐과 치조골치아의 뿌리를 감싸고 있는 뼈 부위의 신진대사에 영향을 끼쳐 치주질환의 발병에 영향을 미친다. 칼슘의 결핍이 치주염과 치주질환의 주요한 요인 중 하나로 생각할 수 있으며 또한 치주질환은 골다공증의 전조 증상이라고 가정할 수 있다. 그러나 동물실험결과, 칼슘의 섭취와 치조골의 건강 및 치주질환과의 사이에는 분명한 관련성이 나타나지 않았다. 또한 골다공증과 치아손실과의 관련성도 명확한 증거가 없다.(6)

치주질환의 진행을 막기 위해서는 치아를 박테리아 플라크로부터 자유롭게 해야 하고 치아에 붙어있는 치태를 제거해야 한다. 그리고 영양학적으로 아주 적합한 음식을 섭취하는 것도 치주질환의 위험을 줄이는데 도움이 될 것이다.

앞으로 치주질환과 관련한 특정식품의 역할은 보다 많은 연구가 이루어져야만 확실한 결론을 얻을 수 있을 것으로 생각된다.

06 건강한 치아를 위한 제언

구강건강에 관련이 있는 유전적인 요인과 식품과 같은 환경적인 요인들을 고려했을 때 복합식품이라고 할 수 있는 유제품이 충치와 치주질환에 영향을 주는가 하는 점에서 확실한 관련성을 찾기는 어려운 일이다.

치즈의 섭취가 충치발생을 억제한다는 것은 동물실험, 플라크 pH측정, 실험실 내 충치 모델 등의 여러 가지 방법을 통한 실험결과 상당히 근거 있는 것으로 나타나고 있다. 아울러 식사 전이나 식사 중간에 또는 식사 후에 치즈를 섭취하는 것은 충치의 위험을 줄일 수 있으며 일반적인 방법의 우유섭취나 식사의 한 부분으로 일반우유, 저지방우유, 초콜릿우유의 섭취는 충치의 발생과는 관련이 없는 것으로 나타났다. 또한 우유가 구강 건조증을 가지고 있는 노년층에게 침(타액)의 좋은 대체물이 될 수 있다는 사실들을 보더라도 결코 유제품이 충치와 치주질환에 악영향을 끼치고 있지 않다는 점은 확실하다.

노인인구 비율이 증가하면서 많은 이들이 치주질환과 치아뿌리에 생기는 충치의 위험에 놓여있다. 따라서 이러한 상황에서 우유나 유제품이 치아건강에 미치는 역할에 대한 더 많은 연구들이 진행되어야 할 필요가 있다. 또한 치아의 뼈 밀도, 치주질환, 골다공증 사이에 어떠한 관련성이 혹시라도 있다면, 보다 명확한 연구결과가 필요하다고 하겠다.

지금까지 이루어진 연구결과들로부터 알 수 있는 사실은 설탕이 첨가되지 않은 우유와 발효유는 치아에 안전하다는 것과 치즈가 치아의 충치 발생을 예방해 준다는 사실이다.

그러나 중요한 사실은 우유 및 유제품이 구강 건강에 미치는 유익한 영향은 아직까지는 확실치 않다는 점이다. 따라서 우유 관련자들의 연구와 더불어 보다 중립적인 위치에 있는 관련연구자들의 연구가 보다 더 필요한 시점이라고 할 수 있다.

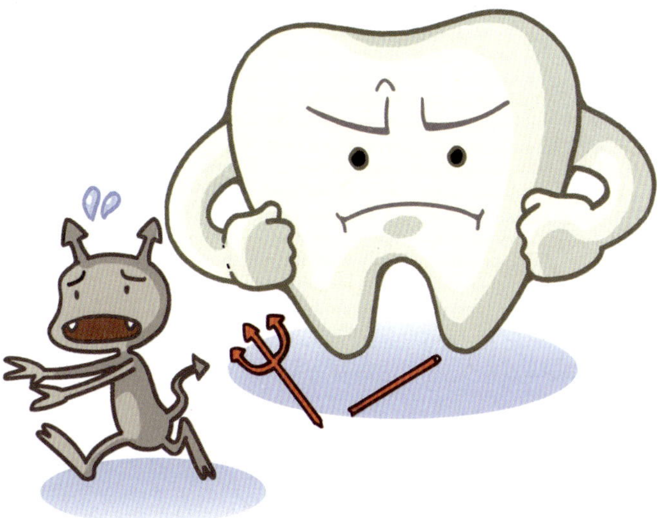

우유 한잔의 과학

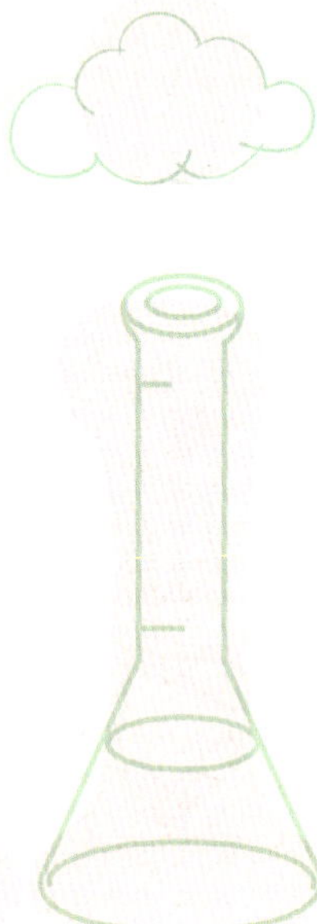

07.

남명수

| 유식품생물화학 |

현 충남대학교 동물바이오시스템과학과 교수

주요약력 한국생명공학연구원 Post Doctor
일본 홋까이도대학 연구원

저 서 최신유가공학(유한문화사)
유식품가공학(선진문화사)

제12장

우유알러지는 흔한 식품알러지 중 하나다

- 식품알러지는 정상적인 면역반응이다
- 우리 몸은 식품을 이물질로 인식한다
- 식품 알러지를 일으키는 물질은 무엇인가
- 알러지를 일으키는 식품의 종류는 다양하다
- 식품알러지에 대한 효과적인 예방과 치료 방법은 무엇인가
- 우유알러지는 방어할 수 있다

◉ 식품알러지는 우리가 섭취한 식품 성분이 장관을 통과하여 혈액 또는 림프액으로 이동되는 과정에서 면역관련 세포와 만나 반응을 하게 되는데 이때 알러지와 관련된 비만세포와 반응하면서 이 비만세포가 분비하는 유해한 물질에 의해 일어나는 현상이다.

◉ 우유알러지는 유년기어린이(2세 이하)에서 성인에 들어서면 0.1~0.5% 빈도로 감소된다. 우유단백질의 영향을 받은 어린이의 대부분(80~90%)은 나이가 3살 정도 되면 자연적으로 우유단백질에 대한 알러지 증상은 없어진다. 1살 때에는 56%, 2살이 되면 77%, 3살 때에는 87%가 증상이 없어진다.

◉ 반면에 땅콩 알러지는 땅콩에 처음으로 노출 된 후 심한 반응이 나타나게 되면 연속적으로 심한 반응으로 발전할 수 있고, 가볍거나 중간 증상을 가진 사람들이라 하더라도 일부는 더 악화되는 쪽으로 진행하는 경우가 많다.

01 식품알러지는 정상적인 면역반응이다

요즘 들어 특히 음식섭취와 관련하여 과거에는 큰 문제가 되지 않았던 알러지 환자가 점점 증가하고 있다. 알러지는 가족력, 환경공해, 스트레스, 식품 등에 따라 발생이 크게 영향을 받는 것으로 알려져 있다. 일상생활에서 식품알러지가 빈번해지면서 의학계와 관련학계는 물론 일반인들까지도 이에 대한 관심이 커지고 있는 실정이다.

식품알러지란, 음식을 먹은 뒤 가렵고 두드러기가 나거나 발진 증세가 나타나는 등 신체에 뜻밖의 증상이 나타나는 것을 말한다.[1] 식품알러지는 우리가 섭취한 식품 성분이 장관을 통과하여 혈액 또는 림프액으로 이동되는 과정에서 면역 관련 세포와 만나 반응을 하게 되는데 이때 알러지와 관련된 비만세포와 반응하면서 이 비만세포가 분비하는 유해한 물질에 의해 일어나는 현상이다.

특히 영 · 유아 시기에는 섭취한 음식물을 소화시키는 소화관 즉 장관이 아직 완전히 성숙하지 않은 상태이기 때문에 알러지를 일으키는 물질의 침입을 막기가 어려워 음식 알러지가 많이 일어나며 3세 이후에는 장관면역계가 성숙되어 식품알러지는 많이 줄어든다.

그 동안 많은 식품알러지 학자들은 계란, 우유, 콩, 해산물, 밀, 땅콩, 육류, 메밀 등을 알러지를 일으키기 쉬운 식품으로 분류하였고 심지어 쌀도 빈도는 낮지만 알러지를 일으키는 식품이라고 보고하였다. 소아, 어린이, 청소년을 대상으로 한 식품알러지 연구에서도 콩, 우유, 치즈, 난백, 게, 새우, 참치, 대구, 연어, 돼지고기, 소고기, 레몬, 라임, 오렌지, 복숭아, 밀가루, 쌀, 땅콩이 알러지와 관련이 있는 것으로 나타났다.(2) 알러지 증상은 빈도의 차이는 있지만 위에서 언급한 바와 같이 우리가 즐겨 먹는 여러 가지 식품들에서 소아, 어린이, 청소년들에게 어느 정도 나타나는 일반적인 증상이라 할 수 있다.

식품알러지에 관한 많은 연구 내용들이 의미를 두고 강조하는 것은 첫째, 의심받는 식품알러지는 유아기 때 한 가지 또는 그 이상의 비정상적인 식품반응으로 인해 흔히 나타나는 것이라고 부모의 1/4 정도가 언급했다는 것이다. 둘째, 비정상적인 식품반응은 유아기에는 5~10% 정도로 나타나며 1세 무렵에 가장 많이 나타난다. 셋째는 대부분의 식품알러지는 시간이 지남에 따라 사라진다는 사실이다.(3)

따라서 식품알러지를 피하기 위해 알러지를 일으키는 식품의 섭취를 금하면 알러지를 예방하는데 큰 문제는 없다고 생각할 수도 있다. 그러나 영양소를 골고루 함유하기 위해서는 다양한 식품의 섭취만큼 좋은 방법은 없고 건강한 삶을 위해서는 식품섭취가 꼭 필요하기 때문에 식품 섭취에 대한 현명한 지혜가 필요하다 할 수 있다.

알러지란 무엇인가

알러지란 말은 그리스어로 allos(altered : 다르다) 와 ergon(action : 반응)을 조합하여 만들어진 것이다. 즉, 사람이 살아가면서 일어나는 여러 가지 일반적인 생체 반응이 있는데 그것과 다른 반응이란 의미이다. 어떤 사람은 계란, 우유, 콩, 해산물, 밀, 땅콩, 육류, 메밀 등을 섭취하여도 아무런 증상이 없지만 어떤 사람은 여러 가지 증상이 나타나는데 이러한 현상을 알러지라고 한다.

알러지는 이미 오래전부터 알려져 온 이상반응이다. 약 2,070년 전에 그리스의 루크레티우스Titus Lucretius는 "어떤 사람에게는 좋은 음식이 또 다른 사람에게

는 독이 된다" 라는 말로써 음식 알러지를 경고하고 있다.(4)

그러나 우리 인체의 입장에서 보면 알러지는 지극히 정상적인 면역반응의 현상으로 생기는 증상이다. '면역' 이란 외부로부터 우리 몸으로 들어온 병원균과 바이러스 등을 공격하여 제거함으로써 자기 자신의 몸을 지키기 위한 자기 방어기구이다. 즉 '자기' self와 '비자기' non-self를 구별하여 비자기를 공격하여 자신의 개체를 방어하는 체계를 말한다. 따라서 알러지 반응은 우리 몸이 외부로부터 들어온 이물질(식품)을 비자기로 인식하여 자기 자신을 방어하는 과정에서 분비되는 화학물질들(히스타민, 헤파린)이 다시 자기 자신을 공격하여 생기는 증상이라 말 할 수 있다.

식품알러지의 항원과 항체

식품알러지의 경우 항원 antigen이 될 수 있는 것은 이미 앞에서 언급한 콩, 우유, 치즈, 난백, 게, 새우, 참치, 대구, 연어, 돼지고기, 소고기, 레몬, 라임, 오렌지, 복숭아, 밀가루, 쌀, 땅콩 등이 있고 이러한 알러지의 항원을 알레르겐 allergen이라고 한다. 알레르겐이 우리 몸에 들어오면 이에 대응하는 항체가 만들어진다. 하지만 어떤 사람은 알레르겐이 몸 안에 들어와도 항체가 형성되지 않은 경우가 있고 어떤 사람은 면역체계가 민감하여 형성된 항체가 자기 자신을 공격한다. 항체는 면역글로불린 immunoglobulin ; Ig이라 불리며 혈액 중에 G, M, A, D, E 다섯 가지 종류가 있다. 이 중 식품알러지와 관련이 있는 것은 IgE 이다. 면역글로불린의 구조는 종류에 따라 조금씩 다르나 Y자 모양을 하고 있고 두 개의 중쇄단백질과 두 개의 경쇄단백질로 구성되어 있다. 면역글로불린은 막결합 형태에서는 모두 단량체로 존재하지만 분비형일 때는 IgG, IgE, IgD 는 언제나 단량체로, IgA는 단량체 또는 이량체로 존재하며 IgM은 5량체로만 존재한다.

식품알러지의 면역반응

식품알러지는 면역반응을 일으킨다. 그러나 면역반응이 외부 침입자로부터 자기 자신의 몸을 방어하는 것과 달리 식품알러지는 우리 몸을 공격하여 해친다. 항체가 만들어지는 방법은 바이러스 등과 같은 외부 침입자의 경우와 똑 같지만 항체의 종류가 다르고 알러지를 일으키는 세포를 깨워내는 점이 일반 면역과 다르다.

알러지 현상은 인체의 생체반응이 과민하게 일어나는 현상으로 이 반응을 과민형 반응이라 하고 4가지 형태의 다른 면역기전을 중심으로 분류되고 있다.

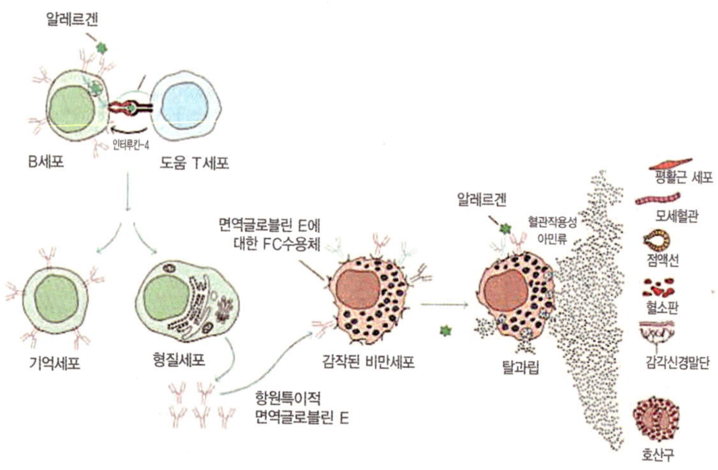

(그림 1) 제1형 과민반응의 일반적인 기전 (Goldsby Ra. A. Immunology 2003)

> **비만세포(mast cell)** : 알러지와 관련이 있는 세포로 살찐(fattened) 또는 잘 부양된 세포들(well-fed cell)이란 뜻을 가진 독일어 Mastzellen에서 유래했으며, 비만세포표면에 높은 친화성 IgE 수용체가 존재하여 항원과 IgE가 수용체에 교차결합 되었을 때, 히스타민과 헤파린 등 다른 염증 매개체들을 함유하고 있다.

이 4가지 형태를 보면 과민형 반응의 3가지는 체액성 면역항체에 의해 매개되는 면역반응의 범위 내에서 일어나고 항원과 항원항체 복합체가 관련되어 있는 것으로 IgE 항체-매개 과민반응(제1형), IgG 항체-매개 과민반응(제2형), 면역복합체-매개 과민반응(제3형)으로 분류된다. 과민반응의 마지막 제4형 과민반응은 세포성 면역의 범위 내에서 일어나며 세포-매개 과민반응T세포 적응면역반응으로 통상 지연형 과민반응이라 한다.

식품알러지는 제1형 과민반응으로 알러지의 원인물질과 같은 항원물질에 의해 유도된다.(그림 1)

주로 알러지와 관련있는 비만세포에 IgE 특이적인 항원이 결합하여 발생하며, 비만세포로부터 활성을 가진 염증매개물질이 세포내 탈과립과정을 거처 분비됨으로써 생기는 정상적인 체액성 반응이다.[5]

우리 몸은 식품을 이물질로 인식한다

알러지 반응은 우리 몸이 외부로부터 들어온 식품(계란, 콩, 해산물, 밀, 땅콩, 육류, 우유, 메밀 등)을 '비자기'로 인식하여 자기 자신을 방어하는 과정에서 일어나는 증상이라 말 할 수 있다. 따라서 우리 인체의 입장에서 보면 알러지는 지극히 정상적인 면역현상이라 말 할 수 있다.

우유를 부정하는 사람들 중에는 우유단백질이 알러지의 주범이라고 말하는 과장하는 사람들이 있다. 그들은 "우유단백질은 이종단백질이기 때문에 알러지를 일으킨다"고 주장한다. 그러나 사람의 모유에 들어있는 단백질을 제외하고 음식에 사용되는 식재료에 들어있는 모든 단백질은 인간에게 있어서는 이종단백질이므로 유독 우유단백질만이 알러지의 원인이라고 주장하는 것은 설득력이 없다. 식품알러지는 대체로 단백질 때문에 발생하고 기타 다양한 요인에 의해 영향을 받는다.

첫째, 알레르겐으로 작용하는 항원은 장관을 경유하면서 대부분 소화 효소에 의해 분해되어 저분자의 펩타이드나 아미노산으로 분해된다. 항원이 알러지 반응을 유발하기 위해서는 어느 정도 이상의 분자량이 필요하기 때문에, 일단 분해되어 작아진 항원 분자는 알러지를 일으키지 못한다.

그러나 아무리 성인이라 하더라도 식품 항원을 소화관에서 완전히 분해하는 것이 아니기 때문에 일부 남아있는 항원이 혈중에 들어가서 알러지를 일으킬 수도 있다.

둘째, 연령에 따른 그 발생 빈도가 다르다는 점이다. 유아는 태어난 직후부터

3세 사이에는 장관이 아직 완성되지 않은데다 장관 면역계도 미숙하기 때문에 알레르겐 침입을 억제하는 IgA가 제대로 생산되지 못한다. 이러한 이유로 알레르겐이 3세 이상 된 아이보다 장관을 3배 이상 많이 통과하게 되기 때문에 특히 유아에게 식품알러지가 많이 발생한다. 그러나 3세 이후에는 장관면역계가 성숙하기 때문에 알러지 발생도 많이 줄어든다.

셋째, 장관이 염증을 일으키는 경우에도 알레르겐의 흡수가 상당히 증가한다는 점이다. 장관에서 염증이 일어나면 염증과 관련 있는 비만세포에서 장관의 알레르겐 투과성을 증가시키는 물질이 분비된다.

장관면역계가 완성된 사람이라면 장관 점막 상피 세포에서 분비되는 IgA가 식품 항원을 비롯한 외래 항원이 위장관의 점막표피 장벽을 통과하여 그대로 체내로 침입하는 것을 방지한다.

따라서 IgA의 양과 활성은 장벽을 통과하는 식품 항원의 양을 좌우한다고 생각된다. 그리고 점막면역의 주요 기능을 담당하는 파이에르판Peyer's patch은 소장의 2차 림프기관으로 창자벽 내에 둥근 소포를 이루고 있으며, 이 위에 있는 점막상피 미세주름세포(M 세포)가 항원을 파이에르판으로 전달한다.

파이에르판 내의 수지상세포들에 의해 전달된 항원이 포착되어 알러지를 일으키는 IgE 항체를 만들지 못하게 하므로 식품알러지가 일어나지 않도록 하고 있는데 이와 같은 기능들을 충분히 하지 못하면 알러지가 일어난다.(4)

(표 1)은 113명의 유아 중 식품의 종류에 따라 아토피피부염을 앓고 있는 유아 34명을 대상으로 1-2살 이후 같은 식품에 대한 특이적 민감성의 변화를 조사한 결과다. 내용을 살펴보면 계란에 대한 알러지는 20명 중 14명(70%)으로 감소하였고 우유는 7명 중 4명(57%), 콩은 3명 중 2명, 밀은 4명 중 1명이 감소한 것으로 나타났다.(6)

(표 1) 아토피피부염 어린이에서 1~2살 이후 식품 특이적 민감성의 변화

식품종류	알레르겐환자수(0살)	음성반응(1-2살 이후)
계란	20	14 (70%)
우유	7	4 (57%)
콩	3	2 (70%)
밀	4	1 (25%)
(Sampson and McCaskill, J. Pediatr. 1985)		

식품 알러지를 일으키는 물질은 무엇인가

식품알러지를 일으키는 주된 성분은 단백질이다. 단백질은 20종류의 아미노산이 펩타이드 결합으로 연결되어 만들어지고 특징적인 입체구조를 형성하고 있으면서 생체 내에서 고유의 기능을 수행하고 있다.

단백질의 입체구조는 열이나 화학약품의 작용을 받으면 풀리거나 침전하는데 이것을 변성이라 한다. 열에 의한 영향은 음식을 가열할 때 나타나는데 식품 중 알레르겐은 열에 의해서 변성되어 입체구조가 파괴되고 아미노산 사슬이 절단되는 경우가 있다. 또한 화학약품(황산, 염산 등)에 의해서도 같은 결과가 일어난다. 대부분의 식품 단백질은 알러지원으로써 다음과 같은 중요한 특징을 가지고 있다.(7)

분자량 크기

알레르겐으로 작용하는 단백질의 분자량 크기는 알러지와 관련된 IgE 반응을 자극하는데 있어 매우 중요하다. 비만세포는 세포의 표면위에 있는 IgE 항체 분자들과의 교차결합을 위해 최소한의 크기를 가진 단백질이 필요하다. 그 최소 크기가 약 30개의 아미노산 또는 3 kD 정도의 분자량으로 알려져 있다.

만약 그 단백질이 3 kD 보다 작으면 비만세포의 표면에서 IgE 항체 분자들과 교차결합을 할 수 없고, 따라서 임상적으로 진단되는 알러지 반응은 불가능 하다. 우리가 알고 있는 알레르겐 능력을 가진 많은 단백질은 비만세포 표면위에 있는 IgE 항체 분자들과 교차결합을 할 수 있는 많은 항원결정기Antigenic Determinant 또는 Epitope, 항원의 특정 부분를 가지고 있다.

풍부한 양

단백질 알레르겐은 근원적으로 식재료에 비교적 많은 양이 존재한다. 보통 식품알러지를 일으키는 주요 알레르겐은 식재료에서 차지하는 총 단백질 비율이 매우 높다. 예를 들면 오브알부민과 오보뮤코이드는 계란의 주요한 두 종류의 알레르겐으로 총 단백질의 54%와 11%를 각각 차지한다.

안정성

단백질 알레르겐의 공통적인 특징은 열처리와 식품의 요리 과정에서 안정된 상태로 존재한다는 것이다. 이러한 단백질들은 단백질 분해효소에 저항력이 강하다. 그러나 단백질 분해효소는 소화관내에 존재하면서 정상적으로 큰 단백질을 더 작은 단백질로 분해시키는 작용을 하고 있으며 우리의 소화체계는 이러한 가수분해 효소들에 저항하는 단백질을 원활이 조절하고 있다.

가수분해소화에 저항하는 알러지를 일으키는 물질과 음식에 널리 존재하는 식물성 단백질을 대상으로 소화 효소인 펩신을 처리한 실험 결과 이 식물성 단백질들은 펩신에 의해 매우 불안정하였고 대부분은 완전히 펩타이드로 분해되었다.

알러지를 일으키는 식품의 종류는 다양하다

우유알러지는 유년기 어린이의 1~3% 정도가 나타난다.

카세인과 유청의 다양한 단백질은 알러지 반응과 관련이 있고 이러한 것들의 대부분은 다양한 항원결정기를 포함한다. 우유는 계란, 콩, 밀, 땅콩, 견과류, 고기, 조개 등과 함께 소위 말하는 8대 식품알러지 군의 한 성분으로 분류된다.(8)

영 유아 시기에 우유알러지가 나타나는 이유는 태어나서 가장 먼저 접하는 것이 우유와 같은 식품이고 이러한 식품들이 알레르겐을 가지고 있어 주위의 환경으로부터 들어오는 항원에 대하여 감작을 받아들이기 쉬운 미성숙한 면역체계를 지녔기 때문이다.

실제로 우유알러지는 불과 1~3%의 어린이에게 있어 발생하는 식품알러지이다. 우유알러지는 유년기어린이(2세 이하)에서 성인에 들어서면 0.1~0.5% 빈도로 감소된다. 우유단백질의 영향을 받은 어린이의 대부분(80~90%)은 나이가 3살 정도 되면 자연적으로 우유단백질에 대한 알러지 증상은 없어진다. 1살 때에는 56%, 2살이 되면 77%, 3살 때에는 87%가 증상이 없어진다.(9)

다른 식품들과 마찬가지로 우유에서 알러지 반응을 일으킬 수 있는 성분들은 단백질들이다. 실제로 대부분의 우유단백질들은 그 구조나 화학적인 특성(안정성, 기능 또는 생리활성)이 무엇이든 간에 알러지를 발생할 잠재능력을 가지고 있다. 우유단백질은 반추동물의 종류에 따라 양적으로는 비슷하지만 단백질의 종류별로 함량이 다르다. 이러한 단백질들은 역시 비유기간에 따라 변한다. 모유에 베타-락토글로불린 β-lactoglobulin, β-LG이라는 단백질이 함유되지 않은 것은 주목할 만한 것이다. 우유는 1리터당 단백질이 약 30 ~ 35g 정도 함유되어 있고 이 중 카세인이라는 단백질이 80%, 유청단백질이 20% 정도 차지한다. 유청단백질은 구상단백질로 주된 단백질은 β-LG과 알파-락트알부민 α-Lactalbumin, α-LA 이며 이것은 유선에서 합성되고 혈청알부민과 면역글로불린은 혈액으로부터 이행된 것이다. 카세인은 4 종류의 단백질(알파$_{S1}$-, 36%; 알파$_{S2}$-, 10%; 베타-, 34%; 카파-, 13%)로 구성되어 있다.

카세인을 가수분해하면 알러지가 없어지는 효과가 나타난다.

카세인은 주된 알레르겐으로 카세인 상호간은 아주 낮은 아미노산 상동성을 가지고 있다. 카세인은 강한 열처리에도 큰 영향을 받지 않지만 모든 단백질 분해효소에 대해서는 반응이 쉽게 이루어지고 소화효소에 의해서 빠르고 넓게 가수분해 된다. 공통적인 현저한 특징은 인-세린 잔기 집단이 포함하고 있는 산성펩타이드 잔기의 상동성이다. 젖소 유즙의 카세인과 다른 포유동물 유즙의 카세인 사이의 상동성은 80%에서 90% 이상으로 매우 높다.(표 2)

이러한 결과에 따라 우유알러지 환자의 대부분은 양 유즙 카세인, 염소 유즙 카세인, 젖소 유즙 카세인 사이의 IgE 교차반응이 일어나고 면역글로불린 반응은 양 유즙, 염소 유즙은 비슷하거나 때로는 젖소 유즙보다 오히려 더 높게 나타난다. 우유 카세인 알러지 환자의 15~20%는 양 유즙 카세인, 염소 유즙 카세인에 대해서 비슷하거나 오히려 더 높은 반응을 보이다.(7)

(표 2) 동물의 종류에 따른 우유 단백질 잔기(아미노산)의 상동성(%)

단백질 종류		젖소/양	젖소/염소	염소/양
베타-락토글로부린		96	96	99
알파-락트알부민		94	95	99
카세인	알파S1	89	87	97
	알파S2	89	88	98
	베타	90	90	99
	카파	84	85	95
(Victoria Emerton. Food Allergy and Intolerance, 2002)				

(표 3)은 포유동물의 종류에 따른 유즙의 단백질 성분을 나타낸 것이다. 젖소는 1L 당 카세인이 28~30g, 유청단백질이 6g정도 함유되어 있고 염소는 젖소와 비슷하며 양은 젖소나 염소보다 2배 정도 많이 함유되어 있다.

우유 단백질에 대한 알러지가 있는 생후 1개월~7살 어린이 67명을 대상으로 카세인을 광범위하게 가수분해하여 제조한 분유(상표명 Damira 2000®)를 먹인 후 그에 대한 반응을 조사하였다. 그 결과 이 분유를 섭취하고 기존에 알러지 증상을 가지고 있던 어린이 67명 중 98.5%인 66명에게서 증상이 없어지는 효과가 나타났다. 이들 연구팀은 광범위하게 가수 분해된 카세인 제품은 안전하고 우유

(표 3) 포유동물의 종류에 따른 유즙의 단백질 성분 (g/L)

단백질 종류	젖소	염소	양	말
총 카세인	28-30	25-30	50-60	13
알파 S-	14	2-6	25	
베타 -	11	18	25	
카파	-4	4	10	
유청단백질	6	4	9	13
(Victoria Emerton. Food Allergy and Intolerance, 2002)				

단백질에 대한 알러지 증상을 가지고 있던 대부분의 어린이에게서 관용 Tolerance: 특이항체와 상호작용을 하지만 관련 세포가 반응이 없는 상태의 효과가 나타났다고 하였다.(10)

유청단백질

유청단백질은 전체 우유단백질의 20%를 차지하고 있으며 이 중 베타-락토글로불린은 10%, 알파-락트알부민은 4%, 혈청알부민 3%, 면역글로불린 2% 등으로 구성되어있다. (그림 2)에 나타난 바와 같이 우유알러지 환자 중 베타-락토글로불린에 대하여 알레르겐 활성이 높게 나타나고 있는데 모유에는 전혀 함유되지 않은 이종 단백질이기 때문이다. (그림 2)는 알러지 환자 19명의 혈청에서 우유 단백질 5종류(베타-락토글로불린, 총 카세인, 혈청알부민, 알파-락트알부민, 락토페린)가 IgE와 특이적인 반응을 나타내는 값을 측정한 결과이다.

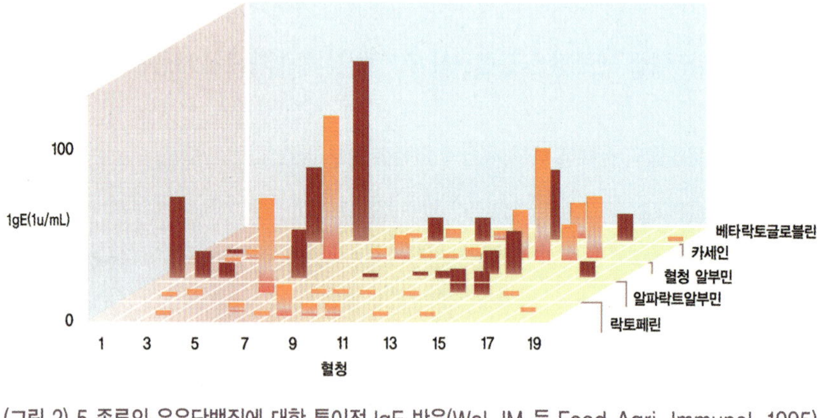

(그림 2) 5 종류의 우유단백질에 대한 특이적 IgE 반응(Wal JM. 등 Food Agri. Immunol. 1995)

그림에 나타난 바와 같이 1번 환자는 혈청알부민, 4번 환자는 베타-락토글로불린, 6번 환자는 베타-락토글로불린, 총 카세인, 혈청알부민, 알파-락트알부민, 14번, 15번 환자는 베타-락토글로불린, 총 카세인, 혈청알부민, 알파-락트알부민, 17번 환자는 베타-락토글로불린, 총 카세인에 특이적으로 반응하였다. 그러나 이러한 우유단백질에 특이적인 반응을 보이지 않았거나 아주 미약한 반응을 보이는 환자도 많은 것으로 나타났다.(11)

기타의 식품알러지들

▶ 식품알러지 중에서 계란알러지가 가장 많이 발생한다. 계란알러지는 소아에 많지만 우유알러지와 달리 성인이 되어도 나타난다. 흰자위에는 열 가지 이상의 단백질이 들어 있다. 그 동안 여러 학자들의 연구결과에 의하면 오브알부민 Ovalbumin과 오보뮤코이드Ovomucoid가 알러지를 일으키는 물질로 밝혀졌다.(12)

▶ 콩 알러지를 일으키는 주 성분은 Gly m 1, Gly m 2, Gly m 3 등의 단백질이다.(13) 콩의 과민반응은 일반적으로 땅콩보다는 훨씬 낮으나 콩 제품을 피하는 것은 훨씬 더 어렵다. 콩 종류는 세계 여러 나라에서 식품 제조과정에 중요한 성분으로 사용되기 때문인데, 콩 종류나 콩 제품들은 조제분유, 빵 종류, 연어통조림, 시리얼, 과자, 스프, 소스 등에 섞여 사용된다.

또한 30명의 IgE 반응 환자의 혈액을 분석한 결과 콩의 Gly m 5과 Gly m 6은 알레르기와 관련이 있는 IgE와 반응을 하는데 콩에 과민증 증상을 나타내는 환자 중 그 정도를 상, 중, 하로 나누었을 때 환자 모두 Gly m 5와 Gly m 6에 반응하는 비율이 33% 이상으로 나타났다.(14) 결론적으로 콩 알레르겐 Gly m 5와 Gly m 6에 대한 감작은 콩에 대한 알러지 반응을 잠재적으로 암시하는 것이다.

▶ 생선은 성인에서 식품알러지 반응의 원인이 되는 가장 일반적인 식품중의

하나로 생선을 많이 소비하는 국가에서 모든 나이에 걸쳐 발생하는 식품알러지의 원인물질이다. 생선 알러지를 일으키는 주 성분은 연어와 여러 종류의 생선에 들어있는 비슷한 성분인 팔브알부민Parvalbumin과 대구에 들어있는 알레르겐 M으로 밝혀졌다. 따라서 일반적으로 생선 알러지가 있는 사람은 생선을 피하는 것을 권유하고 있다.(3)

▶ 땅콩 알러지를 일으키는 주 성분은 비실린Vicilin, 콘글루틴Conglutin, 글리시닌Glycinin, 프로피린Profilin, 렉틴Lectin, 오레오신Oleosin 등의 단백질이다. 영국이나 미국 등 지역이 다른 곳에서 연구한 결과 땅콩 알러지는 처음에는 가벼운 증상이 계속 진행되다가 시간이 지나면서 점차 악화된 상태로 진행된다는 것이다. 많은 어린이들에게 이러한 증상과 반응들이 장기간 진행 될 수 있기 때문에 의미하는 바가 크고 최악의 경우에는 심한 반응이 일어날 수 있다. 연구진들은 어린이의 3-4% 정도가 알러지를 앓고 있는 우유 또는 계란과 비교해서 견과류는 비록 인구의 1% 또는 그 미만이지만 식품과 관련된 아나필락시스Anaphylaxis : 알레르겐으로 인하여 생기는 면역과민반응를 주도하는 원인물질로 남아있고 땅콩 알러지가 널리 퍼지고 있다고 말하고 있다. 식생활에서 견과류를 피하는 것은 대단히 어렵고 따라서 땅콩알러지는 의료계의 노력에도 불구하고 계속 유지되고 있으며, 불행히도 여전히 땅콩 알러지에 대한 적당한 대처방법이 없다는 것이다.

그 실례로, 1989년 영국 와이트 섬에서 4살 어린이 900명을 대상으로 실험한 결과를 보면 1.3%인 13명이 피부반응 실험에서 양성을 보였고 0.6%인 6명이 땅콩알레르기 증상을 보였다. 10년 후 같은 나이의 어린이 1,237명을 대상으로 실험한 결과 피부반응 실험에서 양성을 보인 어린이가 3.2%인 41명으로 나타난 것이다. 이러한 사실은 땅콩에 처음으로 노출 된 후 심한 반응이 나타나게 되면 연속적으로 심한 반응이 일어나는 것으로 예상 할 수 있고, 가볍고 중간 증상을 가진 사람들의 일부는 더 악화된 반응으로 진행한다는 결론을 내릴 수 있다. 따라서 만약 청소년기나 청년기에도 여전히 땅콩 알러지를 앓고 있다면 그 이후에도 알러지 증상이 없어지기를 기대하는 것은 어렵다.(15-17)

▶ 또한 다양한 갑각류(새우, 게, 바다가재, 가재)와 연체동물(대합조개, 굴, 가리비)에 대한 알러지 반응은 성인에서는 보통 나타나는 현상이다. 조개류 알러지를 일으키는 주성분은 여러 종류의 조개에 비슷하게 포함되어있는 성분인 트로포마이오신tropomyosin으로 밝혀졌다.(3)

05 식품알러지에 대한 효과적인 예방과 치료 방법은 무엇인가

알러지 증상의 예방과 치료를 위해서 알러지를 연구하는 학자들은 다음과 같은 방법들을 제시하고 있다.

첫째, 식품알러지를 일으키는 원인물질을 제거하는 방법이다. 이 방법은 원인물질을 제거하기 때문에 이론적으로 알러지 증상은 치료가 될 수 있다. 그러나 알러지를 일으키는 여러 종류의 식품을 제거한다는 것은 우유처럼 균형 잡힌 영양소 섭취를 제한하는 문제가 될 수 있다. 특히 성장이 매우 빠른 어린아이들에게는 영양가가 높고 발육에 필수적인 것이 단백질이다. 따라서 우수한 단백질 식품으로 손꼽히는 계란과 우유를 먹지 않을 수는 없다. 더군다나 단백질의 기본단위인 아미노산 중 필수아미노산은 우리 몸에서 만들 수 없기 때문에 반드시 식품을 통해서 공급해 주어야만 한다. 식품 중에 함유되어 있는 필수아미노산의 양은 식품마다 다르기 때문에 이러한 필수아미노산의 양이 충분히 함유되어 있는 식품이 생리적 영양가가 높은 것이며 이러한 관점에서 우유와 달걀에 함유된 아미노산들은 아주 이상적이라 할 수 있다. 통상적으로 완전에 가까운 식품이라고 말하는 이 식품들을 많이 섭취하기 때문에 알러지도 그 만큼 많이 일어난다고 말할 수 있다.

둘째, 알러지를 일으키는 식품을 효소처리나 가열처리하여 알러지를 일으키는 물질의 활성을 저감시킨 저알레르겐 식품 Hypoallergenic foods을 섭취하는 것이다. 식품을 효소처리하면 알러지를 일으키는 부위가 없어지거나 단백질의 크기가 작아져 알러지와 관련된 세포와 반응하는 항체를 만들 수 없기 때문에 알러지 반응이 감소하거나 일어나지 않는다. 또한 열처리공정도 식품의 안전과 알러지 증상을 줄이는데 도움이 되는데 그 이유는 단백질은 열에 의해 변성되기 때문에 알러지를 일으키는 단백질의 입체구조가 파괴되어 알러지 증상이 줄어든다. 현재 이러한 기술로 만들어진 저알레르겐 식품들이 시판되고 있고 많은 연구가 진행되고 있다. 최근에는 고압처리 기술을 이용하여 물리적 처리를 함으로써 단백질의 가수분해와 구조변화를 향상시키는 방법이 개발되었으며 (13,18) 전자파조사를 이용한 기술 방법으로 역시 단백질의 가수분해와 구조변화를 향상시키는 기능이 밝혀지기도 하였다.(19,20)

셋째, 알러지 증상을 개선하는 항알러지 방법이다. 지방성분 중 이러한 효과가 있는 것은 알파-리놀렌산으로 알려져 있다. 알파-리롤렌산은 유채기름, 콩기름에 많이 함유되어 있는데, 학계에서는 이 성분 자체와 이를 함유한 식품은 알러지 증상을 개선하는 효과가 있을 것으로 기대하고 있고 이 분야에 대한 연구가 활발하게 진행되고 있다.

우유알러지는 방어할 수 있다

우유알러지의 방어 전략은 크게 3가지 단계로 목표를 세운다. 첫째는 초기 감작을 차단하는 1차 방어, 둘째는 알러지 단계에서 시도하는 2차 방어, 셋째는 이미 감작된 개체에서 관용을 유도(특별한 면역치료)하는 방법이 있다.

감작의 1차 방어

현재 우유 단백질 알러지는 강력한 유전소양(가족력)으로 알려져 있고 아토피 가족력은 우유알러지 발달에 대한 위험에 있는 어린이를 판정하기 위한 가장 전조가 되는 검사다. 유아가 우유에 감작되었다는 정확한 판단에 대해서는 여전히 논쟁의 여지가 있다.

식품단백질의 감작 Sensitization에 대한 주된 위험은 면역체계와 장관이 여전히 성숙 중인 초기 유아기 동안 가장 위험하게 남아있기 때문이다.(21)

전적으로 모유수유가 그 위험성을 완전히 제거하는 것은 아니지만, 생후 첫 4~6개월 동안 모유 수유는 우유 단백질 알러지 발달에 대해서 가장 잘 알려진 방어적인 전략이다. 알러지에 관한 모유수유의 긍정적인 효과에 대한 주된 요인은 첫째는 유아의 장관과 면역체계가 여전히 발달하는 동안 우유 단백질에 대한 노출의 최소화, 둘째는 모유로부터 유아의 면역 항상성의 발달과 유지에 도움을 주는 사이토카인 Cytokine : 생체반응을 조절하는 면역체계 단백질과 성장 요소들의 공급이다.[22] 그러나 여러 가지 이유로 인해 모유를 수유할 수 없는 어린이들에게 조제분유는 대용식품이다. 대부분의 유단백질 조제분유는 자연그대로의 우유단백질을 포함하고 있는 반면에 과민성우유 조제분유에서 단백질은 항원결정기의 파괴를 위해서 광범위하게 가수분해를 하여 항원성을 제거한다. 면역원성의 소실은 역시 우유단백질에 대한 관용 발달로부터 면역체계를 방어한다. 따라서 동시에 충분한 크기의 펩타이드와 구강관용의 유도를 자극하는 면역원성을 유지하는 동안 부분적으로 가수분해 된 조제분유는 우유단백질에 있는 감작성 항원결정기의 수를 최소화함으로써 알레르기 감작을 막는 수단으로 이용되고 있다.[23-25]

또한 프로바이오틱 미생물의 형태로 미생물을 안전하게 공급하는 것은 세포외 감염원에 반응하는 면역계의 다른 세포들을 도아주는 헬퍼세포인 Th1/Th2의 불균형을 교정해주고 T세포의 활성을 조절할 수 있었다.[23] 또한 흥미롭게도 유아에게 프로바이오틱스(또는 생균제재로 불림) 미생물을 섭취시킨 연구에서 임상적으로 아토피 피부염의 주목할 만한 개선이 있었고 4세까지 지속적으로 유지되었다.[24] 아울러 프로바이오틱 미생물은 다당류(프레바이오틱스)와 함께 어느 정도는 조제분유에 포함되는데 이것은 비피도박테리아로 하여금 우점하는 장내 미생물 균총을 유도하는 것으로 밝혀졌다.

다음으로 우유에 면역물질들의 첨가를 생각해 볼 수 있는데, 모유에서 IgA 전환기능이 있는 전환성장인자Transforming Growth Factor-β, TGF-β와 같은 사이토카인의 조절은 장관면역체계가 아직 발달중인 초기 유아기 동안은 식품항원에 적당한 반응을 촉진시키는 중요한 역할을 한다. 하지만 우유성분을 기본으로 한 조제분유는 일반적으로 전환성장인자와 같은 조절사이토카인이 부족하다. 앞으로 모유의 면역조절능력을 대체할 수 있는 조제분유가 생산된다면 감작의 1차 방어에 크게 기여를 할 수 있을 것이다.[25]

2차 방어 : 항원성이 적은 우유단백질을 제조하는 것

모유수유는 모유의 특별한 영양성분의 함유, 성장과 방어요인, 신생아를 위한 영양소가 가장 잘 어우러진 형태라 할 수 있다. 하지만 모유수유가 어려운 경우는 모유를 대체할 수 있는 조제분유를 제조하여 영유아에게 섭취시켜야만 한다.

우유알러지가 있는 사람은 콩을 포함한 여러 종류의 식품에 대해서도 종종 알러지를 가지고 있다. 따라서 콩 즙은 대체제로 때로는 적당하지 않고 특히 알러지 감작에 더욱 민감한 6개월 이하의 영아에게는 추천할 수 없는 식품이다.(26)

항원결정기의 수, 구조와 기본이 되는 잔기의 특징을 피하는 방법은 유전적인 선택 또는 항원성을 제거하기 위해 열처리 같은 단백질 변성 공정들을 이용하여 방어한다. 저 알러지성 조제분유의 제조는 유단백질의 폭넓은 가수분해를 통해서 이상적인 분자량 1,500 달톤 Dalton보다 적은 펩타이드화로 접근한다. 또한 낮은 비율이지만 경우에 따라 광범위하게 가수분해한 단백질이라 할지라도 민감한 영아들에게는 증상이 일어날 수 있다. 따라서 아미노산이 기본이 되는 조제분유가 요구되고 있다. 또한 광범위한 가수분해는 항원성을 제거하는 반면에 우유단백질의 물리적 및 생리적 기능성을 파괴하기 때문에 저 알러지 우유 생산을 위한 대체방법에 대한 연구는 계속되어야 한다.(27,28)

관용유도 : 특이면역치료법

특이면역치료법은 항원에 노출시키는 수단을 통해 감작되어진 개체를 면역조절로 유도하는 것이 목표이다. 천연 또는 재조합 우유 펩타이드를 섭취시킨 동물모델을 이용한 연구결과에서 우유알러지의 관용반응이 유도되었다. 또한 우유알러지의 고통을 겪는 어린이에게서도 탈 감작 Desensitization의 반응이 나타났는데 이러한 결과는 수개월 이상 점진적으로 우유단백질의 섭취량을 매일 증가시킴에 따라 얻은 것이다. 따라서 알러지를 일으키는 항원에 노출시켜 관용을 유도하는 방법이 특이면역 치료법으로 소개되고 있다.(1)

식품과민반응의 선천적 이력과 방어의 이해는 식품알러지 환자의 관리에 있어서 매우 중요하다. 이러한 주제에 관한 많은 연구들이 완전히 일치하는 결과를 나타내지는 않았지만 그들의 연구 데이터를 통해 몇 가지 분명한 사실은 알 수 있다.

첫째, 식품알러지는 매우 일반적인 것이다.

둘째, 식품알러지의 거의 대부분은 생후 1~2살에 시작하지만 대부분의 어린이는 시간이 지나면서 없어진다.

셋째, 모든 식품알러지는 긍정적인 결과에 대하여 주목할 만한 예외들이 있지만 증가하는 추세에 있다.

넷째, 식품알러지는 종종 아토피질환의 시초가 되기도 한다. 그리고 적어도 몇 가지 식품알러지는 유아기와 어린이시기에 주요 식품알레르겐들을 피함으로써 막을 수 있다는 것이다.

따라서 우유 역시 일반적인 식품알러지 중 하나에 불과하며 알러지의 주된 요인은 아니라는 것이다.

제13장

우유의 면역조절기능은 인류 건강에 커다란 선물이다.

음식과 약은 근원이 같다

우유에 포함된 다양한 성분들이 면역효과를 일으킨다

학자들이 주장하는 우유의 항암효과들

우유는 항염물질을 함유하고 있다

⊙ 우유의 면역조절효과는 유청단백질, 카세인, 지방, 호르몬, 성장요소를 포함하는 우유 성분의 다양성 덕분이다. 게다가 우유단백질은 상업적인 공정이나 정상적인 소화효소의 가수분해에 따라 방출되어질 수 있는 다양한 면역활성 펩타이드를 포함하고 있다.

⊙ 정상세포가 암세포로 파괴하는 것은 자연살해세포이다. 이 세포의 활성을 높여주는 것은 사이토카인이라는 면역관련물질이다. 우유단백질인 카세인은 면역계를 활성화하는 기능이 있고 사이토카인의 생산도 촉진하기 때문에 암을 예방하는 효과도 기대할 수 있다.

음식과 약은 근원이 같다

필자는 우연한 기회에 방송국에서 제작한 '캐냐의 붉은 전사' 라는 프로그램을 시청하게 되었다. 방송의 내용은 아프리카 캐냐의 '삼부르족' 이란 부족의 생활상을 다룬 것이었는데 특별히 관심을 끄는 부분이 하나 있었다. 삼부르족은 염소를 사육하면서 염소젖과 고기를 주로 먹고 살아가는 부족으로 그들이 생활하는 지역은 건조하여 물이 부족하고 먹을 것 또한 변변치 못한 환경이었다. 하지만 특이하게도 이 부족은 아침을 꼭 염소젖으로 식사를 하고 있는데 다른 부족과 비교하여 키가 크고 건강한 생활을 하고 있다는 것이다.

최근에 우유 및 유제품이 건강에 나쁜 영향을 미치고 있다고 주장하는 '우유반대론자' 들이 출판한 책과 인터넷에 올려 진 내용들을 보면서 우유과학을 전공하는 학자로서 대단히 혼란스럽고 유감스럽기 짝이 없다.

'식의동원(食醫同原)' 이라는 말이 있다. 이 뜻은 음식과 약은 근원이 같다. 다시 말하면 음식을 골고루 잘 먹으면 질병을 앓지 않고 건강하게 살아갈 수 있다는 정도로 이해가 된다. 우리는 자식들에게 "음식은 가리지 말고 골고루 잘 먹어야 건강한 사람이 된다"라고 이야기 해 본 적이 있을 것이다. 지구상에 인류가 이용하는 식품의 종류는 수없이 많이 있는데 아무리 몸에 좋고 맛있는 음식이라 할지라도 알맞게 먹어야 그 음식이 인체에 이롭지 지나치게 많이 먹으면 오히려 몸에 독이 되고 안 먹으니 못하다는 것이다.

이 장에서는 인류가 기원전 약 6,000년 전부터 이용해 왔고 앞으로도 이용 할 완전식품에 가깝다고 인식되고 있는 우유와 유제품의 면역조절기능에 대해서 살펴보겠다.

우유는 두 가지 방법으로 개체방어를 이룰 수 있다. 첫째는 특이적인 병원체를 중화시키는 항체와 같은 면역학적인 분자들의 수동적인 수송에 의해서 가능하다. 이것은 태반을 통하여 면역글로불린의 수송이 부족한 것을 보상하는 정도로 높은 농도의 항체를 포함하고 있는 반추동물의 초유가 그러하다. 둘째로 우유는 신생아 자신의 조직에 대한 손상의 위험을 최소화하기 위해 면역체계의 발달을 잘 양육한다. 이와 같이 조직의 빠른 성장을 지원하고 그 성장의 연료에 대한 에너지를 공급하는 것은 별개의 문제로 하고라도 우유는 건강한 면역체계를 확립하는 영양소로 간주되어진다는 것이다.(1)

우유에 포함된 다양한 성분들이 면역효과를 일으킨다

우유는 단백질, 탄수화물, 지방, 비타민, 미네랄, 그리고 성장 요소 등 다양한 성분들을 포함하고 있다. 신생아의 성장과 발달에 필요한 영양분 요구에 우유는 신생아 자신이 면역체계가 완전히 작동될 때 까지 신생아를 보호하는 중요한 역할을 한다. 우유는 두 가지 다른 방법에 의해 방어기능을 중재한다. 첫째는 항체와 같은 분자의 수송을 통한 수동적 방어물질의 공급에 의해서 이루어지고, 둘째는 면역체계의 효율적이고 균형 잡힌 발달을 조절함으로써 이루어진다.[2]

우유의 면역조절효과는 유청단백질, 카세인, 지방, 호르몬, 성장요소를 포함하는 우유 성분의 다양성 덕분이다. 게다가 우유단백질은 상업적인 공정이나 정상적인 소화로 효소가수분해에 따라 방출되어질 수 있는 다양한 면역활성 펩타이드를 포함하고 있다. 또한 발효유제품은 사람의 면역반응의 범위에 영향을 미칠 수 있는 유산균을 포함하고 있다.[3,4] 이러한 우유의 놀라운 면역조절효과는 실험실 또는 생체실험을 통하여 학계에 보고된 바 있다. 이 장에서는 우유에 함유되어있는 단백질이 발휘하는 면역조절기능에 대해 기술하고자 한다.

우유단백질의 면역조절기능

카세인

카세인은 총 우유단백질의 약 80%를 차지하고 알파$_{S1}$ – 카세인, 알파$_{S2}$ – 카세인, 베타- 카세인, 카파- 카세인의 네 종류로 구성되어 있다. 알파- 카세인과 카파- 카세인은 대식세포macrophage : 조직내 비특이적 식작용을 담당하는 일종의 백혈구 유사세포의 식균작용을 억제하지만 반대로 베타 - 카세인은 호중구neutrophil : 면역과 관련된 과립성 백혈구와 대식세포의 활성을 향상시킨다.(5)

카파- 카세인의 효소가수분해에 의해서 발생된 펩타이드는 사람의 림포사이트 기능을 향상시킨다. 카세인이 풍부한 식사는 장내 균총에 영향을 미치는데 유청과 비교해서 카세인은 박테로이데스 *Bacteroides* 와 엔테로코가스 *Enterococcus* 의 정착을 유리하게 해준다.

젖소 알파$_{S1}$- 카세인은 트립신 가수분해로 Thr-Thr-Met-Pro-Leu-Tyr 의 6개 아미노산으로 구성된 펩타이드를 얻을 수 있는데 이것은 항체의 형성과 식균작용을 촉진시키고 또한 쥐에서 크렙시엘라 뉴모니아*Klebsiella pneumoniae* 의 감염을 감소시킨 것으로 나타났다. 알파$_{S1}$- 카세인의 카이모신Chymosin 가수분해로 얻은 이시라시딘 isiracidin : 아미노산 잔기 1-23은 치료제로써 잠재적 활용이 가능하다. 한 예로 식중독균 인 황색포도상구균*Staphylococcus aureus*에 감염된 쥐와 병원성 켄디다 알비칸스*Candida albicans* 로 감염된 쥐의 식균작용을 도와주었고, 소나 양과 같은 반추동물의 유방염 치료에 효과가 있었다.

알파$_{S1}$ - 카세인의 잔기 90-96번인 오피오이드-펩타이드Opioid Peptide : 아편과 같은 효과를 나타내는 천연 펩타이드는 임파구 분화를 촉진시키고 자연살해세포 Natural Killer Cell의 활성과 호중구 운동을 향상시킨다.

또한 알파$_{S1}$ - 카세인의 잔기 23-34는 쥐의 복막 대식세포의 식균작용을 자극하는데 이러한 효과는 크렙시엘라 뉴모니아*Klebsiella pneumoniae* 감염에 대하여 방어를 유도하는 것으로 추측된다.(6,7)

베타-카세인의 잔기 63-68(Pro-Gly-Pro-Ile-Pro-Asn)과 191-193 (Leu-Leu-Tyr)은 항체의 형성과 식균작용을 촉진시켰다. 이 세 개의 펩타이드는 역시 항원에 의존하는 T세포의 분화를 향상시킨다. 베타-카세인으로 부터 발생된 베타-카소몰핀(아미노산 잔기 60-70)은 마취와 같은 기능이 있고, 소화관의 상피조직을 지지하는 두꺼운 결합조직 층인 고유층 lamina propria 으로부터 분리된 림포사이트의 분화를 억제하는 것으로 알려졌다. 베타-카소몰핀-7(아미노산 잔기 60-66)의 낮은 농도는 분열촉진인자 분화를 억제하나 높은 농도는 분화를 촉진한다. 베타-카세인을 엑티네이즈 Eactinase 라는 효소로 분해하여 얻은 펩타이드 단편은 사람과 쥐의 단핵구와 대식세포에 화학주성 능력이 있었으나 호중구나 T세포 또는 수지상세포에는 효과가 없었다.(8) 이 효소로 가수분해하여 얻은 3종류의 단편 중 하나인 베타-카소케모타이드-1 β-casochemotide-1과 같이 분해된 Tyr-Phe-Val-Glu-Phe(아미노산 잔기 114-118)는 대식세포의 화학주성의 수준을 높게 유도한다.

카파-카세인의 분해는 면역을 조절할 수 있는 잠재능력을 가진 몇 가지 펩타이드를 생산하는데 예를 들면 카파-카세인의 트립신 분해는 카속신 C(Tyr-Ile-Pro-Ile-Gln-Tyr-Val-Leu-Ser-Arg)을 생산하며 이 펩타이드는 보체를 활성화하고 식균작용을 촉진하는 기능이 있다. 카파-카세인 펩타이드(아미노산 잔기 17-21)는 식균작용과 항체의 생산을 촉진하고 더욱이 Tyr-Gly(아미노산 잔기 38-39)는 분열촉진인자의 하나인 콘카나발린 A concanavalin A: 마이토젠의 일종에 의해 유도된 사람의 임파구 분화를 촉진한다.(9)

유청단백질

유청단백질은 베타-락토글로불린, 알파-락트알부민, 혈청알부민, 면역글로불린(Igs), 락토페린 그리고 성장요소들을 포함하는 다양한 주성분과 미량성분으로 구성되어 있다. 이러한 성분들 중의 대다수는 개체별로 실험을 했을 때 면역활성이 있는 것으로 확인되었다.

실험내용을 살펴보면 유청단백질 농축물을 함유한 식품의 식사는 다른 단백질원을 포함하는 식사보다 특이항원에 대해 높은 항체반응을 유도해 냈고 식균작용의 기능과 구강면역에 대한 점막항체반응을 증가시켰으며 유청이 기초가 된 식사 역시 마우스의 림포사이트를 증가시킨 것으로 나타났다. 또한 유청은 만성 B형 간염 환자의 간 기능을 향상시켰으며 C형 간염 환자에게는 효과가 없었다.(10,11)

유청단백질을 구성하는 성분들의 효과를 살펴보면 다음과 같다.

▶ 알파-락트알부민α-lactalbumin이 풍부한 식단은 분열촉진인자의 기능으로 비장 림포사이트의 반응을 증가시킨다. 알파-락트알부민의 효소가수분해에 의해 생산되어진 펩타이드는 양적혈구세포에 대한 항체반응을 향상시키고 락톨핀이라는 알파-락트알부민의 분해로부터 생긴 4개로 구성된 펩타이드(Trp-Gly-Leu-Phe)는 마취효과와 같은 특징을 가지고 있다.

알파-락트알부민은 소화관점막에 대한 화학적인 상처를 막아주고 역시 병원체에 의해 야기되는 조직손상을 막아주는데 이때 알파-락트알부민은 회복에 도움을 주는 것으로 밝혀졌다.(12,13)

▶ 베타-락토글로불린β-lactoglobulin의 가장 잘 알려진 면역학적 특징은 민감한 개체에서 알러지 면역반응을 유도하는 능력이 있다는 것이다. 현재 베타-락토글로불린을 면역학적으로 이용하기위해 알러지 반응을 일으키는 부분을 제외하고 이로운 생리활성기능을 가지고 있는 분획을 분리할 수 있는 기술이 개발되고 있다. 학계는 베타-락토글로불린의 몇 종류의 펩타이드 분획을 쥐에게 급여

했을 때 면역관용을 유도하는데 이러한 펩타이드는 식품의 첨가물에 유용하게 사용 된다고 보고하고 있다.(14)

▶ 락토페린Lactoferrin은 면역활성과 항균작용에 뛰어난 성분으로 알려져 있다. 쥐에게 급여했을 때 락토페린은 장관의 파이에르판Peyer's patch에서 분비형 면역글로브린 A를 증가시킨 것으로 나타났다. 반면 혈청면역글로불린 A의 수준은 변함이 없는 것으로 밝혀졌는데 이것은 락토페린이 장 점막 내에서 면역글로블린 합성과 상피세포로 흐르는 IgA의 수송을 증가시키고 있음을 확인시켜주는 것이라 할 수 있다. 락토페린을 구강 섭취시킨 다른 실험에서는 IgE-매개 과민반응이 억제되었고 백혈구의 분화를 유도하였다. 또한 기니아피그를 이용한 실험에서 락토페린은 곰팡이인 트리코파이톤*Trichophyton* sp.의 감염에 의해 야기되는 피부의 상해에 빠른 회복을 보였으며 이러한 몇 가지 효과들이 나타나는데 요구되어지는 락토페린의 량(약 1 mg/g 체중)은 비교적 많았다.(15)

▶ 가수분해 된 락토페린은 점막면역의 향상에 도움을 주는 것으로 밝혀졌고 사람의 락토페린은 T세포의 분화에 영향을 주는 것으로, 쥐에게 급여했을 경우 역시 항균작용의 효과가 있었다. 또한 동물을 이용한 연구에서 자연살해세포 활성의 증가로 인하여 거대세포바이러스Cytomegalovirus에 대한 방어 작용이 있는 것으로 밝혀졌다. 항원제시세포인 수지상세포는 T세포 반응을 자극하는 중추적인 역할을 하는데, Spadaro 연구팀(2008)은 수지상세포의 성숙은 락토페린의 핵심 면역조절기능 중의 하나로 후천성면역과 더불어 선천성면역을 연결하는 기능이 있는 것으로 제시하였다.(16,17)

젖소 락토페리신 B(락토페린 아미노산 17-41)는 쥐의 대식세포에 의해 식균작용과 사람 단핵구세포에 의한 IL-6의 생산을 억제한다.

▶ 송아지 출산 후 약 5~6일 동안은 면역글로불린G IgG가 높은 농도로 함유되어 있다. 여러 학자들에 의해서 항균활성이 큰 항체 역가를 포함하는 초유로부터 농축되어진 면역글로불린은 몇 종류의 박테리아를 제어하는데 임상적으로 효과가 있다는 결과가 발표되었다. 또한 HIV Human immunodeficiency virus: 인간 면역 결핍 바이러스 감염자들 중에서 만성설사증상의 경우 젖소의 초유 Ig 농축물을 섭취하면서 현저한 감소효과를 볼 수 있었다. 임상적인 시도로는 쉬겔라 플렉스네리 *Shigella flexneri*, 헬리코박터 파이로리 *Helicobacter pylori*, 비브리오 콜레라 *Vibrio cholerae* 그리고 로타바이러스 *Rotavirus*에 대한 항체를 포함하는 과 면역 젖소의 초유를 이용하였는데 그 결과, 선택된 병원균에 대해 초유가 높은 항체 역가를 가진다면 사람의 소화기 질병에 방어력을 제공할 수 있다는 것을 확인했다.(18)

특히 로타바이러스에 대한 높은 역가 항체를 포함하고 있는 면역 젖소의 초유는 유아들의 설사에 효과적이었다. 이러한 연구는 Ig를 포함하는 낙농제품의 판로의 발전에 큰 도움이 될것이다.

면역글로브린 G의 일부가 분해되면서 발생된 튜프신 tuftsin은 정상유와 초유가 가수분해되어 만들어지는 것과 동일한 네 개의 아미노산 잔기(Thr-Lys-Pro-Arg)로 구성되어 있는데 이것이 면역 특성을 가지고 있다. 사람의 튜프신은 백혈구의 주화성 주화인자를 향한 백혈구 이동을 자극하고 식세포의 운동성, 산화성 대사, 항원 가공, 그리고 자연살해세포의 세포독성을 증가시키는 기능이 있다. 또한 IL-1의 분비를 위해서 혈액 내 단핵구를 자극한다.(19)

학자들이 주장하는
우유의 항암효과들

방사선, 자외선, 여러 가지 환경오염물질과 담배, 식품첨가물, 바이러스 등 우리들의 몸 주변에는 발암물질이라 여겨지는 것들이 많이 있다. 그렇지만 발암물질의 공격을 받는 세포가 전부 암으로 발전하는 것은 아니다. 인체에는 여러 가지 방어기능이 준비되어 있고 이 기능이 활발해지면서 정상세포가 암세포로 전환되는 것을 막고 있다. 이것은 인체가 지니고 있는 면역체계의 조절기능에서 기인하다고 풀이할 수 있다.

암으로 변화된 세포를 파괴하는 것은 자연살해세포이다. 자연살해세포의 활성을 높여주는 것은 사이토카인이라는 면역관련물질이다. 우유단백질인 카세인은 면역계를 활성화하는 기능이 있고 사이토카인의 생산도 촉진하기 때문에 암을 예방하는 효과도 기대할 수 있다.

항산화비타민과 항산화물질을 우유와 함께 먹으면 면역력을 가지면서 암을 막을 수 있다.

▶ '유제품의 소비는 유방암의 위험을 증가시킨다'는 몇몇 보고에 대해 Parodi 박사는 동물실험을 비롯하여 질환의 빈도와 분포를 결정하는 여러 가지 요인들의 작용에 대한 실험을 수행하였다. 그 결과 유지방이 유방암의 주요 요인으로 작용하고 있다고 할 만한 증거는 없었다고 발표하였다.[20]

Parodi 박사에 따르면 유제품으로부터 매일 섭취하는 인슐린유사성장인자-1은 매일 여성들이 분비하는 여러 가지 인자들과 비교하면 하찮은 것이고 젖소 성장호르몬은 사람에게 생물학적으로 활성이 없다고 주장하였다. 게다가 우유에 함유된 루멘산Rumenic acid, 박센산Vaccenic acid, 분지형 사슬 지방산, 뷰틸산, 시스테인이 풍부한 유청단백질, 칼슘, 비타민 D와 같은 성분은 유방암을 방어하는데 오히려 도움을 주고 있다고 반박하였다. 아울러 40명 이상의 환자와 12개의 집단에 대한 연구에서도 유제품의 섭취와 유방암 위험성과의 관련성을 뒷받침하는 증거는 밝혀지지 않았다고 하였다.

▶ 우유를 발효시킨 케피어Kefir 상등액을 부인암의 세포주인 SiHa에 첨가한 결과 94%이상 암을 억제하는 효과가 있는 것으로 나타났다.(21)

▶ 유청단백질의 일종인 락토페린은 결장암에 효과가 있었다. 아족시메탄Azoxymethane이라는 물질로 유도시킨 결장암 흰쥐에 락토페린을 2% 및 0.2% 처

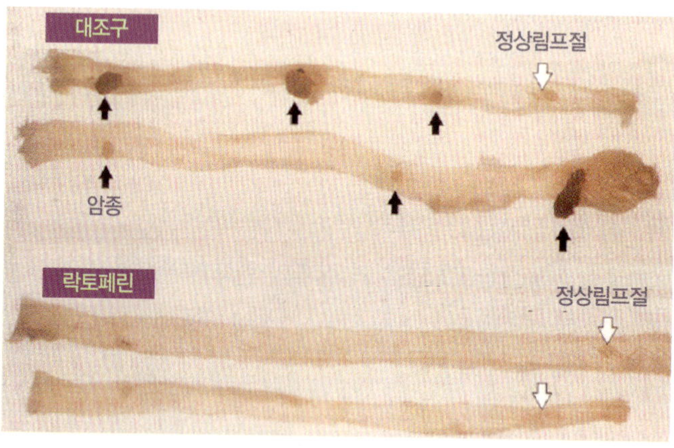

(그림 1) 락토페린 섭취에 따른 흰쥐 결장암 저해 효과 (Sekine 등 1997)

리한 시험구와 무처리군을 비교한 결과, 무처리구는 57.5%의 결장암 발생에 비해서 각각 15%, 25%의 발생율을 보여주었다.(22)(그림 1)

이는 락토페린 처리구가 결장암 억제에 상당한 효과가 있다는 것을 의미한다.

락토페린은 병원성 미생물에 대한 방어에 있어서 중요한 역할을 한다. 특히 허피스바이러스 Herpesvirus, 아데노바이러스Adenovirus, 로타바이러스Rotavitus, 폴리오바이러스 Poliovirus 를 포함하여 몇 종류에 대하여 항바이러스 기능이 확인되었다. 사람의 파필로마바이러스Human Papillomavirus ; HPV는 생식기에 종양과 자궁경부암을 유발한다. HaCa T세포와 인간 파필로마바이러스 유사입자(VLP)를 배양했을 때 락토페린은 HaCa T세포의 표면에 HPV-16과 VLP의 결합을 농도의존적으로 억제하였으며, 젖소의 락토페린이 인간의 락토페린보다 억제능력이 높은 것으로 나타났다.(23)

▶ 화학물질의 일종인 다이메칠벤잔트라센7,12-Dimethylbenzanthracene로 헴스터 구강 낭 발암Buccal Pouch Carcinogenesis을 유도 후 락토페린을 섭취시켰다. 그 결과 락토페린이 발암물질의 대사에 관여하는 효소들을 조절하여 암에 대한 방어효과가 있는 것으로 나타났다.(24) 이 연구팀은 2007년, 사람 혀 판상 암 세포주 CAL-27에 락토페린과 차의 성분인 폴리페놀Polyphenol을 2:1 비율로 조합하여 처리한 결과 항암효과가 두드러지게 나타나는 것을 확인하였다.(25)

▶ 결장암의 세포주CaCo-2에 락토페린에서 발생된 펩타이드인 락토페리신을 처리한 결과 이 세포의 분화 단계인 S 단계가 현저히 길어짐을 알 수 있었다. 그러나 G_2+M 또는 G_1에서 S로의 변환단계에는 영향이 없었다.(26) 이러한 세포분화 속도의 감소는 우유가 암의 위험을 어느 정도 줄일 수 있다는 가정을 할 수 있으며 이러한 가정은 동물실험을 통해 밝힐 필요성이 있다.

▶ 우유에 함유된 알파-락트알부민과 지방산의 일종인 올레산 Oleic acid 복합체를 암세포에 처리한 결과 암세포의 리조솜막을 통과하는 기전으로 종양세포를 살해하였다. 알파-락트알부민과 올레산 복합체는 8개 종류의 암세포에 대해 독성의 효능이 있는 것으로 나타났다.(27)

▶ 암세포의 일종인 멜라노마 B16F10 세포에 유청에서 분리된 유청단백질과 젖소 콜라겐 가수분해물을 처리하였을 때 이 세포의 성장을 저해하였다.(28)

▶ 우유의 불포화 지방산인 공액리놀렌산 Conjugated Linoleic Acid ; CLA 은 결장암에 효과가 있는 것으로 밝혀졌다. 흰쥐의 결장암을 아족시메탄 Azoxymethane 으로 유도한 후 10% 쇠고기 기름, 10% 쇠고기 기름 + 1% CLA-TG(중성지방) 형태, 10% 쇠고기 기름 + 1% CLA-FFA(free fatty acid:유리지방산) 형태의 3개 처리구로 나누어 각각 44주 동안 섭취시켰는데 CLA-TG와 CLA-FFA 섭취구 모두 결장암의 억제효과가 있었다.(29)

우유는 항염증물질을 함유하고 있다

우유는 전환성장인자 Transforming Growth Factor ; TGF 를 포함하여 항염증 사이토카인과 성장인자를 함유하고 있다. TGF가 유전적으로 결핍된 신생 쥐는 장에서 만성적인 염증이 확인 되었는데 이 신생 쥐에 면역효과가 있는 TGF가 함유된 어미쥐의 젖을 수유하였더니 수유하는 동안만 생존하였다고 한다.(30)

우유에 들어있는 항염증 인자가 포함된 식사는 황색포도상구균 *Staphylococcus aureus*의 감염에 의해 생긴 흰쥐의 유선 염증을 감소시켰다.(31) TGF-β가 많이 함유된 카세인이 기초가 된 식사를 크론병 Crohn's disease : 국한성 회장염을 앓는 어린이에게 급여했더니 장의 만성적인 염증이 개선되었다. 이러한 결과는 TGF-β가 염증에 반응하는 사이토카인을 억제하는 것으로 밝혀졌다.(32)

사람은 살아가면서 건강에 위협을 받기도 하고 질병이 야기되어 어려운 선택의 기로에 서기도 한다. 생리활성 물질을 포함하고 있는 우유는 면역반응을 증가시키거나 감소시키는 잠재력을 가지고 있다.

특히 우유단백질인 카세인을 비롯하여 유청과 그 가수분해물들은 면역의 활성을 향상시키고 감염이나 암 그리고 면역의 독성에 대해서도 효과적이다. 따라서 인류의 역사와 함께 해온 우유가 인류의 건강에 크게 기여하는 것은 의심할 여지가 없다. 우유를 연구하는 과학자들은 자연이 준 최고의 선물인 우유를 앞으로 인류건강에 더욱 크게 기여할 수 있도록 연구에 매진하여야 할 것이다.

우유 한잔의 과학

김근배

| 낙농미생물학 |

현 중앙대학교 동물자원과학과 교수

주요약력 주)한국야쿠르트 중앙연구소 연구원
미국 국립보건원(NIH) 박사 후 연구원

제14장

우유는 초유와 더불어 가장 훌륭한 생리활성물질이다

우유에 함유된 생리활성물질들의 놀라운 기능이 속속 밝혀지고 있다

우유단백질에는 다양한 기능을 지닌 생리활성 펩타이드가 존재한다

우유지방에 함유된 공액리놀레산는 특히 항암치료에 효과적이다

우유에도 세포의 성장을 촉진하거나 억제할 수 있는 성장인자가 존재한다

우유에는 소량이지만 독특한 기능성을 가진 생리활성물질도 존재한다

⊙ 우유에서 생겨난 생리활성성분들은 기능성유제품과 일반 기능성식품의 원료뿐만 아니라 의약품의 원료로도 개발되고 있다. 현재 유가공 업체들은 면역강화, 혈압조절, 장내 균총의 개선, 체중조절, 골다공증예방, 심혈관질환과 당뇨와 같은 대사성질환의 예방을 위한 다양한 기능성식품을 개발하고 있다.

⊙ 단백질상태로 존재할 때에는 그 기능성이 숨겨져 있다가 특정효소의 작용에 의해 보다 작은 단위인 펩타이드로 분해되면 비로소 그 기능성을 발휘하는 다양한 종류의 생리활성 펩타이드bioactive peptide들이 우유단백질의 내부에 분포되어 있다는 사실로 인하여 우유단백질의 새로운 기능적인 역할이 중요하게 여겨지고 있다.

⊙ 우유단백질에서 분해된 생리활성 펩타이드들은 혈압을 강하하고 금속이온과 결합하여 무기물을 전달하고 진정작용의 효과가 있으며 아울러 혈전생성을 억제하고 면역을 조절하며 항산화활성을 갖는 등 다양한 건강증진의 효능을 보여주고 있다.

우유에 함유된 생리활성물질들의 놀라운 기능이 속속 밝혀지고 있다

우유가 자연계에 존재하는 모든 식품 중에서 가장 완전한 것으로 손꼽히는 이유는 사람을 포함하는 모든 포유동물의 갓 태어난 새끼에게 유아기 동안 공급되는 유일한 영양분일 뿐만 아니라 사람에게 있어서는 성장기의 근육과 골격의 발달 그리고 성인이 되면서 필요한 각종 영양소의 균형 잡힌 공급원으로써 아주 중요한 역할을 하고 있기 때문이다.

오랫동안 강조되어 오던 우유의 영양적인 가치는 최근에 이르러 우유성분에 함유되어 있는 생리활성물질 bioactive component 들의 기능이 밝혀지면서 더욱 관심이 집중되고 있다. 특히 우유단백질인 카세인과 유청단백질로부터 분해되어 나오는 각종의 기능성 펩타이드들은 사람의 대사 작용과 건강유지에 있어서 생리학적으로도 아주 중요한 역할을 하고 있는 것으로 밝혀지고 있다.[1] 최근의 연구결과에 의하면 면역단백질, 항균활성펩타이드와 단백질, 올리고당, 특정 지방성분들은 우유에 비교적 소량으로 존재하는 미량성분이지만 이러한 성분들이 신생아는 물론 성인들까지 병원성 세균과 질병으로부터 보호해주는 방패막 역할을 하고 있는 것으로 알려지고 있다.

서구화된 생활방식과 고령화시대의 도래는 웰빙사회를 추구하는 현대인들에게 가장 큰 위협으로 자리 잡고 있으며 이러한 상황에서 영양학적 측면뿐만 아니라 사람의 건강유지와 개선에도 기여할 수 있는 새로운 식품군으로써 건강기능식품 Functional foods 의 개념이 도입되었다. 이러한 새로운 식품군의 자리매김은 특정한 식이성분이 사람의 건강에 미치는 대사적, 유전적 효과에 대한 과학적인 연구가 가능해짐에 따라 더욱 확고해 지고 있으며 이와 함께 특정한 건강개선의 효과를 보일 수 있는 특정성분을 함유하는 식품의 개발이 활발히 이루어지고 있는 상황이다.

우유와 초유는 자연계에 존재하는 가장 훌륭한 생리활성성분의 공급원으로 여겨지고 있다. 지난 20여 년 동안 우유와 초유로부터 발생한 기능성 성분에 대한 학문적 연구, 기술적 개발, 그리고 상업화에 대한 시도가 그 어느 때보다 활발하게 이루어지고 있는 이유도 바로 이 때문이다. 우유에 존재하는 각종 기능성 성분들로는 특정단백질과 펩타이드, 지방, 탄수화물 등을 들 수 있으며 현재는 특정 기능성 성분을 분리하여 정제하는 기술들이 실험실규모와 더불어 상용화할 수 있는 수준으로까지 개발되었다. 우유에서 생겨난 생리활성성분들은 기능성 유제품과 일반 기능성식품의 원료뿐만 아니라 의약품의 원료로도 개발되고 있다. 현재 유가공업체들은 면역강화, 혈압조절, 장내 균총의 개선, 체중 조절, 골다공증 예방, 심혈관질환과 당뇨와 같은 대사성질환의 예방을 위한 다양한 기능성 식품을 개발하고 이를 위해 기능성 성분 연구에도 힘을 쏟고 있으며 더불어 산업화에도 중요한 역할을 수행해 나가고 있다.

우유단백질에는 다양한 생리활성 펩타이드가 존재한다

우유단백질의 영양적 가치는 이미 잘 알려져 있으며 세계 각국에서 낙농제품은 단백질공급원으로써 아주 중요한 역할을 하고 있는 것은 주지의 사실이다. 우유의 주요단백질에 대한 새로운 기능적 특성들이 추가적으로 밝혀지면서 학계와 산업계에서는 우유단백질의 생리적 특성에 더 많은 관심을 집중시키고 있다. 카세인과 유청단백질은 모두 고유한 생리활성을 지니고 있으며 특히 유청단백질의 성분들인 면역단백질, 락토페린, 성장인자 등은 일반 우유보다 초유에 그 함량이 훨씬 높게 분포되어 있다. 이러한 사실은 이러한 성분들이 갓 태어난 송아지의 건강유지에 그만큼 중요한 역할을 하고 있다는 뜻이기도 하다.

건강에 이로운 많은 생리활성물질들이 우유단백질로부터 만들어 진다. 우유를 마시면 우리 체내로 들어온 우유단백질은 곧바로 아미노산으로 분해되는 것이 아니라 위에서 강한 산성 조건의 위액에 의해서 단백질의 입체구조가 분리되고 소화효소인 펩신에 의해 부분적으로 분해된 다음 십이지장으로 가서 췌장액에 의하여 중화된다. 중화된 단백질은 단백질분해효소와 섞여 회장으로 이동하면서 아미노산과 몇 개의 아미노산이 연결되어 있는 펩타이드 형태로 작게 분해된다. 이들 펩타이드는 다시 회장과 공장에서 아미노산으로 분해되어 소장점막에서 흡수된 후 혈액을 따라 신체의 각 기관으로 이송되어 필요한 단백질을 합성하는 원료로 이용된다. 우유단백질의 분해과정에서 만들어지는 일부 펩타이드들 중에는 체내에서 아주 중요한 생리활성을 가진 것들이 있으며 그 중에는 혈압의 상승을 막아주거나 우리의 기분을 좋게 만들어 주는 등의 기능성을 가진 것들도 있다.

이처럼 단백질상태로 존재할 때에는 그 기능성이 숨겨져 있다가 특정효소의 작용에 의해 보다 작은 단위인 펩타이드로 분해되면 비로소 그 기능성을 발휘하는 다양한 종류의 생리활성 펩타이드Bioactive peptide들이 우유단백질의 내부에 분포되어 있다는 사실로 인하여 우유단백질의 새로운 기능적인 역할이 중요하게 여겨지고 있는 것이다.

생리활성단백질의 분획과 분리정제기술

우유가 가지고 있는 각종 단백질들과 이들 단백질로부터 발생하는 여러 펩타이드들이 가지고 있는 다양한 기능적인 특성들이 밝혀지면서 각각의 성분을 정제하는 새로운 기술에 대한 필요성이 대두되었고 이에 따라 다양한 분리정제기술이 개발되었다.

일반적으로 우유에는 약 3.5% 정도의 단백질이 함유되어 있는데 이중 80%가 카세인 단백질이고 나머지 20% 정도가 유청단백질이며 카세인 단백질은 다시 알파-카세인, 베타-카세인, 카파-카세인으로 분류된다. 조제분유의 원료로 이용되는 베타-카세인을 우유로부터 분리정제하기 위해 다양한 크로마토그래피 방법과 막 여과 방법들이 개발되었으나[2] 아직까지 카세인을 식용으로 이용할 수 있는 분획기술은 산업화 규모로까지 발전되지 못한 상황이다.

카세인단백질은 아미노산을 조성하고 높은 칼슘과 인을 함량하고 있는 것, 그 자체만으로도 아주 훌륭한 영양소 공급원으로써의 가치를 지니고 있다. 각각의 카세인단백질들은 서로 다른 생리학적 활성을 가지고 있으며 다른 종류의 생리활성 펩타이드의 원료가 될 수 있다.[3]

유청단백질 중에는 서로 다른 화학적 구조, 기능적 특성, 생리학적 특성을 나타내는 매우 다양한 단백질들이 분포되어 있는데 이러한 고유의 특성들이 각각의 단백질을 분리하는데 유용하게 이용되며 특정단백질이나 펩타이드의 생리활성을 평가할 경우 그 특정성분의 순도는 가장 중요한 필요조건중의 하나가 된다.

한외여과Ultrafiltration, 역삼투Reverse osmosis와 같은 막을 이용한 분리기술은 오늘날 30~80%의 단백질 함량을 갖는 다양한 유청분말과 농축유청단백질Whey Protein Concentrate ; WPC을 제조하는데 이용되고 있다. 단백질 함량 90~95% 정도의 분리유청단백질Whey Protein Isolate ; WPI은 겔여과 또는 이온교환수지 크로마토그래피 기술을 이용해서 제조할 수 있다.(4)

한편 유청단백질 분획물의 화학적 조성과 기능성 그리고 생리활성들은 제조공정에 이용되는 기술에 따라 크게 영향을 받게 되며 각각의 단백질들이 나타내는 생리활성들이 서로 다르게 나타나는 복잡한 특성을 갖기 때문에 표준화를 이루는 것은 쉽지 않다. 이러한 이유로 순수한 특정 유청단백질 성분만을 분리해 낼 수 있는 새로운 기술의 개발에 많은 관심들을 갖게 되었으며 최근에는 각각의 유청단백질 성분들을 따로 분리할 수 있는 기술이 상용화되기에 이르렀다. 치즈제조의 부산물인 유청으로부터 95% 정도의 순도를 갖는 알파-락트알부민이나 베타-락토글로불린을 분리하는 기술들도 보고되고 있다.(5)

주요 우유단백질의 생리활성특성과 상업적 활용

우유단백질은 아주 다양한 영양적, 기능적, 생리적 특성을 가지고 있는 중요한 유성분이다. 균형 잡힌 아미노산의 공급원으로써의 역할뿐만 아니라 다양한 유제품의 형태와 맛을 결정하는 것도 바로 우유단백질의 작용이다.

카세인단백질은 면역조절작용, 혈압상승억제작용, 항균작용, 항산화작용, 진정작용등과 같은 다양한 기능성을 가지고 있는 것으로 보고되고 있으며 이러한 사실이 알려지면서 카세인단백질 분해물을 다양한 기능성 식품의 원료로 이용할 수 있게 되었다. 그 대표적인 상품이 일본의 유업체에서 개발한 Calpis® 라는 발효유제품이다. 이 발효유제품은 베타-카세인과 카파-카세인으로부터 분해된 각각 세 개씩의 아미노산으로 이루어진 펩타이드, Val-Pro-Pro와 Ile-Pro-Pro이 나타내는 혈압상승 억제효과에 근거하여 개발된 것으로 기능성 발효유의 좋은 예라 할 수 있다.

다양한 기능성으로 인해 우유의 유청단백질은 더 많은 관심의 대상이 되어 연구와 제품개발이 활발히 진행되고 있다. 유청단백질은 전체로써 또는 각각의 단일 단백질성분으로써 다음과 같은 다양한 체내에서 건강에 도움을 주는 기능성들이 밝혀지고 있다.

- 신체능력의 향상, 운동 후 회복 속도 개선, 근육피로감 예방
- 포만감 부여 및 체중 조절
- 심혈관계 건강 증진
- 항암 효과
- 상처 보호 및 회복
- 소화관의 감염과 장점막염증 개선
- 영유아의 알러지 개선 효과
- 노년층의 건강증진

이상의 기능적인 생리활성효과들에 대하여 아직은 논란의 여지가 남아있기도 하지만 일부 효과는 독립적인 실험에서도 동일한 결과가 확인되고 있다. 주요 유청단백질들이 갖는 건강증진효과와 그들의 상업적인 활용의 예를 보면 다음과 같다.

면역글로불린 (Immunoglobulins, Ig)

특히 초유에 많은 양이 함유되어 있으며 아직 면역력이 형성되기 전인 갓 태어난 포유동물의 새끼에게 병원균에 대한 방어력을 제공하는 항체로써 중요한 생리적 특성을 가지고 있는 단백질이다. 물리화학적인 특성과 생리학적인 효능의 특성에 따라 몇 종류로 분류할 수 있으며 우유와 모유에서는 공통적으로 IgG, IgM, IgA가 주요 면역단백질로써의 역할을 한다. 일반우유에서는 전체 단백질 중에서 면역글로불린이 차지하는 비율은 1~2% 내외이지만 초유에서는 무려 70% 정도에 해당되며 이들은 송아지에게 세균감염에 대한 면역력을 부여하는데 핵심적인 역할을 수행하고 있다. 사람의 경우도 분만 후 처음 며칠 동안 나오는 초유를 신생아에게 반드시 먹여야 좋다고 하는 이유도 이와 마찬가지로 면역력을 부여하기 위한 것이다.

젖소가 분만 후에 생산하는 초유의 이러한 효능을 활용한 초유이용제품들이 많이 개발되어 있다. 일부국가에서 기능성 유제품으로 출시되고 있는 면역우유 Immune milk는 젖소에게 불 활성화시킨 다양한 병원성 세균들을 백신처럼 접종한 후 이들 병원균에 대한 항체가 만들어져 젖으로 이행되는 원리를 이용하여 개발한 제품이다.

알파-락트알부민(α-Lactalbumin, α-LA)

유청단백질의 20% 정도를 차지하는 알파-락트알부민에 대한 건강증진의 효과는 비교적 최근 들어 관심을 받고 있으며 필수아미노산인 트립토판과 시스테인의 공급원으로써 중요한 역할을 하는 것으로 알려져 있다.

스트레스에 민감한 사람들을 대상으로 한 일련의 연구에 따르면 알파-락트알부민의 함량이 높은 식이를 한 경우에 스트레스 해소와 우울증 증상을 완화시켜 주는 결과가 관찰되었으며 이는 뇌에서 트립토판과 트립토판이 전구체로 이용되어 생산되는 신경전달물질인 세라토닌seratonin의 함량이 증가되었기 때문이라고 보고하였다. 동물실험의 경우에는 알파-락트알부민의 급여가 소화관의 장점막 상처를 보호해 주는 효과가 있는 것으로 관찰되기도 하였다.

사람의 알파-락트알부민과 소의 알파-락트알부민은 아미노산 조성과 구조가 상당히 유사하여 그 기능적 특성도 유사할 것으로 여겨지고 있는데 이러한 기능적 특성을 토대로 하여 우유단백질의 일종인 알파-락트알부민을 강화한 기능성 제품들도 시장에 출시되어 있다.

베타-락토글로불린(β-Lactoglobulin, β-Lg)

베타-락토글로불린은 유청단백질의 50%에 해당하는 주요 단백질이지만 모유에는 거의 함유되어 있지 않은 것이 특징이다. 이와 같이 우유와 모유에서 함량 차이가 나는 성분들은 어린 아기를 위한 조제분유를 만들 때 반드시 성분조절을 해 주어야만 한다.

베타-락토글로불린은 다양한 식품의 원료로 이용될 수 있는 기능적, 영양적인 특성을 가지고 있을 뿐만 아니라 혈압상승 억제, 항균활성, 항산화작용, 암 발생저해, 면역조절작용, 진정작용, 콜레스테롤저하 작용과 같은 다양한 효능을 보이는 생리활성 펩타이드의 전구체로써 중요한 역할을 하는 것으로 보고되어 있다.

락토페린 (Lactoferrin, LF)

락토페린은 대부분의 포유동물의 젖과 초유에서 발견되며 철과 결합하는 특성이 있는 당단백질이다. 이 단백질은 신체의 방어기작에서 중요한 역할을 할 뿐만 아니라 항균활성, 항산화작용, 항염증작용, 항암, 면역조절과 같은 생리활성을 가지고 있는 것으로 알려져 있다. 위에 존재하는 소화효소인 펩신의 분해 작용에 의해 락토페린의 분해산물로 생성되는 락토페린 B와 락토페람핀lactoferrampin 같은 펩타이드는 우수한 항균활성을 나타내는 생리활성 펩타이드의 일종이다.

락토페린단백질이나 그 분해산물인 생리활성 펩타이드가 항균활성을 보이는 기작은 크게 세 종류로 요약할 수 있는데 미생물이 자라는데 필수요소인 철 성분과 결합함으로써 미생물의 생장을 억제하거나, 락토페린이 그람음성세균의 세포막에 있는 지질다당류Lipopolysaccharide ; LPS 성분에 직접 결합하여 구조적 변형을 일으켜 세균을 죽이는 기작, 그리고 병원성 세균이 장상피세포에 흡착하는 것을 막아주는 기작 등이 그것이다.

이와 관련된 연구결과에 따르면 락토페린의 항균활성작용은 라이소자임이나 항생제와의 상호작용에 의해 그 효과가 증대될 수 있고 다양한 종류의 병원성 세균에 대한 항균활성 뿐만 아니라 바이러스성 질환의 원인이 되는 여러 종류의 바이러스를 억제하는 작용도 있는 것으로 나타났다.

락토페록시다아제 (Lactoperoxidase, LP)

락토페록시다아제도 우유와 초유 그리고 대부분의 동물의 분비샘에서 만들어지는 당단백질의 일종이다. 락토페록시다아제는 우유에서 가장 많은 양으로 존재하는 효소로써 치즈제조의 부산물인 유청으로부터 크로마토그래피 기술을 이용하여 정제한 후에 상품화가 이루어지고 있다. 이것은 과산화수소 존재 하에 SCN^-를 $OSCN^-$로 산화시키는 반응을 촉매 하는 효소인데 이 효소반응의 생성물인 $OSCN^-$는 세균의 중요효소를 산화시키거나 기타 세포막 단백질을 변형시키는 아주 강력한 항균활성이 있어서 다양한 종류의 세균을 사멸시킬 수 있다. 아울러 이러한 항균활성 시스템인 $LP/SCN^-/H_2O_2$ 체계를 가동시키기 위한 모든 성분들이 우유에 함유되어 있기 때문에 이것은 원유를 보존하는데 이용할 수 있는 천연적인 방법으로 여겨지고 있다. 1991년부터 이 방법은 특정한 조건하에서 원유의 저장에 이용할 수 있도록 국제 규약인 코덱스Codex로부터 사용이 허가되었으며 원유의 냉장저장이 쉽지 않은 일부 국가에서 이용되고 있다. 유가공 산업이외에도 LP 시스템은 구강 청결제나 사료용으로도 이용이 가능하며 육류, 생선, 야채, 과일, 화훼 분야로 이용가능성도 높은 것으로 여겨지고 있다.

글리코마크로펩타이드 (Glycomacropeptide, GMP)

치즈제조에 이용되는 렌넷이라고 하는 효소는 우유를 응고시키는 기능이 있다. 우유 카세인단백질의 일종인 카파-카세인을 가수분해하여 앞부분인 파라카파-카세인과 뒷부분인 글리코마크로펩타이드를 생성하는데 파라카파-카세인은 치즈덩어리와 함께 남게 되고 물에 잘 녹는 특성이 있는 글리코마크로펩타이드는 치즈 제조 부산물인 유청과 함께 제거된다.

일반적으로 글리코마크로펩타이드는 50~60% 정도에 달하는 당 성분을 함유하고 있는 것이 특징이며 글리코마크로펩타이드로부터 당성분이 제거된 성분을 카세인마크로펩타이드Caseinomacropeptide ; CMP라고 불린다. 글리코마크로펩타이드는 유청에 존재하는 전체 단백질의 20~25% 달하는 주요 단백질이며 최근 들어 이 생리활성에 많은 관심이 집중되고 있다.

글리코마크로펩타이드와 관련된 연구결과들을 살펴보면 글리코마크로펩타이드는 대장균이나 비브리오균이 생산하는 미생물의 독소를 중화시키는 능력이 있고 충치균이 치아에 부착되는 것을 막아주며 면역의 활성을 증대시켜주는 능력과 장내 비피더스균의 증식을 도와주고 혈압강하와 혈액응고를 줄여줌으로써 혈류의 흐름을 원활하게 해주는 등의 기능이 있는 것으로 나타났다. 또한 글리코마크로펩타이드는 아미노산 중에 페닐알라닌phenylalanine을 함유하고 있지 않아서 페닐케논요증 환자에게 적합한 단백질원이 될 수 있고 글리코마크로펩타이드에 함유되어 있는 사이알린산 성분은 동물실험결과 뇌기능의 발달과 기억력증진에도 효과가 있는 것으로 입증되었다.

또한 소화관의 기능 개선에 대한 효능연구에서는 글리코마크로펩타이드가 사람과 동물의 십이지장에서 음식의 섭취에 대한 식욕의 조절과 췌장에서 소화효소의 분비, 담당에 보관되어있던 담즙산의 소화관 분비를 조절하는 호르몬인 콜레시스토키닌cholecystokinin ; CCK의 소장 내 분비를 촉진한다고 보고 되어있다. 이러한 효능에 근거하여 최근 들어 식욕을 조절하고 체중감소를 위한 건강기능식품에 글리코마크로펩타이드와 카세인마크로펩타이드를 함유한 제품들이 출시되었고 이러한 제품에 대한 효능 평가에 더 많은 연구가 필요한 단계라고 할 수 있다.

우유단백질로부터 발생한 펩타이드의 종류와 그 기능성

생리활성 펩타이드는 신체기능과 상태에 긍정적인 작용을 하여 궁극적으로는 사람의 건강에 도움을 줄 수 있는 특정단백질 절편으로 정의된다.[6] 이러한 펩타이드의 효능은 그들이 가지고 있는 아미노산의 조성과 서열에 의해서 결정되는데 일반적으로 2~20개 정도의 아미노산으로 구성된 고유한 서열을 가지고 있으며 많은 펩타이드들이 한 가지 효능보다는 여러 가지 효능을 동시에 가지고 있는 특성을 지니고 있다.

우유단백질들은 가장 중요한 생리활성 펩타이드의 공급원으로 알려져 왔다. 지난 수십 년간 다양한 우유단백질들로부터 발생한 다양한 생리활성 효능을 보이는 상당히 많은 종류의 펩타이드 서열이 보고되었다. 이들 중에서 가장 많이 연구된 생리활성 효능으로는 혈압강하, 혈전생성억제, 항균활성, 항산화작용, 면역조절기능, 그리고 진정작용 들이다.[7] 이들 생리활성 펩타이드들은 우유단백질의 효소에 의한 분해물과 발효유제품 성분들에서 주로 확인되었으며 우유단백질이 소화관에서 소화효소의 작용에 의해 분해되는 과정에서도 유리될 수 있다고 보고되고 있다. 우유에서 발생한 생리활성 펩타이드들은 신체내의 소화관계, 심혈관계, 내분비계, 면역체계, 중추신경계를 포함하는 다양한 면에서 생리활성 효능을 발휘하는 것으로 보고되고 있다.

단백질을 이루는 구조의 일부분으로 존재할 때에는 아무런 생리활성을 보이지 않지만 소화관에서는 소화되는 동안 단백질 분해효소로 작용하고 발효유제조에 이용되는 유산균의 발효과정에서는 단백질 분해 작용, 그리고 미생물이나 식품에서 발생된 단백질 분해효소의 작용에 의해 단백질로부터 작은 단위로 분해될 때 비로소 생리활성 효능을 갖게 된다.

일반적으로 이러한 세 가지 단계를 조합하면 생리활성 펩타이드의 생성은 훨씬 많아지는 것으로 보고되고 있다. 소화효소에 의한 생리활성 펩타이드의 생성에 관해서는 많은 연구보고가 있다. 그 내용을 살펴보면 특히 펩신, 트립신, 키모트립신에 의한 카세인 단백질과 유청단백질로부터 혈압강하, 칼슘결합, 항균활성, 면역조질, 진정작용 등의 생리활성을 나타내는 펩타이드를 만들 수 있다.

이들 생리활성 펩타이드 중에서도 특히 혈압강하 펩타이드에 대한 연구가 가장 많이 이루어졌는데 그 기능에 따라서 다음과 같은 다양한 종류로 나누어 볼 수 있다.

혈압을 강하하는 펩타이드

혈압은 다양한 생화학적 경로들이 서로 상호작용을 하면서 조절이 되는데 특히 렌닌-안지오텐신 시스템Renin-Angiotensin System ; RAS이 혈압조절에 중추적인 역할을 하고 있다. 렌닌-안지오텐신 시스템은 안지오텐시노겐angiotensinogen이라는 불활성의 전구체로 시작되며 레닌renin이라는 생체효소에 의해서 안지오텐신 I angiotensin-I 으로 전환이 되고 이것은 다시 안지오텐신 전환효소Angiotensin converting enzyme ; ACE의 작용에 의해 안지오텐신 II 로 전환된다.

우유에서 발생한 기능성 펩타이드 중에 혈압상승을 억제하는 효과는 혈압을 상승시키는 안지오텐신 II라는 물질의 생성을 억제하면서 일어난다. 안지오텐신 I 은 혈압을 상승시키는 작용은 없지만 안지오텐신 전환효소에 의해 강력한 혈압상승 작용을 하는 안지오텐신 II로 전환된다. 그러나 이 과정에서 우유단백질의 특정 펩타이드가 안지오텐신 전환효소(ACE)의 역할을 저해하여 안지오텐신 II 로 전환되는 것을 막기 때문에 혈압의 상승이 억제되는 것이며[8] 이러한 이유로 혈압 상승 억제 펩타이드를 활성억제ACE-inhibitory 펩타이드로도 불린다. 다양한 우유단백질의 효소처리에 의하여 많은 종류의 활성억제 능력을 보이는 펩타이드가 분리 정제되었는데 카세인 단백질로부터 분해된 혈압강하 펩타이드로는 카소키닌 Casokinin이 알려져 있고 이들의 아미노산 서열은 알파-카세인, 베타-카세인, 카파-카세인으로부터 발생한 것들임이 확인되었다. 또한 유청단백질로부터 발생한 락토키닌 Lactokinin도 유사한 기능성을 갖는 펩타이드의 일종이다.

우유단백질에 대하여 펩신이나 트립신을 다른 단백분해효소인 알칼라아제 Alcalase, 써모라이신 Thermolysin, 서브틸리신 Subtilisin 등과 함께 이용하면 훨씬 효율적인 생리활성 펩타이드의 생산이 가능하다는 보고도 있다.

진정작용을 하는 펩타이드 (Opioid peptide)

Opioid 펩타이드는 아편제 opiate와 유사하게 뇌에 위치하는 특정수용체에 작용하여 효과를 발휘한다고 해서 붙여진 이름이며 이러한 종류의 펩타이드는 신체내에서도 합성이 되는데 엔돌핀 endorphin류가 대표적이라고 할 수 있다.

일반적으로 카세인단백질로부터 발생하는 opioid 펩타이드들은 그 작용기작에 따라 두 종류로 분류된다. 알파-카세인과 베타-카세인에서 발생하는 펩타이드들은 효능제 agonist : 생체내의 특정수용체 분자에 작용하여 신경전달물질이나 호르몬 등과 같은 기능을 나타내는 약제로써의 기능을 하는 반면에 카파-카세인에서 발생하는 것은 수용체의 활동을 억제하는 항효능제 antagonist : 효능제의 반대되는 개념의 기능을 나타낸다. 이러한 기능들은 신경계, 내분비계, 면역계에 분포하고 있는 특정수용체에 작용함으로써 나타나는 현상들이다. 가장 대표적인 펩타이드로는 베타-카세인에서 발생한 베타-카소모르핀 β-casomorphin류인데 그 기능이 모르핀 morphine과 유사한 작용을 하기 때문에 붙여진 이름이다.(9) 알파-카세인에서 발생한 opioid 펩타이드들은 엑소핀 exorphine류로 불리는데 알파-카세인을 소화효소인 펩신으로 처리한 가수 분해물로부터 분리되었으며[10] 베타-카소모르핀류와는 구조적으로 상당한 차이가 있다. 카파-카세인으로부터 발생하는 카속신casoxin 류들은 알파-카세인과 베타-카세인으로부터 생겨난 opioid 펩타이드 와는 반대로 항효능제antagonist로서의 역할을 하는 것이 특징이다.

혈전생성을 억제하는 펩타이드 (Antithrombotic peptides)

카파-카세인으로부터 발생하는 항혈전펩타이드도 심혈관계에 영향을 미치는 중요한 요인으로 여겨진다. 혈액의 응고와 우유의 응고는 생리학적으로 중요한 의미를 갖는 현상이며 상당히 유사한 응고현상으로 알려져 있기도 하다[11]. 혈액 응고의 첫 번째 단계는 혈소판이 응집되어 혈관의 상처부위에 흡착되는 것이며 두 번째 단계는 휜부리노겐finbrinogen이 혈액중의 단백질 분해효소인 쓰롬빈 thrombin에 의해 가수 분해되어 휜부린finbrin을 형성하고 이것이 응고된 혈소판에 흡착되어 혈전을 형성하는 것이다.[12] 우유의 응고는 카파-카세인과 우유응고효소인 렌넷Rennet의 상호작용에 의해 이루어진다. 따라서 이 두 가지의 응고현상은 단백질 분해효소에 의한 가수분해에 의해서 특정단백질이 분해되어야만 하는 공통점을 가지고 있다 할 수 있다.

사람의 휜브리노겐 γ-chain의 특정부분(f400-411)은 우유의 카파-카세인의 특정부분(f103-111)과 구조적으로 그리고 기능성으로 상당히 유사한 특성을 가지고 있다.[13]

치즈제조에 이용되는 우유응고효소인 렌넷Rennet은 카파-카세인의 바로 이 부분을 인식하여 105번째와 106번째 아미노산 사이의 결합을 끊어서 파라카파-카세인과 GMP를 만들고 우유응고를 일으키는데 중요한 의미를 가지고 있다.

카파-카세인에서 발생한 항혈전펩타이드들은 카소플라텔린casoplatelin이라고 한다. 항혈전펩타이드들에 대한 생체 내에서의 명확한 기능에 대해서는 추가적인 연구가 필요한 단계이지만 신생아들이 조제분유와 모유를 섭취하고 일정시간이 경과한 후에 그들의 혈액성분으로부터 각각 우유와 모유의 카파-카세인으로부터 발생한 것으로 여겨지는 상당히 많은 양의 항혈전펩타이드가 발견되었다. 이러한 결과를 통해 이들 펩타이드가 우유단백질의 소화과정 중에 유리되어 혈액으로 흡수되었음을 알 수 있다.

면역을 조절하는 펩타이드

면역조절 기능을 하는 생리활성 펩타이드는 신체내의 면역체계를 활성화시키거나 세균의 활성을 억제시킴으로써 체내에서 면역작용을 도와 건강증진에 도움을 주고 있으며 면역조절 펩타이드들은 사람의 림프구 증식을 촉진하는 것으로 밝혀졌다. 모유성분의 카파-카세인을 트립신으로 가수분해하여 얻어지는 6개의 아미노산으로 구성된 펩타이드 (f54-59)가 면역 활성을 촉진하는 특성이 있음을 밝혀진 후에[14] 우유의 베타-카세인이나 알파-카세인 등으로부터 다양한 면역조절 펩타이드들이 분리되었다.[15]

카세인 가수 분해물로부터 발생하는 이 펩타이드들은 실험결과 사람과 쥐의 대식세포 macrophage에서 식균작용을 증가시키고 체내에서 특정세균에 대한 면역활성을 증가시키는 것으로 나타났다. 알파-카세인과 베타-카세인의 트립신 처리에 의해 유리되는 칼슘 흡수 촉진 펩타이드로도 알려져 있는 카세인 포스포펩타이드Casein Phosphopeptide ; CPP도 면역 활성 조절 능력이 있는 것으로 나타났다. 그리고 알파-카세인으로부터 발생한 f1-32와 베타-카세인으로부터 발생한 f1-28 펩타이드들로 이루어진 상품인 CPP III에 대한 연구를 통하여 면역조절 효과를 입증하였다.[16]

우유의 항균활성은 주로 면역단백질, 락토페린, 락토페록시다아제 그리고 라이소자임 등에 의한 효과라고 할 수 있다. 또한 카세인으로부터 발생한 항균활성 펩타이드들도 보고되었는데 알파-카세인으로부터 발생한 카소시딘-I (f165-203)은 대장균과 일부 세균들에 대한 증식억제 효과가 입증되었다.(17)

항균활성 펩다이드들은 서로 다른 세균에 대하여 활성을 보이기도 하고 활성을 보이는 펩타이드의 농도 또한 다양한데 일반적으로 그람-양성균과 그람-음성균에 대하여 8-95μmol/L 정도의 농도에서 억제력을 보인다.(18) 알파-카세인으로부터 발생한 이스라시딘isracidin (f1-23)은 생체 내에서도 항균활성이 확인되었는데 소유의 유방염 치료 및 예방에도 이용될 수 있다고 보고되어 있다.(19)

금속이온과 결합하여 무기물을 전달하는 펩타이드

카세인에서 발생하는 펩타이드 중에는 금속이온과 결합하여 무기물을 전달하는 역할을 할 수 있는 것들도 있다. 카세인 포스포펩타이드Casein Phosphopeptide;CPP가 무기물의 전달체로써 아주 중요한 역할을 하는 것으로 알려져 있는데 카세인 포스포펩타이드는 아미노산 세린에 결합해 있는 인의 존재로 인해 음전하를 띄는 포스포세린phosphoserine을 가지고 있어서 금속이온과 쉽게 결합할 수 있다. 이러한 특성으로 인해 카세인 포스포펩타이드는 Ca, Mg, Fe, Zn, Ba, Cr, Ni, Co, Se과 같은 다양한 금속이온과 결합할 수 있는 능력을 가지고 있다. 특히 우유 중에 들어있는 칼슘의 흡수를 촉진하는 기능을 발휘하고 있는데 소화관에서 소장하부의 pH는 칼슘이 침전하거나 불용화하기 쉬운 형태로 만드는 중성이나 알칼리성에 가까운데 소장하부에 카세인 포스포펩타이드가 존재하면 칼슘의 침전을 줄이면서 칼슘의 흡수를 촉진하게 된다.

카세인 포스포펩타이드의 금속이온 결합능력은 또 다른 건강 증진효과에도 중요한 역할을 하고 있다. 이들은 치아의 에나멜질에 칼슘공급을 도와주어 충치예방효과를 유도할 수 있는데 이러한 특성을 이용하여 치아건강을 위한 제품으로 개발되어 시판되기도 하였다.(20)

항산화 활성을 갖는 펩타이드

항산화 활성을 갖는 펩타이드들은 주로 숙성치즈 제품에서 많이 발견되고 있다. 숙성되기 전의 우유단백질들은 항산화효과가 거의 없지만 고우다Gouda, 파머산Parmesan, 까멩베르Camembert와 같은 숙성치즈에서는 상당량의 항산화 펩타이드들이 존재하는데 특히 곰팡이 숙성치즈에서 그 함량이 제일 높다. 숙성치즈에서 발생된 항산화 펩타이드는 잘 알려져 있는 항산화 소재라 할 수 있는 차의 카테친catechin과 효과가 비슷하거나 또 다른 항산화 펩타이드인 카노신 carnosine 보다도 두 배 정도 높은 활성을 갖는다. 락토바실러스 헬베티커스 *Lactobacillus helveticus*를 스타터로 해서 제조된 고우다 치즈의 수용성 성분 중에서 분리된 항산화 활성을 보이는 펩타이드는 알파-카세인에서 발생한 10개의 아미노산 (f4-13) 서열을 갖는 것으로 확인되었다.(21) 이 펩타이드를 인공소화액으로 분해하여 4개와 6개의 아미노산을 갖는 펩타이드로 분해시킨 후에도 카테친 catechin과 유사한 정도의 항산화 활성을 갖는다.

유제품에서 발견되는 생리활성 펩타이드의 종류와 응용 제품

유가공 산업에 이용되는 유산균들 중에는 단백질 분해효소 활성이 높은 균주들이 많으며 이들 유산균에 의한 발효과정 중에 우유단백질로부터 다양한 기능성을 갖는 생리활성 펩타이드들이 생산된다. 유산균들 중에서도 특히 단백질 분해력이 높은 락토바실러스 헬베티커스*Lactobacillus helveticus*에 의한 펩타이드가 널리 알려져 있는데 이들은 혈압상승을 억제해준다. 세 개의 아미노산으로 이루어진 Val-Pro-Pro와 Ile-Pro-Pro는 동물실험과 임상실험을 통하여 그 효능이 입증된 생리활성 펩타이드들이다.

요구르트나 치즈 생산에 이용하는 유산균들도 우유단백질로부터 기능성 펩타이드를 만들 수 있다고 밝혀졌는데 최근에는 5 종류의 혼합유산균에 유산균 발효와 추가적으로 미생물의 단백질 분해효소 처리에 의해 생산된 두 종류의 펩타이드 Gly-Thr-Trp와 Gly-Val-Trp가 혈압강하 효과에 뛰어난 것으로 보고되었다.

많은 실험실적 연구를 통하여 유산균발효나 미생물에서 발생된 단백질 분해효소 처리를 소화효소와 함께 하면서 기능성 펩타이드의 생산이 훨씬 효율적으로 이루어질 수 있다는 것이 밝혀졌으며 이러한 연구결과를 토대로 하여 실제로 우리의 소화관내에서도 이와 유사한 과정에 의해 생리활성 펩타이드가 만들어 질 수 있다고 예측들을 하고 있다.

카세인 단백질을 펩신과 트립신으로 처리하기 전에 유산균의 일종인 락토바실러스 지지 *Lactobacillus* GG에서 발생한 효소를 처리해주면 최종적으로 만들어지는 가수분해물의 면역억제력이 증가한다는 사실이 확인되면서 미생물에서 발생된 단백질 분해효소는 카세인단백질의 면역조절 패턴을 변경시킬 수 있음이 밝혀졌다. 이러한 연구결과는 우유단백질을 위와 같은 방법으로 두 단계에 걸쳐 효소처리를 해 주면 우유알러지를 가지고 있는 사람들을 위한 개선방법으로도 이용할 수 있음을 의미하고 있다.

요구르트나 치즈를 포함하는 다양한 전통적인 발효유제품으로부터 천연적으로 생성된 많은 종류의 기능성 펩타이드에 대한 연구는 상당히 많이 이루어져 있다. 발효유제품 중에 생리활성 펩타이드의 생성여부, 특정 효능, 그리고 생성량은 사용되는 유산균의 종류, 발효시간, 그리고 저장조건 등을 포함하는 아주 다양한 요인에 의해 결정될 수 있다. 현재까지 다양한 발효유제품들에서 기능성이 있는 생리활성 펩타이드가 분리되어 어느 단백질로부터 발생되었는지도 밝혀졌으며 각각에 대한 특정효능들이 확인되었다. 각각의 발효유제품에서 칼슘결합능력, 혈압상승 억제, 산화방지, 면역조절, 항균활성을 보이는 다양한 종류의 펩타이드들이 동시에 발견되었다는 것은 중요한 사실이라 할 수 있다.

현재 두 종류의 대표적인 기능성 발효유제품이 시장에 유통되고 있는데 이들은 모두 임상적으로 효능이 입증된 혈압강하 펩타이드를 기능성으로 부각시킨 제품들이다. 특히 널리 알려진 일본의 칼피스Calpis 또는 에이밀 S Ameal S라는 제품과 핀란드의 에블루스Evolus라는 두 제품은 모두 혈압상승을 줄여주는 Ile-Pro-Pro

와 Val-Pro-Pro를 함유하고 있다. 이 제품들의 혈압강하 효과는 많은 동물실험과 임상실험을 통하여 그 효능이 입증되었으며 이러한 효능 데이터를 토대로 하여 관할기관으로부터 기능성식품으로 허가를 받은 후에 '건강기능성식품'의 일종으로 판매가 이루어지고 있다.

우리나라에서는 식품의약품안진청에서 이러한 업무를 관장하고 있으며 특정 건강기능성식품의 효능을 광고하거나 제품에 표기하려면 반드시 최종제품을 가지고 그 효능의 주요 대상연령층의 사람을 대상으로 임상실험에서 입증된 과학적인 데이터가 있어야만 허가를 얻어 시장에 출시를 할 수 있다.

우유지방에 함유된 공액리놀레산은 특히 항암치료에 효과적이다

우유의 지방은 서로 다른 화학구조를 가지고 있는 400종 이상의 지방산Fatty acid;FA으로 이루어져 있으며 지방산은 탄소골격의 길이에 따라 또는 이중결합의 유무에 따라 다양하게 분류가 가능하다. 대부분의 지방산은 글리세롤에 결합한 중성지방 트리아실글리세롤Triacylglycerol의 형태로 성분을 이루고 있다.

반추동물의 고기나 우유에는 특징적으로 공액리놀레산Conjugated Linoleic Acid;CLA의 함량이 다른 식품과 비교하여 높은데 공액리놀레산은 항암효과, 콜레스테롤 저하효과, 비만억제효과를 포함하는 다양한 기능성이 있는 것으로 밝혀졌다. 반추동물의 고기나 우유에 공액리놀레산의 함량이 높은 이유는 반추위Rumen에 존재하는 다양한 미생물의 대사과정과 동물의 유선세포에 있는 특정효소에 의한 작용의 결과라고 할 수 있다. 반추동물이 섭

취한 다가불포화지방산이중결합이 2개 이상 있는 지방산들은 반추위의 뷰티리비브리오 화이브리솔벤스*Butyrovibrio fibrisolvens*와 같은 혐기성 세균에 의해 공액리놀레산으로 전환이 가능하고 또 다른 경로는 젖소의 유선에 존재하는 Δ9-desaturase라고 하는 효소의 작용에 의하여 일부 박센산Vaccenic Acid : 유지방에서 발견되는 불포화지방산의 일종 이 공액리놀레산으로 전환되기 때문이다.

우유는 가장 훌륭한 천연적인 공액리놀레산의 공급원이라고 할 수 있으며 그람당 2~53.7mg의 공액리놀레산이 함유되어 있는 것으로 밝혀졌다. 이처럼 공액리놀레산의 함량에 큰 차이가 있는 이유는 사료의 조성, 목초의 저장기간, 지형적 차이, 동물의 품종에 따라 다를 수 있기 때문이다. 예를 들면, 사료를 급여하는 것보다 풀을 먹이는 경우에 우유 중의 공액리놀레산 함량이 높아지며 저지대의 방목보다는 고지대에 방목하는 경우에 더 효과가 크다.

또한 식물성기름이나 생선기름을 급여하면 공액리놀레산의 함량이 높아지며 공액리놀레산의 전구체가 되는 리놀레산 Linoleic Acid ; LA의 함량이 풍부한 콩기름이나 해바라기 씨 기름이 특히 효과적이고 생선기름을 동물성기름과 함께 급여하면 우유 내 공액리놀레산의 함량도 더 높아진다.

'가공공정이 우유와 유제품의 공액리놀레산 함량에 미치는 영향'에 대한 다양한 연구결과에 의하면 열처리 조건에 의해서는 효과가 일정하지 않은 것으로 밝혀졌다.

공액리놀레산을 강화한 원유를 가지고 만든 버터는 일반버터와 비교하여 조직이 더 부드럽게 형성되는 특성을 가진 것으로 나타났으며 체다 치즈와 에담 치즈를 가지고 한 실험에서도 공액리놀레산-강화 원유로 제조한 경우에 더 부드러운 조직의 치즈를 만들 수 있었다. 그러나 그 이외의 관능적 특성에는 아무런 차이가 없었다. 유산균을 이용하여 유제품의 공액리놀레산 함량을 높이기 위한 많은 연구도 이루어졌다. 물리화학적인 방법으로 공액리놀레산을 생산할 수 있는 다양한 방법들이 개발되어 있으나 리놀레산으로부터 40여 종이 넘는 아주 다양한 이성체들이 동시에 만들어지고 이러한 이성체들은 서로 다른 효능을 보이고 있기 때문에 이러한 혼합물로부터 특정 이성체를 분리하는 작업은 많은 어려움이 뒤따르고 있어 상용화는 아직 이른 실정이다.

한편 프로피오니박테리아*Propionibacteria*, 락토바실러스*Lactobacillus*, 비피도박테리아*Bifidobacteria*에 속하는 일부 유산균들은 배지조건에서 리놀레산을 공액리놀레산으로로 전환하는 능력이 있음이 밝혀졌으며 이들 유산균을 이용하여 공액리놀레산을 생산할 경우에는 주로 한 종류의 공액리놀레산 이성체만이 만들어진다는 장점이 발견되었다.

그러나 이러한 유산균들을 요구르트와 치즈에 적용했을 경우에는 그 효과가 높지 않았고 이러한 문제점을 개선하기 위하여 유산균을 이용하여 공액리놀레산을 생산하고 이를 분리 정제하여 유제품에 첨가하는 방법이 제시되기도 하였다.

공액리놀레산의 항암효과

지난 20여 년간 동물실험을 통하여 공액리놀레산 섭취에 의한 다양한 건강증진 효능에 대한 연구가 진행되었는데 밝혀진 효과로는 항암효과, 항 혈전응고 효과, 당뇨예방효과, 비만 억제효과 및 면역증강 등이다. 이들 효과는 주로 두 종류의 이성체인 *cis*-9, *trans*-11 과 *trans*-10, *cis*-12 (숫자는 이중결합의 위치, *cis*와 *trans*는 이중 결합의 방식을 나타냄)에 의해 나타났으며 이성체의 종류에 따라 그 효능은 서로 다른 것으로 알려져 있다. 일반적으로 *trans*-10, *cis*-12 이성체는 동물실험을 통하여 체지방 감소효과를 보이는 것으로 알려져 있고 *cis*-9, *trans*-11 이성체는 어린 동물의 생장을 촉진하는 효과 또는 항암효과를 보이는 것으로 보고되었다. 또 다른 연구결과에 따르면 이러한 이성체들이 어떤 효능을 발휘하는데 있어 공동으로 작용한다는 주장도 제기되었다.

우유에 존재하는 전체 공액리놀레산의 함량 중에서 *cis*-9, *trans*-11 이성체가 차지하는 비율은 75~90% 정도에 이르며 하루에 우유를 통하여 섭취하는 공액리놀레산의 양은 우유섭취량이 다르기 때문에 국가에 따라 95~440mg 정도가 된다. 하루에 필요한 공액리놀레산 섭취량은 아직 확립된 것은 아니지만 사람에게 항암효과를 보이는데 필요한 최소 섭취량은 일일 기준으로 3.0~3.5g 정도라고 보고되었다.

체지방 감소에 대한 공액리놀레산의 효능에 대한 많은 동물실험결과에서는 체중감소 및 체지방함량의 감소효과가 있는 것으로 나타났으나 사람을 대상으로 한 임상 시험결과는 아직도 충분한 데이터가 축적되지 않은 상태이다.

현재까지 가장 잘 밝혀진 공액리놀레산의 효능은 항암효과라고 할 수 있다. 많은 동물실험을 통해 공액리놀레산이 유방암, 전립선암, 대장암 등에 효과가 있음이 밝혀졌으며 현재 그 기작을 밝히기 위한 연구들이 진행 중에 있다. 사람을 대상으로 한 임상실험의 결과는 아직 충분하지 않은 상태다. 그러나 역학조사를 통해 공액리놀레산을 함유하고 있는 유제품의 섭취가 아주 많은 지역에서 직장암의 발생률이 낮았다는 보고에 따르면 그 개연성은 입증되었다고 할 수 있다.

인지질의 효과

우유의 지방성분 중에서 또 다른 흥미로운 생리활성성분으로는 주로 우유지방구막Milk Fat Globule Membrane : MFGM에 존재하고 있는 인지질Phospholipid : 극성지방의 일종 을 들 수 있다. 지방구막은 우유의 주성분인 물로부터 지방성분을 안정시켜주는 역할을 담당하고 있는데 구조가 아주 복잡하게 이루어져 있으며 우유의 물성분에 존재하는 지방분해효소에 의해 우유의 지방성분이 분해되지 않게 하기 위해 서로 다른 위치에 존재하도록 도와주는 중요한 보호막이다. 원유 중에 인지질의 함량은 우유 100g당 9.4-35.5mg 정도에 해당하고 포스포티딜콜린 Phosphotidylcholin (또는 레시친Lechitin)을 포함하여 4종류로 나뉜다.

우유의 인지질이 최근 들어 많은 관심을 끄는 이유는 이들이 가지고 있는 고유한 기능적 특성 때문이다. 인지질은 신호전달물질로도 그 기능이 있으며 세포의 증식, 분화 및 사멸에도 중요한 역할을 담당하는 것으로 밝혀졌다. 또한 신경계에서도 중요한 역할을 하며 노화관련 질병, 혈액의 응고, 면역 작용, 염증 반응과도 관련성이 있다고 한다. 인지질의 일종인 스핑고리피드Sphingolipids는 항암, 콜레스테롤 저하, 항균 활성도 가지고 있는 생리활성 성분이라 할 수 있다.

우유에도

세포의 성장을 촉진하거나 억제할 수 있는 성장인자가 존재한다.

1980년대에 처음으로 모유의 초유 성분 중에 여러 가지 세포의 성장을 촉진하거나 억제할 수 있는 성분이 존재한다고 밝혀진 이후에 우유와 초유, 치즈 부산물인 유청 중에서도 이와 유사한 성분이 확인되었다. 현재까지 알려진 바에 의하면 소의 유선세포에서 분비되는 성장인자Growth factor로는 BTCBeta Cellulin, EGFEpidermal Growth Factor, FGF1 과 FGF2Fibroblast Growth Factor, IGF-I 과 IGF-IInsulin-like Growth Factor, TGF-β1 과 TGF-β2Transforming Growth Factor 그리고 PDGFPlatelet-Derived Growth Factor 등이 있다.

모든 성장인자는 송아지 분만 후 1시간 이내의 초유에서 가장 많이 분비되고 이후에 급격한 감소를 보이는 것이 일반적이다. 우유에 존재하는 가장 대표적인 성장인자로는 EGF (2-155ng/mL), IGF-I (2-101 ng/mL), IGF-II (2-107 ng/mL), 그리고 TGF-β2 (13-71 ng/mL) 등이며 그 이외의 성분은 아주 미량으로 존재한다.

우유에 존재하는 성장인자의 생리활성에 대한 최근의 연구결과에 의하면[6] EGF와 BTC는 본질적으로 표피세포, 상피세포, 배아세포의 증식을 촉진하고 위산의 분비를 억제하며 상처치료를 돕는 기능을 하고 있는 것으로 나타났다. TGF-β 계열은 배아의 발달, 손상된 조직의 재생, 뼈와 연골의 형성, 그리고 면역체계의 조절 등에서 중요한 역할을 담당하는데 TGF-β1과 TGF-β2는 모두 결체조직세포의 증식을 촉진하고 림프구와 상피세포의 증식을 억제한다. 인슐린 유사성장인자 IGF-I과 IGF-II는 여러 종류의 세포증식을 촉진하고 포도당을 흡수하며 글리코겐의 합성과 같은 대사 작용을 조절하는 것으로 밝혀졌다.(22)

경구 투여한 성장인자가 소화관내에서 소화되지 않고 그 기능을 발휘하는 신체 부위까지 도달할 수 있는지의 여부에 대한 상반된 의견들이 제시되고 있기는 하지만 여러 동물 모델 실험결과 EGF, IGF-I, TGF-β1, TGF-β2가 다양한 소화관 부위에서 생리활성을 발휘할 수 있고 소화관을 통하여 전체 또는 일부의 성장인자들이 흡수되어 혈액으로 이행된다는 것이 입증되었다.

우유에 존재하는 특정단백질들과 프로타아제 억제제 단백질분해효소의 활성을 억제시키는 물질들이 EGF가 위와 소장에서 일어나는 단백질 분해 작용으로부터 보호되도록 도와줄 수 있다는 사실의 발견도 이들의 주장을 뒷받침해 주고 있다.(23)

최근 들어 우유와 초유의 성장인자를 이용한 여러 가지 건강기능식품 개발을 위한 시도들이 이루어지고 있는데 현재는 일부 제품만이 출시되고 있다. 이러한 제품들은 주로 피부질환, 장 건강, 뼈 건강에 중점을 두고 있다.(24)

다른 연구자는 성장인자가 많이 함유되어 있는 초유를 이용한 제품은 비스테로이드성 진통소염제NSAID의 부작용을 예방하고 관절염 증상을 완화하는데 이용할 수도 있다고 제안하였다.(25) 치즈 유청으로부터 분리한 성장인자들은 동물모델과 사람에서 구강점막의 염증과 궤양과 같은 상처치료에 탁월한 효능을 보인다고 보고되기도 하였으며(22) 또 다른 응용가능분야로는 건선의 치료, 신생아의 알러지에 대한 내성 유도, 항암치료로 발생하는 소화관 손상으로부터의 예방 등을 들 수 있다.(26)

05 우유에는 소량이지만 독특한 기능성을 가진 생리활성물질도 존재한다

이외에도 우유에 비교적 소량으로 존재하지만 독특한 기능성을 가진 성분들이 여러 종류가 있다. 대표적인 것들이 호르몬hormone, 싸이토카인cytokine, 올리고당oligosaccharide, 뉴클레오타이드nucleotide 등이라 할 수 있다.(26)

우유와 초유에는 많은 종류의 지용성 스테로이드계와 수용성 펩타이드계 호르몬이 함유되어 있다. 성호르몬과 부신피질호르몬, 뇌하수체, 갑상선, 이자, 부신수질, 가스트린, 세크레틴과 같은 종류의 호르몬을 들 수 있으며 멜라토닌과 같은 흥미로운 성분도 함유되어 있다.

호르몬은 밀리리터당 피코그램 또는 나노그램의 수준으로 함유되어 있는 것이 일반적이다. 초유에 높은 양이 함유되어 있다가 정상적인 비유 과정 중에는 급속도로 낮은 수준으로 감소하게 된다. 유선을 통하여 젖으로 분비되는 호르몬의 기능에 관한 명확한 기능들에 대해서는 추가적인 연구의 필요성이 있다.

일반적으로는 유선세포에서의 특정기능을 조절하며 갓 태어난 신생아의 소화관과 면역체계의 발달을 돕는 중요한 역할을 하는 것으로 알려져 있다. 또한 초유에 함유되어 있는 호르몬들은 신생아의 호르몬 분비체계가 갖추어지기 전까지 일시적으로 내 분비샘의 활성을 조절해 줄 수 있는 것으로 밝혀졌다.

최근 들어 기능성 우유로도 개발되고 있는 멜라토닌 강화우유의 경우에는 동물실험과 임상실험을 통하여 숙면을 도와주는 효과가 입증되기도 하였다.

우유가 우리에게 훌륭한 동물성 단백질을 제공해 주고 있다는 것은 잘 알려져 있는 사실이지만 그 단백질 속에 다양한 기능성 펩타이드들이 숨겨져 있다는 사실은 우유의 가치를 제고시킬 수 있는 기쁜 소식이라고 할 수 있다. 우유단백질로부터 발생하는 특정 펩타이드peptides 에 대한 체계적이고 과학적인 효능평가를 통하여 국민건강이 기여할 수 있는 소재 개발에 대한 연구와 제품 개발이 이루어져야 할 것이다.

제15장

유산균의 생리활성물질은 우유의 가치를 더욱 높이고 있다

발효유제품들의 효과에 대한 관심이 기술발달로 이어지고 있다

유산균은 다양한 대사산물 생산 공장이다

유산균은 혈압상승을 막아주는 기능성 펩타이드를 생성한다

유산균도 공액리놀레산을 생산할 수 있다

유산균은 비타민을 합성하여 다양한 기능을 발휘한다

유산균은 저 열량 감미료인 만니톨Mannitol을 생산한다

영양소생산을 위해 2세대 유산균이 개발되었다

⊙ 수백 년 전부터 우유를 보존하는 가장 좋은 수단으로 유산균에 의한 우유의 발효가 이용되어 왔다. 그 과정을 살펴보면 우유의 유당 lactose을 젖산 lactic acid 그리고 여러 유기산들로 분해하여 pH를 낮추고 병원성 균이나 부패균의 생장을 억제시키는 작용을 일으켜 저장성을 확보하는 것이었다.

⊙ 지난 20여 년간 많은 종류의 유산균들이 유전자 조작기술에 의해 새로운 생리활성물질을 만들 수 있도록 개발되었으며 1999년에 *Lactococcus lactis* IL1403 균주에 대한 전체 유전자 지도가 완성되면서 유산균 연구에 새로운 지평이 마련되었다.

⊙ 발효유 제조에 이용되는 유산균들은 그 자체로도 많은 종류의 대사산물을 생산하는 능력을 가지고 있으며 이들 중에는 영양적 가치와 다양한 기능성을 가지고 있기 때문에 낙농제품 등에 응용가능성이 높다

발효유제품들의 효과에 대한 관심이 기술발달로 이어지고 있다

우유에 함유되어 있는 다양한 생리활성성분들의 존재가 밝혀지고 이러한 성분으로 인해 우유의 섭취가 대장암이나 심장질환 예방과 같은 건강증진에 효과가 입증되면서(1) 우유의 건강이미지를 기반으로 한 다양한 형태의 제품들이 전에 비해 훨씬 다양하게 개발되어 출시되고 있다. 실제로 우유는 건강기능식품 형태의 제품개발에 있어서 훌륭하고 다양한 성분의 원료가 되는 베타-락토글로불린, 락토페린, 공액리놀레산 CLA등의 공급원으로써도 그 가치를 인정받고 있다.(2)

우유자체가 가지고 있는 이러한 기능성 성분들과 더불어 발효유제품들의 건강증진효과에 대한 관심도 전에 비해 급격히 증가하고 있다. 수백 년 전부터 우유를 보존하는 가장 좋은 수단으로 유산균에 의한 우유의 발효가 이용되어 왔다. 그 과정을 살펴보면 우유의 유당Lactose을 젖산Lactic acid 그리고 여러 유기산들로 분해하여 pH를 낮추고 병원성 균이나 부패균의 생장을 억제시키는 작용을 일으켜 저장성을 확보하는 것이었다. 이러한 발효과정을 통해 유산균들은 다양한 종류의 2차 대사산물을 만들어 발효유 특유의 향과 맛, 조직감 등을 부여하고 때로는 항균활성 펩타이드인 박테리오신을 생성한다. 유산균들은 또한 다양한 형태의 단백질분해효소들Proteases와 Peptidases 을 가지고 있어서 우유단백질의 소화를 돕는데도 중요한 역할을 하게 된다.

프로바이오틱스Probiotics의 개념이 정립된 후에는 건강 증진효과가 입증된 락토바실러스Lactobacillus와 비피도박테리아Bifidobacteria를 활용한 기능성 발효유제품의 개발이 활발하게 이루어지고 있다. 지난 20여 년간 많은 종류의 유산균들이 유전자 조작기술에 의해 새로운 생리활성물질을 만들 수 있도록 개발되었으며 1999년에 락토코커스 락티스Lactococcus lactis IL1403 균주에 대한 전체유전자지도가 완성(3)되면서 유산균연구에 새로운 지평이 마련되었고 현재까지 여러 종류의 유산균에 대한 유전체 염기서열이 밝혀지면서 유산균의 건강증진효과에 대한 연구도 훨씬 심도 있게 이루어지고 있는 상황이다.

이러한 유산균의 생리활성에 대한 최신의 연구들로 인해 우유와 유제품의 영양학적인 가치는 더욱 대두되고 있으며 품질향상에도 중요한 역할을 담당하고 있다. 유산균에 의한 우유의 정상적인 발효과정에서는 생리활성 펩타이드를 비롯하여 비타민을 생산하고 유산균의 대사경로를 인위적으로 조절하여 특정 유용성분들을 대량생산하는 기술로까지 발전하고 있다.

유산균은 다양한 대사산물 생산 공장이다

유산균은 우유를 발효하는 과정 중에 에너지를 얻는데 우유에 있는 주요 탄수화물인 유당을 이용하게 된다. 유제품과 관련된 유산균으로는 락토바실러스 *Lactobacillus*, 락토코커스 *Lactococcus*, 루코노스톡 *Leuconostoc*, 스토렙토코커스 *Streptococcus*등이 주종을 이루고 있다. 유산균 발효의 최종 대사산물물질대사 가운데 생성되는 물질은 젖산lactic acid이며 이것은 우유의 pH를 산성으로 만들어 유해세균의 증식을 억제하여 발효제품의 안전성을 높이고 저장기간을 길게 해 주는 중요한 역할을 하고 있다.

또한 유산균의 대사과정에서 발효식품의 물성이나 향을 좋게 해주는 다양한 대사산물도 만들어 낸다. 예를 들면 유산균이 생성하는 다당류polysaccharide는 발효유제품의 점도와 조직감을 향상시키는데 중요한 역할을 하며(4), 다이아세틸 Diacetyl, 에탄올Ethanol, 아세트알데하이드Acetaldehyde, 알라닌Alanine 등은 발효유제품의 풍미형성을 돕는 성분으로 작용한다. 많은 유산균들은 여러 종류의 비타민 B를 합성하여 사람에게 중요한 필수 영양소 공급원으로써의 역할도 수행한다.

유산균과 비피도박테리아균들이 만들어 내는 다양한 대사산물들은 인체의 건강증진에도 기여하고 있다. 대표적인 이러한 기능성 성분들로는 유산균의 단백질 분해효소의 작용에 의해 우유단백질로부터 만들어지는 생리활성 펩타이드와 유산균과 비피도박테리아균이 리놀레산으로부터 합성하는 공액리놀레산을 들 수 있다.

유산균은 혈압상승을 막아주는 기능성 펩타이드를 생성한다

유산균에 의한 생리활성 펩타이드는 우유단백질을 이루고 있는 특정 아미노산의 서열 중에서 발견되며 유산균의 작용과 소화관내의 단백질 분해효소의 작용에 의해서 유리되어질 수 있는 것들을 말한다. 이러한 펩타이드들은 체내에 흡수되어 항균활성, 진정효과, 항 혈전작용, 혈압상승저해, 무기질 흡수 촉진과 같은 다양한 건강증진효과를 주고 있으며 이중에서도 가장 많은 연구를 통해 잘 알려진 내용은 ACE-억제에 의한 혈압상승을 막아주는 기능성 펩타이드다.

강력한 ACE-활성 억제효과를 보이는 펩타이드를 함유하고 있는 기능성 발효유제품들은 그 종류가 다양한데 락토바실러스 지지균*Lactobacillus* GG, 락토바실러스 헬베티커스*Lactobacillus helveticus* CP790, 락토바실러스 불가리커스*Lactobacillus delbrueckii* subsp. *bulgaricus* SS1와 같은 유산균들이다. 이들 유산균들은 우유의 발효과정에서 ACE-억제 펩타이드를 만드는 것으로 밝혀졌다.(5)

일본 시장에 출시된 발효유의 일종인 Calpis 제품은 락토바실러스 헬베티커스와 효모균에 의해 발효되었으며 두 종류의 ACE-억제 펩타이드(Val-Pro-Pro와 Ile-Pro-Pro)를 함유하고 있다. 의약품 형태로 ACE-억제제를 처방받고 있는 고혈압 환자에게 Calpis 제품을 일정 기간 동안 급여한 결과 아무런 부작용 없이 혈압을 떨어뜨리는 결과를 확인할 수 있었고 같은 제품을 고혈압을 앓고 있는 쥐에게 장기간 투여한 경우에도 혈압을 낮추어 주는 효과를 확인할 수 있었다.(6)

유산균도
공액리놀레산을 생산할 수 있다

두 개의 이중결합을 가지고 있는 불포화지방산인 리놀레산LA이 이중결합의 위치와 결합방식이 바뀌면서 공액리놀레산을 형성하는데 이 공액리놀레산은 항암효과, 항염증효과, 당뇨증상의 완화와 같은 건강증진의 효과를 지니고 있음이 밝혀지면서 많은 관심을 받게 된 기능성 소재다. 반추위에 존재하는 미생물의 일종인 뷰티리비브리오 화이브리솔벤스*Butyrivibrio fibrisolvens*에 의해서 공액리놀레산이 만들어 진다는 사실이 최초로 알려졌으며(7) 최근에는 식품에 이용할 수 있는 유산균들 중에서도 공액리놀레산의 생성 가능성이 확인되었다.

그 이후에 치즈스타터의 일종인 프로피오니박테리아*Propionibacteria*가 70~90%의 전환율을 가지고 리놀레산으로부터 공액리놀레산을 만들 수 있다고 발표하였다.(8)

우유보다는 발효유제품에 공액리놀레산의 함량이 더 높다는 보고가 이루어진(9) 후에 다른 연구자들에 의해 락토바실러스 애시도필러스*Lactobacillus acidophilus*를 포함하는 몇 종의 유산균들이 우유에서 증식하는 과정 중에 리놀레산을 공액리놀레산으로 변하게 하는 능력이 발생되는 것으로 밝혀졌다.(10)

또 다른 연구자는 여러 종류의 유산균을 대상으로 한 공액리놀레산의 생성 능력을 스크리닝한 결과 250개의 균주 중에서 락토바실러스 플란타룸 *Lactobacillus plantarum* AKU1009a 이 가장 우수한 능력을 보였다고 발표하였다.(11)

사람의 소화관에서 분리한 비피도박테리아균에서도 균종에 따른 차이는 있지만 공액리놀레산의 생성능력이 보고되고 있다.(12) 주로 비피도박테리움 브레베 *Bifidobacterium breve* 균주들이 공액리놀레산의 생성능력이 좋으며 혐기적인 조건에서 전환율이 더 좋게 나타났다. 공액리놀레산의 생산능력은 유산균과 비피도박테리아균에서 일반적으로 나타나는 특성은 아니지만 일부 균주들은 외부에서 첨가해준 리놀레산을 건강 기능성 지방산인 공액리놀레산으로 전환시키는 능력을 가지고 있음이 확인된 것이다.

중요한 사실은 공액리놀레산의 생성능력은 반드시 지방분해효소 활성과 함께 있을 때 작동할 수 있다는 것이다. 그 이유는 지방산이 글리세롤과 결합된 중성지방 형태로 존재할 때는 리놀레산을 기질로 이용할 수 없고 반드시 유리지방산 형태로 존재해야만 공액리놀레산으로 전환시킬 수 있기 때문이다.(2)

유산균은 비타민을 합성하여 다양한 기능을 발휘한다

비타민은 우리의 생명을 유지하는데 필요한 다양한 대사과정 중에 효소의 작용을 도와주는 중요한 영양소이다. 비타민은 우리의 몸에서 합성이 되지 않아 식품의 형태로 반드시 섭취를 해야만 하는 필수 영양소로 분류되고 있으며 유산균들은 일부 비타민을 합성하는 능력을 가지고 있어, 유산균을 이용한 발효식품의 식품학적 가치를 높여주고 있다.

엽산의 생성

비타민 B_9으로도 알려져 있는 엽산folic acid은 DNA와 RNA 같은 핵산의 구성 성분인 뉴클레오타이드의 생합성에 반드시 필요하며 체내의 많은 대사 작용 중에서 중요한 조효소cofactor로써의 역할을 담당하고 있다. 사람을 포함한 포유동물은 체내에서 엽산을 합성하지 못하고 반드시 식품의 형태로 섭취해야만 하기 때문에 유산균이 엽산을 합성할 수 있는 능력을 이용하여 발효유 등에 엽산 함량을 증가시키는 것도 기능성 증진의 한 가지 방법이 될 수 있다.(13) 엽산은 일부 암에 대한 발병률은 줄여주거나(9) 특히 임신 기간 중에 발생할 수 있는 태아의 신경관계 결함과 같은 유전병을 예방하는데 중요한 역할을 한다.(14) 또한 엽산의 섭취량이 증가하면 심혈관질환을 유발하는 위험인자로 알려져 있는 혈중의 호모시스테인homocysteine의 함량을 상당히 줄여 준다.(15)

우유에는 L당 20~50㎍ 정도의 엽산이 함유되어 있는데 발효유에는 일반적으로 우유보다 더 많이 함유되어 있고 요구르트에서 142㎍/L 까지도 확인되었다.[16] 일부 유산균들은 우유의 발효과정 중에 엽산을 합성하여 발효유 성분으로 분비시키는 능력을 가지고 있음이 확인되었고 유산균용 액체배지보다는 우유배지에서 엽산의 합성량이 더 높았다.[13]

비피도박테리움 롱굼*Bifidobacterium longum* B_6균주의 경우에는 우유배지에서 100ng/mL 정도의 엽산을 합성할 수 있으며 이 균주를 이용해서 제조한 발효유를 200mL섭취한다고 하면 미국의 식품영양위원회에서 제시하는 4~8세 어린이의 하루권량 섭취량의 10%에 해당하는 양에 달한다.

비타민 B_{12}의 생성

비타민 B_{12}는 뇌와 신경계의 정상적인 기능을 도와주고 혈액 성분합성에도 중요한 역할을 하며 지방산, 아미노산, 탄수화물 그리고 핵산의 대사과정에도 중요한 조효소로 작용한다.

유산균 중 일부 치즈제조에 이용되는 프로피오니박테리아*Propionibacteria*에서 비타민 B_{12} 합성능력이 확인되었다.

프로피오니박테리아 균주를 이용한 비타민 B_{12} 합성의 최적조건실험에서 10%의 치즈 유청에 1.5%의 효모추출물의 첨가가 효과적이었으며 비타민 B_{12}의 전구체인 코발트 등을 첨가해 주면 10~15mg/L 정도의 수율을 얻을 수 있었다.[17,18] 프로피오니박테리아를 이용한 비타민 B_{12} 합성의 최적화를 위한 다양한 연구를 통하여 배지의 조성이나 산소 공급의 여부 등에 따라 합성량을 높일 수 있음을 알 수 있었다.[19]

비타민 K의 생성

지용성 비타민의 일종으로 혈액응고에 관여하는 중요한 단백질의 합성 마지막 단계에서 중요한 기능을 담당하고 있다. 두 가지 형태의 비타민 K가 존재하는데 시금치와 같은 녹색식물에 분포되어 있는 비타민 K_1phylloquinone과 주로 동물에 분포되어 있거나 일부 장내세균에 의해 합성되는 비타민 K_2menaquinone가 그것이다.(20) 비타민 K_2menaquinone은 골다공증 환자의 통증완화제로도 이용되고 있다.

다양한 종류의 유산균을 대상으로 한 비타민 K 합성능력 확인실험에서 락토코커스 크레모리스*Lactococcus lactis* subsp. *cremoris* 세 균주와 락토코커스 락티스 *Lactococcus lactis* subsp. *lactis* 두 균주가 동결건조 된 균체 1그램당 250nmol 이상의 quinone을 합성할 수 있었다.(21) 이 중 두 개의 균주가 우유 배지에서 자라면서 비타민 K_2menaquinone을 합성하는 능력을 보였으며 이들 균주는 발효유제품의 비타민 K_2 함량을 높이기 위한 유산균 스타터로도 이용될 수 있다.

유산균은 저열량 감미료인 만니톨Mannitol을 생산한다

만니톨은 저 열량 감미료이며 설탕의 절반에 해당하는 단맛을 가지고 있는 일종의 당알코올이다. 사람은 만니톨을 완전히 분해시키지 못하기 때문에 섭취 후에도 고혈당 증상을 보이지 않는 특성이 있고 이러한 이유로 당뇨환자들을 위한 감미료로도 쓰이고 있다.

유산균들은 주로 두 가지 경로에 의해 만니톨을 합성할 수 있는데 이는 주로 포도당과 같은 6탄 당의 이용경로에 의해서 결정된다. 유산균 발효는 최종 대사산물로 젖산, CO_2, 에탄올을 동일한 양으로 만드는 이종젖산발효와 탄수화물의 90% 이상을 젖산으로 바꾸는 동종젖산발효로 분류하게 된다. 그중에서 이종젖산발효를 하는 루코노스톡 *Leuconostoc mesenteroides*와 같은 유산균은 설탕으로 부터 만니톨을 생산하는 능력이 뛰어난 것으로 알려져 있다.(22) 동종젖산발효 과정 중에는 비교적 적은 양의 만니톨이 생성되는데 락토바실러스나 락토코커스 *Lactococcus* 에서 보고된 적이 있다.(23)

영양소생산을 위해
2세대 유산균이 개발되었다

지난 30여 년간 식품에 이용될 수 있는 유산균의 유전자연구와 관련된 많은 기술들이 개발되면서 이러한 유산균들의 유전자들을 인위적으로 조작하는 일이 가능하게 되었다. 대표적인 기술로 NICE Nisin-Controlled Expression System을 들 수 있는데 이 기술을 이용하여 많은 유산균들이 외부에서 유입된 단백질들을 성공적으로 발현시켰다.(24) 이 기술은 락토코커스 락티스*Lactococcus lactis*가 생산하는 항균활성 펩타이드인 nisin에 기초한 것으로 외부에서 첨가되는 소량의 nisin이 유산균으로 하여금 nisin을 생합성하라는 신호를 보내면 해당 유산균이 그 신호를 거부하지 않고 받아들여 작용할 수 있기 때문에 가능하다. 따라서 nisin을 다른 유전자로 바꾸어 주면 얼마든지 그 단백질의 합성을 조절할 수 있다는 이야기가 된다. 이 방법을 이용하여 락토코커스 락티스에서 풍미성분인 다이아세틸diacetyl, 아미노산 알라닌alanine 그리고 다당류를 성공적으로 생산하였다.(25)

현재 NICE와 같은 유전공학 기술을 이용하여 유산균이 자연적으로 생산하는 것보다 훨씬 높은 양의 대사산물을 생산할 수 있게 되었으며 아미노산, 다당류, 엽산과 같은 다양한 소재의 생산에 활용되고 있다.

아미노산의 생산

L-알라닌은 식품산업에서 감미료로 이용되고 의약분야에서는 수술 전 · 후의 영양제 공급원으로 널리 쓰이고 있다. 락토코커스 락티스는 알라닌 탈수소효소

alanine dehydrogenase라는 효소에 의해 암모니아가가 존재할 때 피루르산pyruvate을 L-알라닌으로 전환시킬 수 있다.

네덜란드의 연구진은 최근에 바실러스 스페리커스*Bacillus sphaericus* 에서 발견한 알라닌 탈수소효소 유전자 (*alaD*)를 락토코커스 락티스에서 NICE system을 이용하여 성공적으로 발현시켰다.(26) 최적의 발현 조건에서 만들어진 알라닌 탈수소효소는 전체 단백질의 30~40%에 해당할 만큼의 양이었으며 충분한 암모니아를 공급해 주면 전체 탄소원의 35% 정도를 알라닌을 만드는데 이용할 수 있었다. 또한 최적의 암모니아 농도조건에서 첨가해주는 포도당의 99.5%가 알라닌으로 전환되는 것도 가능하였다.

아미노산을 대량생산하는 유산균주의 개발을 위한 또 다른 시도로는 훌륭한 아미노산 생산능력을 가지고 있는 균주를 선택하여 유당 발효 능력을 추가적으로 도입시키는 방법이다. 예를 들면 코리네박테리움 글루타미쿰*Corynebacterium glutamicum*과 같은 균주는 산업적으로 라이신을 생산하는데 널리 이용되고 있지만 유당을 분해하지 못하는 단점이 있다. 따라서 이 균주에 유당분해효소 유전자를 유입시켜 우유배지에서 라이신을 생산하면 단점이 보완되는 것이다.(27) 이러한 방법으로 락토바실러스 불가리커스 균주의 유당 분해 유전자를 라이신 합성능력이 뛰어난 코리네박테리움 글루타미쿰 균주에 도입시켰다. 그 결과 원래균주는 유청 배지에서 라이신을 전혀 합성하지 못하였으나 새로 개발된 균주는 리터당 2그램 정도의 라이신을 합성하는 능력이 확인되었다.(2)

다당류의 생산

다당류Exopolysaccharide ; EPS는 미생물이 생성하여 외부환경으로 분비해 내는 고분자 물질로써 발효식품의 물성과 조직감을 형성하는데 중요한 역할을 하고 있다. 특히 유산균이 만들어 내는 다당류 중에는 면역증진작용(28), 항암작용(29), 그리고 콜레스테롤 저하작용(30) 와 같은 기능성이 밝혀지고 있다. 유산균이 생산하는 다당류는 크게 두 종류로 분류되는데 dextran이나 glucan처럼 단일종류의 단당류만이 연쇄적으로 연결된 동종다당류와 다당류 부분에 비탄수화물 부분이 결합되어 이루어진 이종다당류가 그것이다.(4)

많은 종류의 유산균들이 다당류를 생산하는 능력을 가지고 있음이 밝혀졌으며 다당류의 생합성경로와 구조 그리고 그들의 기능성에 대한 많은 연구가 진행되었다. 특히 락토코커스 락티스 균주의 다당류 생산 유전자에 대한 상세한 내용이 밝혀졌는데(31) 이 유전자들은 세균의 세포 내에 염색체와는 별개로 존재하면서 독자적으로 증식이 가능한 DNA인 플라스미드plasmid에 포함되어 있어서 다른 유사한 유산균주로 쉽게 유전자를 전해줄 수도 있다는 것이다.

유전공학 기술의 발달로 다당류 생산 유전자를 락토코커스 균주 간에 유입하여 발현시키는 시도들도 성공적으로 이루어졌다.(32) 또한 스트렙토코커스 써모필러스균주가 가지고 있는 다당류 생산 유전자를 다당류 생산 능력이 없는 락토코커스 락티스 균주에서 발현시킨 예도 보고되었다.

처음의 시도에서는 원래 균주가 만드는 다당류와 구조가 서로 다른 다당류가 생산되었으나 최근에는 동일한 구조를 같은 다당류를 새로운 균주에서 생산하는데 성공하였다.(33)

대사공학기술을 이용하여 유청에서 유용한 대사산물을 생산하기위한 또 다른 시도로는 잔탄검 Xanthangum 생산을 하는 잔토모나스 캄페스트리스*Xanthomonas campestris* 균주에 유당분해 능력을 추가로 도입시키는 방법을 들 수 있다.

잔탄검은 셀룰로스를 기본 골격으로 하는 고분자량의 다당류 물질로 식품, 화장품, 정유산업에서 안전, 점도증진제, 유화제 등의 용도로 사용이 가능한 물질이다. 잔탄검을 생산하는 잔토모나스 균주는 유당분해효소 활성을 가지고 있기는 하지만 유당을 탄소원으로 이용하는 효율성이 낮은 문제가 있다.

따라서 생산원가를 절감하기 위해 치즈제조의 부산물인 유청을 기본배지로 사용하려면 효율적인 유당분해효소 유전자를 도입시키는 방법이 필요한 것이다. 외래의 유당분해효소 유전자를 잔토모나스에서 발현시키고 유청배지에서 키우면서 포도당을 탄소원으로 할 때와 유사한 정도의 잔탄검 생산을 성공적으로 이룰 수 있었다.(34)

엽산의 생산

유산균의 유전자 조작에 의해 발효유제품에서 엽산의 생산량을 늘리는 시도도 이루어졌다. 엽산생산에 필요한 일련의 유전자들이 락토코커스 락티스의 유전체에 존재한다는 사실이 보고되었으며(35) 이들은 6개의 유전자가 하나의 무리를 이루어 존재하고 있음이 밝혀졌다.

이들 유전자 중에서 하나를 많이 발현되도록 만들어 주면 원래 균주보다 훨씬 많은 양의 엽산을 생산하는 것이 가능하다.

이상의 예에서 알아본 바와 같이 발효유 제조에 이용되는 유산균들은 그 자체로도 많은 종류의 대사산물을 생산하는 능력을 가지고 있으며 이들 중에는 영양적 가치와 다양한 기능성을 가지고 있기 때문에 낙농제품 등에 응용가능성이 높다고 할 수 있다. 또한 유산균에 대한 유전자조작 기술이 급속히 발달하고 있기 때문에 대사공학기술 등을 이용하여 새로운 기능성 유제품 소재를 개발하면 소비자의 건강 증진에도 크게 기여할 수 있다. 최근 들어 다양한 유산균주들에 대한 게놈 정보들이 밝혀지면서 유산균 주들의 다양한 대사능력에 대한 이해의 폭도 급속히 넓어지고 있다. 이러한 정보들을 어떻게 유용하게 활용할 것인가에 대한 것도 앞으로 우리가 풀어가야 할 하나의 새로운 숙제라고 할 수 있다.

우유 한잔의 과학

참.고.문.헌.

제1장

1. 김영교 등. 우유와 유제품의 과학. 선진문화사. 2004
2. 김희선 등. 아산시 거주여성에서 우유섭취가 골음파상태와 골대사지표에 미치는영향. 대한지역사회영양학회지. 2007
3. 낙농자조금사업 연구보고서. 2009
4. 유춘희 등. 한국남자의 연령별 골밀도에 영향을 미치는 영양요인 분석. 한국영양학회지. 2004
5. 이명희.밀크파워. 좋은선물. 2005
6. 이수원외 5인. 최신 유가공학. 유한문화사.2005
7. Kim HS 등 Increased calcium intake through milk consumption and bone mineral density of elderly women living in Asan. J Korean Dieteticc Assoc. 2005
8. 上西 一弘. 全國 骨密度(2005) 照査報告. 日本酪農乳業協會. 2006
9. Miller G., Jarvis J. McBean L. Handbook of Dairy Foods and Nutrition.CRC Press. 2000

제2장

1. 식품영양소함량 자료집. 한국영양학회. 2009.
2. 이수원외 5인. 최신 유가공학. 유한문화사.2005
3. 진현석. 아이들의 식탁에서 우유를 지켜라. 랜덤하우스. 2006
4. 진현석. 분유이야기. 랜덤하우스. 2009
5. 박정훈. 잘먹고 잘사는 법. 김영사. 2002
6. Stuart Patton, MILK. 2003
7. 伊藤敞敏. 乳は 食糧として 作り 出 される 唯一の 天然物. Milk の本

제3장

1. 김영교 등. 우유와 유제품의 과학. 선진문화사. 2004
2. 이명희. 밀크파워. 좋은선물. 2005
3. 진현석. 우유를 지켜라. 랜덤하우스. 2006
4. 진현석. 분유이야기. 랜덤하우스. 2009
5. 日本全國牛乳普及協會. 牛乳の 知識
6. Miller G., Jarvis J. McBean L. Handbook of Dairy Foods and Nutrition.CRC Press. 2000
7. Oski Frank. Don't drink milk. TEACH Services Inc. 1996
8. 上西一弘. 牛乳の 榮養と 人間への 健康貢獻. Milkの本

제4장

1. 김은미. 학교우유급식의 필요성. 식품외식경제(2007).
2. 김태영, 김향숙. 학교우유급식 참여여부에 따른 초등학생의 칼슘 섭취실태 비교. 한국식생활문화학회지 24(1):106-115(2009).
3. 백희영 등. 우리나라 초등학생의 우유 및 유제품 섭취와 신체발달과의 관련성에 관한 연구. 한국낙농육우협회(2004).

4. 보건복지가족부, 질병관리본부. 2007 국민건강통계. 국민건강영양조사 제4기1차년도(2008).
5. 식품의약품안전청. 식품첨가물, 나도 알아요. www.foodnara.go.kr.
6. 양일선. 중 · 고등학교 우유급식 확대방안 계획 수립을 위한 연구: 해외 학교급식우유프로그램 사례 조사. 한국식품연구원 연구과제 보고서(2006).
7. 윤인경 등. 초 · 중등학교 교과서의 우유 영양교육 내용 분석. 한국가정과교육학회지 17(2):221-238(2005).
8. 임경숙. 학교급식 영양관리모델 개발에 관한 연구보고서. 교육인적자원부(2002).
9. 임경숙 등. 초등학교 급식의 영양관리 현황 및 개선방안 연구. 대한영양사협회 10(2):235-345(2004).
10. 정인경, 권성옥. 전국 초 · 중 · 고등학생의 학교우유급식 실태 조사. 한국지역영양사회생활과학회지 14(2):71-81(2003).
11. 농림수산식품부. 2010년 학교우유급식 시행지침서(2010).
12. 농림수산식품부. 2010년 학교우유급식사업 표준매뉴얼(2010).
13. 한국식품연구원. 중 · 고등학교 우유급식 확대방안 계획 수립을 위한 연구(2006).
14. 한국영양학회, 한국인영양섭취기준위원회. 한국인영양섭취기준(2005).
15. 보건복지가족부. 한국인을 위한 식생활지침(2009).
16. America's Milk Processor. Got milk?(2005).
17. Bowman SA. Fast food consumption of U.S. adults: Impact on energy and nutrient intakes and overweight status. Journal of the American Dietetic Association 102(9):1234-1239(2002)
18. Courteix D, Jaffre C, Lespessailles E, Benhamou L. Cumulative Effects of Calcium Supplementation and Physical Activity on Bone Accretion in Premenaechal Children: A Double-Blind Randomised Placebo-Controlled Trial. International Sports medicine. 26(5):332-338(2005).
19. Du X, Zhu K, Trube A, Zhang Q, Ma G, Hu X, Fraser DR, Greenfield H. School-milk intervention trial enhances growth and bone mineral accretion in Chinese girls aged 10-12 years in Beijing. British Journal of Nutrition 92(1):159-68(2004).
20. Department of Health and Human Services. Dietary Guidelines for Americans 2005. http://www.health.gov/DietaryGuidlines.
21. Dodiuk-Gad RP, et al. Sustained effect of short-term calcium supplementation on bone mass in adolescent girl with low calcium intake. The American Journal of Clinical Nutrition 81(1):168-174(2005).
22. Food and Agriculture Organization. (Griffin M). Overview of worldwide school milk programmes. Paper presented at 3rd International School Milk Conference. China(2005).
23. Johnston Jr. CC. Calcium supplementation and increases in bone mineral density in children. The New England Journal of Medicine 327:82-87(1992).
24. Kalkwarf HJ. Childhood and adolescent milk intake and adult bone health. International Congress Series 1297:39-49(2007).
25. Kalkwarf HJ, et al. Milk intake during childhood and adolescence, adult bone density, and osteoporotic fractures in US women. The American Journal of Clinical Nutrition 77(1):257-265(2003).
26. Moore LL, et al. Effects of average childhood dairy intake on adolescent bone health. The Journal of Pediatrics 153(5):667-673(2008).
27. Murphy MM, et al. Drinking flavored of plain milk Is positively associated with adverse effects on weight status in US children and adolescents. Journal of the American Dietetic Association

108(4):631-639(2008).
28. 1999-2000 National Health and Nutrition Examination Survey data. Centers for Disease Control and Prevention. http://www.cdc.gov/nesh/about /major/nhanes99_00.htm(2005).
29. 2001-2002 National Health and Nutrition Examination Survey data. Centers for Disease Control and Prevention. http://www.cdc.gov/nesh/about /major/nhanes01_02.htm(2005).
30. Sandler RB, et al. Postmenopausal bone density and milk consumption in childhood and adolescence. The American Journal of Clinical Nutrition 42:270-274(1985).
31. School Nutrition Association. School Milk Facts. http://www.milkdelivers.org /schools/school-milk-facts.
32. Tanner JM. Growth at Adolescence, 2nd ed. Oxford: Blackwell Scientific (1962).
33. Tucker KL. Does milk intake in childhood protect against later osteoporosis? The American Journal of Clinical Nutrition 77:10-11(2003).
34. United States Department of Agriculture. http://www.mypyramid.gov.
35. United States Department of Agriculture. National School Lunch Program. http://www.fns.usda.gov/cnd/lunch.
36. United States Department of Agriculture. Special Milk Program. http://www.fns.usda.gov/cnd/Milk.
37. Zhang Q, Hu XQ, Ma GS, Du XQ, Zhu K, Zhang X, Tong R, Ge KY. Effects of calcium and vitamin D-fortified milk on physical development in school girls aged 10 to 12 years. Zhonghua Yu Fang Yi Xue Za Zhi 37(1):12-15(2003).

제5장

1. Kilara A, Panyam D. Review. Peptides from milk proteins and their properties. Crit. Rev. Food Sci. Nutr. 43: 607-633 (2003)
2. Hartmann PE. Review. The lactating breast: an overview from down under. Breastfeed Med. 2: 3-9 (2007)
3. Lien do TK, Nhung BT, Khan NC, Hop le T, Nga NT, Hung NT, Kiers J, Shigeru Y, te Biesebeke R. Impact of milk consumption on performance and health of primary school children in rural Vietnam. Asia Pac. J. Clin. Nutr. 18: 326-34 (2009)
4. Hojsak I, Snovak N, Abdović S, Szajewska H, Mišak Z, Kolaček S. Lactobacillus GG in the prevention of gastrointestinal and respiratory tract infections in children who attend day care centers: A randomized, double-blind, placebo-controlled trial. Clin. Nutr. (2009)
5. Hanes S, Vermeersch J, Gale S. The National Evaluation of School Nutrition Programs: program impact on dietary intake. Am. J. Clin Nutr. 40(2 Suppl): 390-413 (1984)
6. Hoppe C, Kristensen M, Boiesen M, Kudsk J, Fleischer Michaelsen K, MΦlgaard C. Short-term effects of replacing milk with cola beverages on insulin-like growth factor-I and insulin-glucose metabolism: a 10 d interventional study in young men. Br. J.Nutr. 102(7): 1047-1051 (2009)
7. Vanselow MS, Pereira MA, Neumark-Sztainer D, Raatz SK.Adolescent beverage habits and changes in weight over time: findings from Project EAT. Am. J. Clin. Nutr. 90: 1489-1495 (2009)
8. Abrams SA. Calcium turnover and nutrition through the life cycle. Proc. Nutr. Soc. 60: 283-289 (2001)
9. Flynn A. The role of dietary calcium in bone health. Proc. Nutr. Soc. 62: 851-858 (2003)
10. Bertone-Johnson ER, Hankinson SE, Bendich A, Johnson SR, Willett WC, Manson JE. Calcium and vitamin D intake and risk of incident premenstrual syndrome. Arch. Intern. Med. 165: 1246-1252 (2005)

11. Guarner F. Enteric flora in health and disease. Digestion. 73 (Suppl.) 1: 5-12 (2006)
12. Zemel MB, Richards J, Mathis S, Milstead A, Gebhardt L, Silva E. Dairy augmentation of total and central fat loss in obese subjects. Int. J. Obes. (Lond). 29(4):391-397 (2005)
13. Weaver CM.. Should dairy be recommended as part of a healthy vegetarian diet? Point. Am. J. Clin. Nutr. 89(5): 1634S-1637S (2009)
14. Yoshizawa M, Maeda S, Miyaki A, Misono M, Choi Y, Shimojo N, Ajisaka R, Tanaka Additive beneficial effects of lactotripeptides and aerobic exercise on arterial compliance in postmenopausal women. Am. J. Physiol. Heart Circ. Physiol. 297: H1899-1903 (2009).
15. Lederle FA. Epidemiology of constipation in elderly patients. Drug utilisation and cost-containment strategies. Drugs Aging. 6: 465-469 (1995)
16. Posserud I, Stotzer PO, Bjönsson ES, Abrahamsson H, Simrén M. Small intestinal bacterial overgrowth in patients with irritable bowel syndrome. Gut. 56: 802-808 (2006)
17. Vandenplas Y, Benninga M. Review: Probiotics and functional gastrointestinal disorders in children. J. Pediatr. Gastroenterol. Nutr. 48 (Suppl.) 2: S107-109 (2009)
18. Condon M. Review. Breast is best, but it could be better: what is in breast milk that should not be? Pediatr Nurs. 31: 333-338 (2005).
19. Bäkhed F, Ding H, Wang T, Hooper LV, Koh GY, Nagy A, Semenkovich CF, Gordon JI. The gut microbiota as an environmental factor that regulates fat storage. Proc. Natl. Acad. Sci. USA. 101:15718-15723 (2004)

제 6 장

1. Kretchmer N. Review. Lactose and lactase--a historical perspective. Gastroenterol. 61:805-813 (1971)
2. Scrimshaw NS, Murray EB. Review. The acceptability of milk and milk products in populations with a high prevalence of lactose intolerance. Am. J. Clin. Nutr. 48 (Suppl.) :1079-1159 (1988)
3. Sahi T. Review. Hypolactasia and lactase persistence. Historical review and the terminology. Scand. J. Gastroenterol. (Suppl.) 202:1-206 (1994)
4. Arola H. Review. Diagnosis of hypolactasia and lactose malabsorption. Scand. J. Gastroenterol. (Suppl.) 202: 26-35 (1994)
5. Martini MC, Smith DE, Savaiano DA. Lactose digestion from flavored and frozen yogurts, ice milk, and ice cream by lactase-deficient persons. Am. J. Clin. Nutr. 46:636-640 (1987)
6. Lomer MCE, Parkes GC, Sanderson JD. Review. lactose intolerance in clinical practice--myths and realities. Aliment. Pharmacol. Ther. 27:93-103 (2008)
7. Mustapha A, Jiang T, Savaiano DA. Improvement of lactose digestion by humans following ingestion of unfermented acidophilus milk: influence of bile sensitivity, lactose transport, and acid tolerance of Lactobacillus acidophilus. J. Dairy Sci. 80:1537-1545 (1997)
8. Saavedra JM, and Perman JA. Review. Current concepts in lactose malabsorption and intolerance. Annu. Rev. Nutr. 9: 475-502 (1989)
9. Johnson RC, Schwitters SY, Cole RE, Ahern FM, Au K. A family study of lactose tolerance. Behav. Genet. 11:369-372 (1981)
10. Johnson AO, Semenya JG, Buchowski MS, Enowonwu CO, Scrimshaw NS. Adaptation of lactose maldigesters to continued milk intakes. Am. J. Clin. Nutr. 58: 879-885 (1993)
11. Hertzler SR, Savaiano DA. Colonic adaptation to daily lactose feeding in lactose maldigesters

reduces lactose intolerance. Am. J. Clin. Nutr. 64: 232-236 (1996)

12. Camillo MD, Marinaro V, Argnani F, Foglietta T, Vernia P. Hydrogen breath test for diagnosis of lactose malabsorption. The importance of timing and the number of breath samples, Can. J. Gastroenterol. 20: 265?268 (2006)
13. Robayo-Torres CC, Nichols BL. Review. Molecular differentiation of congenital lactase deficiency from adult-type hypolactasia. Nutr. Rev. 65:95-98 (2007) Current concepts in lactose malabsorption and intolerance.
14. J'ävel'ä IE. Review. Molecular diagnosis of adult-type hypolactasia (lactase non-persistence). Scand J. Clin. Lab. Invest. 65:535-539 (2005)
15. Rasinperä H, Savilahti E, Enattah NS, Kuokkanen M, Töterman N, Lindahl H, Jä velä I, Kolho K-L. A genetic test which can be used to diagnose adult-type hypolactasia in children. Gut. 53:1571?1576 (2004)
16. Swallow DM. DNA test for hypolactasia premature. Gut. 55: 131-133 (2006)
17. Jarvis JK, Miller GD. Overcoming the barrier of lactose intolerance to reduce health disparities. J. Natl. Med. Assoc. 94:55?66 (2002)
18. Kuokkanen M, Butzow R, Rasinperä H, Medrek K, Nilbert M, Malander S, Lubinski J, J¨ avelä I. Lactase persistence and ovarian carcinoma risk in Finland, Poland, and Sweden. Int. J. Cancer. 117:90-94 (2005)
19. Corazza GR, Benati G, Di Sario A, Tarozzi C, Strocchi A, Passeri M, Gasbarrini G. Lactose intolerance and bone mass in postmenopausal Italian women. Br. J. Nutr. 73:479-487 (1995)
20. Tuure T, Korpela R. Handbook of Functional Dairy Products. Shortt C. and J. O'Brien Ed., CRC Press, pp81-82 (2004)
21. Kohler JJ, Erickson AB, Meyer JL. Method and apparatus for producing reduced lactose milk. U.S. patent, 5,357,852. (1994)
22. Lange M. Lactose-free milk and process for making same. WO 2005/074693 A1. (2005)

제 7 장

1. Aoe S, Toba Y, Yamamura J, Kawakami H, Yahiro H, Kumegawa M, Itabashi A, Takada Y. A controlled trial of the effect of milk basic protein (MBP) supplementation on bone metabolism in healthy adult women. Biosci. Biotechnol. Biochem. 65:913-918 (2001)
2. Appel LJ, Moore TJ, Obarzanek E, Vollmer WM. A clinic trial of the effects of dietary patterns on blood pressure. The New England Journal of Medicine 336:1117-1125 (1997)
3. Bredeweg-Dejager S. 2004. The role of dairy production in the calcium intake of suburban adolescents. A thesis of Grand Valley State University, Allendale, Michigan. USA
4. Bonjour JP, Theintz G, Buchs B, Slosman D, Rizzoli R. Critical years and stages of puberty for spinal and femoral bone mass accumulation during adolescence. Journal of the Clinical Endocrinology and Metabolism 73: 555-567 (1991).
5. Cadogan J. Milk intake and bone mineral acquisition in adolescent girls: Randomized, controlled intervention trial. British Medical Journal 315: 1255-1260 (1997)
6. Cámara-Martos F. Amaro-Loópes MA. Influence of Dietary factors on calcium bioavailabilty. Biological Trace Element Research 89:43-52 (2002)
7. Chee WSS, Suriah AR, Chan SP, Zaitun Y, Chan YM. The effect of milk supplementation on

bone mineral density in postmenopausal Chinese women in Malaysia. Osteoporos Int. 14:828-834 (2003)

8. Clare DA, Swaisgood HE. Bioactive milk peptide: A prospectus. J. Dairy Sci. 83:1187-1195 (2000)
9. Dawson-Hughes B, Harris SS, Rasmussen H, Song L, Dallal GE. Effect of dietary protein supplements on calcium excretion in healthy older men and women. J. Clin. Endocrinol. Metab. 89:1169-1173 (2004)
10. Drugay M. Breaking the silence: A health promotion approach to osteoporosis. Journal of Gerentological Nursing 23:36-43 (1997)
11. Francis GL, Regester GO, Webb HA, Ballard FJ. Extraction from cheese whey by cation-exchange chromatography of factors that stimulate the growth of mammalian cells. J. Dairy Sci. 23:1209-1218 (1995)
12. Gallo AM. Building strong bones in childhood and adolescence:Reducing the risk of fractures in later life. Pediatric Nursing 22:369-375 (1996)
13. Goulding A, Cannan R, Williams SM, Gold EJ, Taylor RW, Lewis-Barned NJ. Bone Mineral Density in Girls with Forearm Fractures. Journal of Bone and Mineral Research 13:143-148 (1998)
14. Goulding A, Rockell JEP, Black RE, Grant A, Jones I E, Williams SM. Children who avoid drinking cow's milk are at increased risk for prepubertal bone fractures. The Journal of the American Dietetic Association 104:250-253 (2004)
15.Hampton T. Experts urge early investment in bone health. The Journal of the Ameriacan Medical Association 291:811-812 (2004)
16. Hawker GA, Forsmo S, Cadarette SM, Schei B, Jaglal SB, Forsen L, Langhammer A. Correlates of forearm bone mineral density in young Norwegian women. American Journal of Epidemiology 156:418-427 (2002)
17. Heaney RP. Bone mass, nutrition, and other lifestyle factors. Nutrition Reviews 54:S3 (1996)
18. Johnston, CC, Miller JZ, Slemenda CW, Reister TK, Hui S, Christian JC, Peacock M. Calcium supplementation and increases in bone mineral density in children. The New England Journal of Medicine 327:82-87 (1992)
19. Kerstetter JE, Insogna K. Do dairy products improve bone density in adolescent girl? Nutrition Reviews 53:328-332 (1995)
20. Khosla S, Melton III LJ, Dekutoski MB, Achenbach SJ, Oberg AL, Riggs LB. Incidence of childhood distal arm fractures over 30 year: A population based study. The Journal of the American Medical Association 290: 1479-1485 (2003)
21. Kim JG, Lee E, Kim SH, Whang KY, Oh, S, Imm JY. Effects of Lactobacillus casei 393 fermented milk product on bone metabolism in ovariectomised rats. 19: 690-695 (2009)
22. Kulak CA, Bilezikian JP. Osteoporosis: Preventive strategies. International Journal of Infertility 43:56-64 (1998)
23. Lloyd T, Andon MB, Rollings N, Martel JK, Landis JR, Demers LM, Eggli DF, Kieselhorst K, Kulin HE. Calcium supplementation and bone mineral density in adolescent girls. Journal of the American Medical Association 270:841-844 (1993)
24. Matsuoka Y, Serizawa A, Yoshioka T, Yammamura J, Morita Y, Kawakami H, Toba Y, Takada Y, Kumegawa M. Cystatin C in milk basic protein (MBP) and its inhibitory effect on bone resorption in vitro. Biosci. Biotechnol. Biochem. 66: 2531-2536 (2002)

25. McBean LD, Heaney RP. Estimated healthcare savings associated with adequate dairy food intake. American Journal of Hypertension 17: 88-97 (2004)
26. Miller GD, Javis JK, McBean LD. The importance of meeting calcium needs with foods. Journal of the American College of Nutrition 20: 168S-185S (2001)
27. National Dairy Council. Building better bones with dairy foods throughout the lifecycle. Dairy Council Digest Volume 75;31-36 (2004).
28. Nishida M, Grossi SG, Donford RG, Ho AW, Trevisan M, Genco RJ. Calcium and the risk of periodontal disease. Journal of periodontal disease. Journal of Periodontol. 71:1057-1066 (2000)
29. Narva M, Collin M, Lamberg-Allardt C, Karkkainen M, Poussa T, Vapaatalo H, Koepela R. Effects of long-term intervention with Lactobacillus helveticus fermented milk on bone mineral density and bone mineral content in growing rats. Annals Nutr. Metab. 48: 228-234 (2004)
30. Power ML, Heaney RP, Kalkwalf HJ, Pitkin RM, Repke JT, Tsang RC, Schulkin J. The role of calcium in health and disease. American Journal of Obstetrics and Gynecology 81:1560-1569 (1999)
31. Soroko S, Holbrook TL, Edelstein S, Barrett-Connor E. Lifetime milk consumption and bone mineral density in older women. Am. J. Public Health 84:1319-1322 (1994)
32. Takada Y, Aoe S, Kumegawa M. Whey protein stimulated the proliferation and differentiation of osteoblastic MC3T3-E1 cells. Biochem. Biophys. Res. Commun. 223:445-449 (1996)
33. Takada Y, Kobayashi N, Kato K, Matsuyama H, Yahiro M, Aoe S. Effects of whey protein on calcium and bone metabolism in ovariectomized rats. J. Nutr. Sci. Vitaminol. 43:199-210 (1997a)
34. Takada Y, Kobayashi N, Matsuyama H, Kato K, Yamamura J, Yahiro M, Kumegawa M, Aoe S. Whey protein suppresses the osteoclast-mediated bone reseoption and osteoclast cell formation. Int. Dairy J. 7:821-825 (1997b)
35. Thys-Jacob S, Starkey P, Bernstein D, Tian J. Calcium carbonate and athe prmenstrual syndrome: Effects on prmenstrual and menstrual symptoms. Premenstrual syndrome study group. American Journal of Obstertrics and Gynecology 179:444-452 (1998)
36. Toba Y, Takada Y, Matsuoka Y, Morita Y, Motouri M, Hirai T, Suguri T, Aoe S, Kawakami H, Kumegawa M, Takeuchi A, Itabashi A. Milk basic protein promotes bone formation and suppresses bone resorption in healthy adult men. Biosci. Biotechnol. Biochem. 65:1353-1357 (2001)
37. Volek JS, Gomez AL, Scheett TP, Sharman MJ, French DN, Rubin MR, Ratamess NA, McGuigan MM, Kraemer WJ. Increasing fluid milk favorably affects bone mineral density responses to resistance training in adolescent boys. Journal of the American Dietetic Association 103:1353-1356 (2003)
38. Wahl R. Nutrition in the adolescent. Pediatric Annals 28:107-111 (1999)
39. Weaver C, Proulx WR, Heaney R. Choices for achieving adequate dietary calcium with vegetarian diet. American Journal of Clinical Nutrition 70: 543S-548S (1999)
40. Wija AH, Smit HA, Kerkhof M, deJonste JC, Gerriitsen J, Neijens HJ, Boshuizen HC, Brunekreef B. Association of consumption of products containing milk fat with reduced asthma risk in preschhool children: The PIAMA birth cohort study. Thorax 58:567-572 (2003)
41. Wood, R. 2003. Osteoporosis. pp. 94-106. In: Functional dairy products. Mattila-Sandholm T, Saarela M(eds). Woodhead Publishing Limited, Cambridge England (2003)
42. Yamamura J, Aoe S, Toba Y, Kawakami H, Kumegawa M, Itabashi A, Takada Y. Milk basic protein (MBP) increases radial bone mineral density in healthy adult women. Biosci. Biotechnol. Biochem. 66:702-714 (2002)

43. Yamamura J, Takada Y, Goto M, Kumegawa M, Aoe S. Bovine milk kininogen fragment 1.2 promotes the proliferation of osteoblastic MC3T3-E1 cells. Biochem. Biophys. Res. Commn. 269:628-632 (2000)
44. 김순례, 김미란, 정진은, 유춘희, 이종은. 우유 및 유제품 섭취시 중년여성의 골밀도에 미치는 영향. 대한골다공증학회지 2:17-23 (2004)
45. 김을상, 임경자. 한국 상용식품중 칼슘과 수산함량에 관한 연구. 한국영양학회지 10(4):292-298 (1977)
46. 김희선, 정갑희, 장동민, 김소희, 이병국. 우유를 통한 칼슘의 공급이 일부 아산시 노인여성의 골밀도에 미치는 영향. 대한영양사협회학술지 11:242-250 (2005)
47. 신윤진, 김형진, 원영준. 청소년기 골밀도와 영양. 대한골다공증학회지 4:1-10 (2006)
48. 신윤진, 신보경, 김형진, 원영준. 골다공증과 영양. 대한골다공증학회지 4:59-69 (2006)
49. 이정숙, 유춘희, 정진은. 여대생의 우유와 유제품 섭취실태 및 골밀도와의 관계 연구. 한국영양학회지 39:451-459 (2006)
50. 임지영. 우유펩타이드를 이용한 골밀도 강화기능 식품소재화 기술개발. 농림기술개발사업연구보고서 (2005)
51. 조남한. 골다공증 역학. 대한골다공증학회지 3:7-34 (2005)
52. 정연경, 김슬기, 박정우, 이경수, 배재만, 이동옥, 이주혁. 폐경전 여성에서 골밀도에 영향을 주는 인자 분석. 대한골다공증학회지 5:94-99 (2007)
53. 최지희, 김순경. 골밀도 분류에 의한 골감소증 여대생의 식사관련 요인 비교. 한국식품영양과학회지 37:869-878 (2008)
54. 한지숙, 김정희. 부산지역 청소년의 칼슘에 대한 인식 및 섭취. 한국식품영양과학회지 31:1026-1034 (2002)

제8장

1. 국민건강영양조사 제3기 조사결과 심층분석 연구 보고서, 2007. 4. 질병관리본부, 연세대학교 의과대학
2. Reaven GM. Do high carbohydrate diet prevent the development or attenuate the manifestations (or both) of syndrom X - A viewpoint strongly against. Curr. Opin .lipidol. 8: 23-27(1988)
3. Ford ES. Risks for all-cause mortality, cardiovascular disease, and diabetes associated with the metabolic syndrome. Diabetes Care 28:1769-1778(2005).
4. 2007국민건강통계. 국민건강영양조사 제4기 1차년도(2007). 보건복지가족부, 질병관리본부, 2008
5. Reimer R. Milk product intake: implications for weight control and type 2 diabetes. Can. Nurse 104:20(2008).
6. Wang L, Manson JE, Buring JE, Lee IM, Sesso HD. Dietary intake of dairy products, calcium, and vitamin D and the risk of hypertension in middle-aged and older women. Hypertension 51:1073-1079. (2008)
7. 국민건강영양조사보고서, 제3기 2005년, 영양조사 Ⅰ&Ⅱ, 보건복지부(2006)
8. Griffith LE, Guyatt GH, Cook RJ, Bucher HC, Cook DJ. The influence of dietary and nondietary calcium supplementation on blood pressure: an updated metaanalysis of randomized controlled trials. Am. J. Hypertens. 12:84-92(1999)
9. Obarzanek E, Moore TJ. Using feeding studies to test the efficacy of dietary interventions: lessons from the Dietary Approaches to Stop Hypertension trial. J Am. Diet. Assoc. 99:S9-11(1999)
10. Wolfe RR. Regulation of muscle protein by amino acids. J. Nutr.132:3219S-24S (2002).
11. Huth PJ, DiRienzo DB, Miller GD. Major scientific advances with dairy foods in nutrition and health. J. Dairy. Sci. 89:1207-21 (2006)

12. Elwood PC, Givens DI, Beswick AD, Fehily AM, Pickering JE, Gallacher J. The survival advantage of milk and dairy consumption: an overview of evidence from cohort studies of vascular diseases, diabetes and cancer. J. Am. Coll. Nutr. 27:723S-34S(2008)

제9장

1. Hoppe C, Molgaard C, Vaag A, Barkholt V, Michaelsen KF. High intakes of milk, but not meat, increase s-insulin and insulin resistance in 8-year-old boys, Eur J Clin Nutr 59:393?398(2005)
2. Berkey CS, Rockett HR, Willett WC, Colditz GA. Milk, dairy fat, dietary calcium, and weight gain: a longitudinal study of adolescents. Arch Pediatr Adolesc Med 159:543-50(2005)
3. Hoppe C, Udam TR, Lauritzen L, Molgaard C, Juul A, Michaelsen KF. Animal protein intake, serum insulin-like growth factor I, and growth in healthy 2.5-y-old Danish children, Am J Clin Nutr 80: 447- 452(2004)
4. Hoppe C, Udam TR, Lauritzen L, Molgaard C, Juul A, Michaelsen KF. Animal protein intake, serum insulin-like growth factor I, and growth in healthy 2.5-y-old Danish children, Am. J. Clin. Nutr. 80: 447- 452(2004)
5. Snijder MB, van der Heijden AA, van Dam RM, Stehouwer CD, Hiddink GJ, Nijpels G, Heine RJ, Bouter LM, Dekker JM. Is higher dairy consumption associated with lower body weight and fewer metabolic disturbances? The Hoorn Study. Am. J. Clin. Nutr. 85:989-95(2007).
6. Lawlor DA, Ebrahim S, Timpson N, Davey Smith G. Avoiding milk is associated with a reduced risk of insulin resistance and the metabolic syndrome: findings from the British Women's Heart and Health Study. Diabet. Med. 22:808-11(2005).
7. Bodo C Melnik. Permanent impairement of insulin resistance from pregnancy to adulthood: The primary basic risk factor of chronic Western diseases. Medical Hypothesis 73: 670-681(2009)
8. M Pfeuffer, J Schrezenmeir. Mlik and the metabolic syndrome. Obesity review. 8: 109-118(2006)
9. Wennersberg MH, Smedman A, Turpeinen AM, Retterstφ K, Tengblad S, Lipre E, Aro A, Mutanen P, Seljeflot I, Basu S, Pedersen JI, Mutanen M, Vessby B. .Dairy products and metabolic effects in overweight men and women: results from a 6-mo intervention study. Am. J. Clin. Nutr. 90:960-968. Epub(2009)
10. Luhovyy BL, Akhavan T, Anderson GH. Whey proteins in the regulation of food intake and satiety. J Am Coll Nutr. 26:704S-712S(2007).
11. Faghih S, Abadi AR, Hedayati M, Kimiagar SM. Comparison of the effects of cows' milk, fortified soy milk, and calcium supplement on weight and fat loss in premenopausal overweight and obese women. Nutr Metab Cardiovasc Dis. 11: [Epub ahead of print](2010)
12. Wang Y, Jones PJ. Dietary conjugated linoleic acid and body composition.. Am. J. Clin. Nutr .79:1153S-1158S(2004) .
13. Houseknecht KL, Van den Heuvel JP, Moya-Camarena SY et al. Dietary conjugated linoleic acid normalizes impaired glucose tolerance in the Zucker diabetic fatty fa/fa rat. Biochemical and Biophysical Research Communications 247: 911-911(1998).
14. Park YM, Pariza W. Mechanisms of body composition by conjugatd linoleic acid (CLA). Food International Research 40: 311-323(2007).
15. Leigh E Norris, Angela L Collene, Michelle L Asp, Jason C Hsu, Li-Fen Liu, Julia R Richardson, Dongmei Li, Doris Bell, Kwame Osei, Rebecca D Jackson, and Martha A Belury. Comparison of

dietary conjugated linoleic acid with safflower oil on body composition in obese postmenopausal women with type 2 diabetes mellitus. Am. J. Clinical Nutrition 90 : 468 - 476(2009).

16. Leah D Whigham, Abigail C Watras, and Dale A Schoeller. Efficacy of conjugated linoleic acid for reducing fat mass: a meta-analysis in humans. Am. J. Clinical Nutrition 85: 1203 - 1211(2007).
17. Larsen TM, Toubro S, Astrup A. Efficacy and safety of dietary supplements containing CLA for the treatment of obesity: evidence from animal and human studies. J. Lipid Res 44:2234-2241. Epub (2003)

제10장

1. Akalin AS, Gonc S, Duzel S. Influence of yogurt and acidophilus yogurt on serum cholesterol levels in mice. J. Dairy Sci. 80: 2721-2725 (1997)
2. Buonopane GJ, Kilara A, Smith JS, McCarthy RD. Effect of skim milk supplementation on blood cholesterol concentration, Blood pressure, and triglycerides in a free-living human population. J. Am. Coll. Nutr. 11(1): 56-67 (1992)
3. Gerrior S, Bente L. Nutrient content of the U.S. food supply, 1909-94, U.S. Department of agriculture, center for nutrition policy and promotion, Home economics research report No.53,(1997)
4. Ginsberg HN, Barr S, Johnson C, Karmally W, Holleran S, Ramakrishnan R. Comparisionof of the effects AHA step 1diets enriched in dairy ,meat, or coconut oil products on plasma lipids and lipoproteins in nomal men,circulation,86(4), *I* -404,(1992)
5. Hepner G, Fried R, St. Jeor S, Fusetti L, Morin R. Hypocholesterolemic effect of yoghurt and milk. Am. J. Clin. Nutr. 32: 19-24 (1979)
6. Hegsted DM, Mcgandy RB, Myers ML, Stare FJ. Quantitative effects of dietary fat on serum cholesterol in man. Am. J. Clin. Nutr. 17: 281-295 (1965)
7. Katan MB. High-oil compared with low-fat, high-carbohydrate diets in the prevention of ischemic heart disease. Am. J. Clin. Nutr. 66: 974S-979S (1997)
8. Key A, Anderson JT, Grande F. Serum cholesterol response to changes in the diet: Ⅳ. Particular saturated fatty acids in the diet. Metab. Clin. Exp. 14: 776-787 (1965)
9. Kris-Etherton PM, Yu S. Individual fatty acid effects on plasma lipids and lipoproteins: human studies. Am. J. Nutr. 65: 1628S-1644S (1997)
10. Kris-Etherton PM, Derr J, Mitchell DC, Mustad VA, Russell ME, McDonnell ET, Salabsky D, Pearson TA. The role of fatty acid saturation on plasma lipids, lipoproteins, and apolipoproteins: Ⅰ. Effects of whole food diets high in cocoa butter, and milk chocolate on the plasma lipids of young men. Metabolism. 42(1): 121-129 (1993)
11. Kritchevsky D, Tepper SA, Morrissey RB, Czarnecki SK, Klurfeld DM. Influence of whole or skim milk on cholesterol metabolism in rats. Am. J. Clin. Nutr. 32: 597-600 (1979)
12. Lee KN, Kritchevsky D, Pariza MW. Conjugated linoleic acid and atherosclerosis in rabbits. Atherosclerosis. 108: 19-25 (1994)
13. Mann GV, Spoerry A. Studies of a surfactant and cholesteremia in the Maasai. Am. J. Clin. Nutr. 27: 464-469 (1974)
14. Meinertz H, Nilausen K, Faergeman O. Soy protein and casein in cholesterol-enriched diets: effects on plasma lipoproteins in normolipidemic subjects. Am. J. Clin. Nutr. 50: 786-793 (1989)

15. McNamara DJ. Dietary fatty acids,lipoproteins, and cardiovascular disease. Advances in Food and Nutrition Res.36: 253 (1992)
16. McNamara DJ. Cholesterol intake and plasma cholesterol: an update. J. Am. Coll. Nutr. 16: 530-534 (1997)
17. McNamara DJ, Lowell AE, Sabb JE. Effect of yogurt intake on plasma lipid and lipoprotein levels in normolipidemic males. Atherosclerosis 79: 167-171 (1989)
18. Nicolosi RJ, Rogers EJ, Kritchevsky D, Scimeca JA, Huth PJ. Dietary conjugated linoleic acid reduces plasma lipoproteins and early aortic atherosclerosis in hypercholesterolemic hamsters. Artery, 22(5): 266 (1997)
19. Richardson T. The hypocholestermic effect of milk-a review. J. Food Protect. 41: 226 (1978)
20. Schaefer EJ, Lichtenstein AH, Lamon-Fava S, McNamara JR, Schaefer MM, Rasmussen H, Ordovas M. Body weight and low-density lipoprotein cholesterol changes after consumption of a low-fat ad libitum diet. JAMA. 274: 1450-1455 (1995)
21. Subar AF, Krebs-smith SM, Cook A, Kahle LL. Dietary sources of nutrients among US children, 1989-1991. Pediatrics. 102; 913-923 (1998)
22. Thakur CP, Jha AN. Influence of milk, yoghurt and calcium on cholesterol induced atherosclerosis in rabbits. Atherosclerosis. 39: 211-215 (1981)
23. Tompson LU, Jenkins DJA, Amer MAV, Reichert R, Jenkins A, Kamulsky J. The effect of fermented and unfermented milks on serum cholesterol. Am. J. Clin. Nutr. 36: 1106-1111 (1982)
24. Wood R, Kubena K, O'Brien B, Tseng S, Martin G. Effect of butter, mono and polyunsaturated fatty acid-enriched butter, trans fatty acid margarine, and zero trans fatty acid margarine on serum lipids and lipoproteins in healthy men, J. Lipid Res. 34(1): 1-11 (1993)
25. Zommara M, Tachibana N, Sakono M, Suzuki Y, Oda T, Hashiba H, Imaizumi K. Whey from cultured skim milk decreases serum cholesterol and increases antioxidant enzymes in liver and red blood cells in rats. Nutr. Res. 16(2): 293-302 (1996)
26. 牛乳と健康, 日本 全國牛乳普及協會 (2004)

제 11 장

1. Banoczy J, Ritlop B, Solymosi G, Gombik A, Adatia A. Anticariogenic effects of fluoridated milk and water in rats. Acta Physiol. Hungarica. 76(4): 341-346 (1990)
2. Bowen WH, Pearson SK, Van Wuyckhuyse BC, Tabak LA. Influence of milk, lactose-reduced milk, and lactose on caries in desalivated rats. Caries Res. 25(4): 283-286 (1991)
3. Dodds MW, Edgar WM. The relationship between plaque pH, plaque acid anion profiles, and oral carbohydrate retention after ingestion of several "reference foods" by human subjects. J. Dent. Res. 67(5): 861-865 (1988)
4. Edgar, WM, Bowen WH, Amsbaugh S, Monell-Torrens E, Brunelle J. Effects of different eating patterns on dental caries in the rat. Caries Res. 16: 384-389 (1982)
5. Gedalia I, Ben-Mosheh S, Biton J, Kogan D. Dental caries protection with hard cheese consumption. Am. J. Dentistry. 7: 331-332 (1994)
6. Jeffcoat MK, Reddy MS, DeCarlo AA. Oral bone loss and systemic osteopenia. In: Marcus R, Feldman D, Kelsey J (eds) Osteoporosis. Academic press. New York. pp. 969-990 (1996)
7. Jensen ME, Wefel JS. Effects of processed cheese on human plaque pH and demineralization

and remineralization. Am. J. Dent. 3(5): 217–223 (1990)

8. Krobicka A, Bowen WH, Pearson S, Young DA. The effects of cheese snacks on caries in desalivated rats. J. Dent. Res. 66(6): 1116–1119 (1987)
9. Marino R. Should we use milk fluoridation? A review. Bull. PAHO. 29(4): 287–298 (1995)
10. Papas AS, Joshi A, Palmer CA, Giunta JL, Dwyer JT. Relationship of diet to root caries. Am. J. Clin. Nutr. 61: 423S–429S (1995)
11. Papas AS, Joshi A, Belanger AJ, Kent Jr. RL, Palmer CA, Depaola PF. Dietary models for root caries. Am J. Clin. Nutr. 61: 417S–422S (1995)
12. Petti S, Simonetti R, Simonetti D'Arca A. The effects of milk and sucrose consumption on caries in 6–to–11–year–old Italian schoolchildren. Eur. J. Epidemiol. 13: 659–664 (1997)
13. Rugg–Gunn AJ, Hackett AF, Appleton DR. Jenkins GN, Eastoe JE. Relationship between dietary habits and caries increment assessed over two years in 405 English adolescent school children. Archs. Oral Biol. 29: 983–992 (1984)
14. Schachtele CF, Harlander SK. Will the diets of the future be less cariogenic? J. Canad. Dent. Assoc. 3: 213–219 (1984)
15. Thomson ME. Effects of cheese, breadcrumbs, and a breadcrumb and cheese mixture on microhardness of bovine dental enamel intraoral experiments. Caries Res. 22: 246–249 (1988)
16. Thomson ME. Effect of fruit juice, with or without 1% added whey mineral, on bovine dental enamel in intraoral experiments. Caries Res. 24(5): 334–336 (1990)

제 12 장

1. Beltrani VS. The clinical of atopic dermatitis. J. Allergy Clin. Immunol. 104, S87–98 (1999)
2. Moon EK, Bae HC, Renchinthan G, Nam MS. The relationship between food allergen sensitization and allergic disease in childhood. Korean J. Food Sci. Ani. Resour. 27: 337–344 (2007)
3. Metcalf DD. Sampson HA. Simon RA. Food Allergy: Adverse Reactions to Foods and Food Additives. 32. Natural history and prevention of food hypersensitivity pp425–437. 33. Diets and Nutrition pp438–453. (2003)
4. Kaminogawa Shuichi. Food Allergy. Kodansha. Toyko. Japan (1992)
5. Goldsby RA, Kindt TJ, Osborne BA, Kuby J Ed., Immunology. W. H. Freeman and Company. pp361–367 (2003)
6. Pessler F, Nejat M. Anaphylactic reaction to goat's milk in a cow's milk–allergic infant. Pediatr Allergy Immunol. 15: 183–185 (2004)
7. Dearman RJ, Kimber I. Food Allergy and Intolerance, Emerton V Ed.,. RS · C. pp14–63 (2002)
8. Zuberbier T, Edenharter G, Worm M, Ehlers I, Reimann S, Hantke T, Roehr CC, Bergmann KE, Niggermann B: Prevalence of adverse reactions to food in Germany – a population study. Allergy. 59:338–345 (2004)
9. Host, A, and Halken, S. A prospective study of cow milk allergy in Danish infants during the first 3 years of life. Clinical course in relation to clinical and immunological type of hypersensitivity reaction. Allergy. 45: 587–596 (1990)
10. Ibero M, Bone J, Martin B, Martinez J. Evaluation of extensively hydrolyzed casein

formula(Damira 2000 R) in children with allergy to cow's milk proteins. Allergol Immunopathol. (2009)

11. Wal JM. Bernard H. Yvon M. Peltre G. David B. Creminon C. Frobert Y. Grassi, J. Enzyme immunoassay of specific human IgE to purified cow's milk allergens. Food Agri. Immunol. 7: 175-187 (1995)
12. Yamauchi K, Kaminogawa S. Food allergens and their antigenic structure. Nippon Shokuhin Kogyo Gakkaishi. 33: 537-545 (1986)
13. 22. Penas E, Prestamo G, Polo F, Gomez R. Enzymatic proteolysis, under high pressure of soybean whey: analysis of peptides and the allergen Gly m 1 in the hydrolysates. Food Chemistry. 99: 569-573 (2006b)
14. Holzhauser T, Wackermann O, Ballmer-Weber BK, Bindslev-Jensen C, Scibilia J, Perono-Garoffo L, Utsumi S, Poulsen LK, Vieths S. Soybean(Glycine max) allergy in Europe: Gly m 5 (beta-conglycinin) and Gly m 6(glycinin) are potential diagnostic markers for severe allergic reactions to soy. J Allergy Clin Immunol. 123: 452-458 (2009)
15. Grundy J, Bateman B. Gant C, Matthews S. Dean, T. Arshad, H. Peanut allergy in three year old children - a population based study. J. of Allergy and Clinical Immunology. 107: S231 (2001)
16. Hourihane JO'B. Roberts SA. Warner JO. Resolution of peanut allergy:case-control study. British Medical Journal. 316: 1271-1275 (1998)
17. Hourihane, JO'B. Kilburn SA. Dean TP. Warner JO. Clinical characteristics of peanut allergy. Clinical and Experimental Allergy. 27: 634-639 (1997)
18. Penas E, Prestamo G, Baeza ML, Martinez-Molero Mi. Gomez R. Effects of combined high pressure and enzymatic treatments on the hydrolysis and immunoreactivity of dairy whey proteins. International Dairy Journal. 16: 831-839 (2006a)
19. Marai Saarela. Functional Dairy Products. 10. Hypoallergenic hydrolysates for the prevention and treatment of cow's milk allergy. 214-261. Volume 2. CRC press. New York. USA. (2007)
20. Ohlsson T, Bengtsson N. Microwave technology and foods. Advances in Food and Nutrition Research. 43,: 65-140 (2001)
21. Hauer AC, Riederer M, Griessel A, Rosegger H, MacDonald TT. Cytokine production by cord blood monocular cells stimulated with cow's milk proteins in vitro : interleukin-4 and transforming growth factor β-secreting cells detected in the CD45RO T cell population in children of atopic mothers. Clin Exp Allergy. 33: 615-623 (2003)
22. American Academy of Pediatrics Committee on Nutrition. Hypoallergenic Infant Formulas. Pediatr 106, 346-349 (2000)
23. Fiocchi A, Martelli A, De Chiara A, moro G, Warm A, Terracciano L. Primary dietary prevention of food allergy. Ann Allergy Asthma Immunol. 91: 3-13 (2003)
24. Kalliomaki M, Salminen S, Poussa T, Arvilommi H, Isolauri E. Probiotics and prevention of atopic disease. 4-year follow-up of a randomised placebo-controlled trial. Lancet. 361: 1869-1871 (2003)
25. Crittenden R, Little C, Georgiou G, Forsyth S, Bennett L. Bulletin of the International Dairy Federation 417. The Health Benefits of Milk and Dairy Products. 6. Cow's milk allergy:a complex disorder. 62-71 (2007)
26. Dupon C, De Boissieu D. Formula feeding during cow's milk allergy. Minerva Pediatrica 55: 209-216 (2003)
27. Pessler F, Nejat M. Anaphylactic reaction to goat's milk in a cow's milk-allergic infant. Pediatr

Allergy Immunol. 15: 183–185 (2004)
28. Walker–Smith J. Hypoallergenic formulas: are they really hypoallergenic? Annal Allergy Asthma Immunol. 90: 112–114 (2003b)

제 13 장

1. Knowles G, Gill HS. Handbook of Functional Dairy Products. Shortt C. and J. O'Brien Ed.,. CRC press, p126 (2004)
2. Gill HS. Functional Dairy Products. Saarela M Ed., CRC press. p139 (2007)
3. Cross ML and Gill, H.S. Immunomodulatory properties of milk. Br. J. Nutr. 84 (Supplement No. 1) S81–S89 (2001a)
4. Gill HS. Dairy products and immune health, in Functional Foods 2000, Angus, F. and Miller, C. (Eds.), Leatherhead Publishing, Surrey, U.K., 268–284 (2000)
5. Otani H. Effects of bovine milk proteins on the phagocytic property and formation of nitrite by mouse peritoneal macrophages, Anim. Sci. Technol. 65: 423–431 (1994)
6. Meisel H, FitzGerald RJ. Opioid peptides encryted in intact milk protein sequences. Br. J. Nutr. 84: S27–S31 (2000)
7. Meisel H. Biochemical properties of regulatory peptides derived from milk proteins. Biopolymers. 43, 119–128 (1997)
8. Kitazawa H, Yonezawa K, Tohno M, Shimosato T, Kawa Y, Saito T, Wang JM. Enzymatic digestion of the milk protein β–casein release potent chemotactic peptides monocyte and macrophages. Int. Immunopharmacol. 7: 1150–1159 (2007)
9. Jolles PM. Immunostimulant subseances derived from bovine casein and compositions containing the same. U.S. Patent 4: 777–243 (1998)
10. Low P, Rutherfurd KJ, Cross ML, Gill HS. Enhancement of mucosal antibody responses by dietary whey protein concentrate. Food Agric. Immunol. 13: 255–264 (2002)
11. Watanabe A. Okada K, Shimizu Y, Wakabayashi H, Higuchi K, Niiya J, Kuwabara Y, Yasuyama T, Ito H, Tsukishiro T, Kondoh Y, Emi N, Kohri H. Nutritional therapy of chronic hepatitis by whey protein (non–heated), J. Med. 31: 283–302 (2000)
12. Bordenave S, Sannier F. Ricart G, Piot JM. Continuous hydrolysis of goat whey in an ultrafiltration reactor: generation of alpha–lactorphin, Prep.Biochem. Biotechnol. 29: 189–202 (1999)
13. Matsumoto H, Shimokawa Y, Ushida Y, Toida, Hayasawa H. New biological function of bovine alpha– lactalbumin: protective effect against ethanol–and stressinduced gastric mucosal injury in rats. Biosci. Biotechnol. 65: 1104–1111 (2001)
14. Pecquet S, Bovetto L, Maynard F, Fritsche R. Peptides obtained by tryptic hudrolysis of bovine beta–lactoglobulin induce specific oral tolerance in mice. J. Allergy Clin. Immunol. 105: 514–521 (2000)
15. Zimecki M, Spiegel K, Wlaszczyk A, Kubler A, Kruzel ML. Lactoferrin increases the output of neutrophil precursors and attenuates the spontaneous produc–tion of TNF–alpha and IL–6 by perophereal blood cells.Arch. Immunol. Ther. Exp. 47:113–118 (1999)
16. Shimizu K, Matsuzawa H, Okada K, Tazume S, Dosako S, Kawasaki Y, Hashimoto K, Koga Y. Lactoferrin–mediated protection of the host from murine cytomegalovireus infection by a T–cell–dependent augmentation of naturl killer cell activity. Arch. Virol. 141: 1875–1889 (1996)
17. Spadaro M, Caorsi C, Ceruti P, Varadhachary A, Forni G, Pericle F, and Giovarelli M.

Lactoferrin, a major defense protein of innate immunity, is a novel maturation factor for human dendritic cells. FASEB J. 22: 2747-2757 (2008)

18. Casswall TH., Sarker SA, Albert MJ, Fuchs GJ, Bergstrom M, Bjorck L, Hammarstrom L. Treatment of Helicobacter pylori infection in infants in rural Bangladesh with oral immunoglobulins from hyperimmune bovine colostrum. Aliment. Pharmacol. Ther. 12: 563-568 (1998)
19. Spirer Z, Zakuth V, Tzehoval E, Dagan S, Fridkin M, Golander A, Mealamed I. Tuftsin stimulates IL-1 production by human mononuclear cells, human spleen cells and mouse spleen cells in vitro. J. Clin. Lab. Immunol. 28: 27-31(1989)
20. Gill HS. Functional Dairy Products. Saarela M Ed., CRC press. p139 (2007)
21. Cheun BS, Lee MY. Cancer cell line sensitive to toxins extracted from Kombucha(fungi) green tea and soybean milk. Korean J. Biotechnol. Bioeng. 17: 452-455 (2002)
22. Sekine K, Watanabe E, Nakamura J, Takasuka N, Kim DJ, Asamoto M, Krutovskikh V, Baba-Toriyama H, Ota T, Moor MA, Masuda M, Sugimoto H, Nishino H, Kakizoe T, Tsuda H. Inhibition of azoxymethane-initiated colon tumor by bovine lactoferrin administration in F344 rats. Jpn. J. Cancer Res. 88: 523-526 (1997)
23. Drobni P, Naslund J, Evander M. 2004. Lactoferrin inhibits human papillomavirus binding and uptake in vitro. Antiviral Res. 64: 63-68 (2004)
24. Chandra Mohan KV, Kumaraguruparan R, Prathiba D, Nagini S. Modulation of xenobiotic-metabolizing enzymes and redox status during chemoprevention of hamster buccal carcinogenesis by bovine lactoferrin. Nutrition. 22: 940-946 (2006)
25. Chandra Mohan KV, Gunasekaran P, Varalakshmi E, Nagini S. In vitro evaluation of the anticancer effect of lactoferrin and tea polyphenol combination on oral carcinoma cells. Cell Biol Int. 31: 599-608 (2007)
26. Freiburghaus C, Janicke B, Lindmark - M sson H, Oredsson, S.M, and Paulsson M.A. Lactoferrin treatment decreases the rate of cell proliferation of a human colon cancer cell line. J. Dairy Sci. 92, 2477-2484 (2009)
27. Rammer P, Groth-Pedersen L, Kirkegaard T, Daugaard M, Rytter A, Szyniarowski P, Hoyer-Hansen M, Povisen LK, Nylandsted J, Larsen JE, Jaattela M. BAMLET activates a lysosomal cell death program in cancer cells. Mol Cancer Ther. 9: 24-32 (2010)
28. Castro GA, Maria DA, Bouhallab S, Sgarbieri VC. In Vitro impact of a whey protein isolate (WPI) and collagen hydrolysates (CHs) on B16F10 melanoma cells proliferation. J. Dermatol. Sci. 56:51-57 (2009)
29. Shiraishi R, Iwakiri R, Fujise T, kakimoto T, Takashima T, Sakata Y, Tsunada S, Nakashima Y, Yanagita T, Fujimoto K. Conjugated linoleic acid suppresses colon carcinogenesis in azoxymethane-pretreated rats with long-term feeding of diet containing beef tallow. J. Gastroenterol. (2010)
30. Kulkarni AG and Karlsson S. Transforming growth factor-beta 1 knockout mice. A mutation in one cytokine gene causes a dramatic inflammatory disease. Am J. Pathol. 143, 3-9 (1993)
31. Owens WE and Nickerson SC. Evaluation of an anti-inflammatory factor derived from hyperimmunized cow. Proc. Soc. Exp. Biol. Med. 190: 79-86 (1989)
32. Fell JM, Paintin M, Arnaud-Battandier F, Beattie RM, Hollis A, Kitching P, Donnet-Hughes A, MacDonald TT, Walker-Smith JA, Mucosal healing and afall in mucosal proinflammatory

cytokine mRNA induced by a specific oral polymeric diet in pediatric Crohn's disease, Aliment. Pharmacol. Ther. 14: 281-289 (2000)

제 14 장

1. Park YW. Bioactive components in milk and dairy products. Wiley-Blackwell, Iowa, USA (2009)
2. Korhonen H, Pihlanto A. Technological options for the production of health-promoting proteins and peptides derived from milk and colostrum. Current Pharm. Des. 13: 829-843 (2007a)
3. Silva SV, Malcata FX. Casein as source of bioactive peptides. Int. Dairy J. 15: 1-15 (2005)
4. Etzel MR. Manufacture and use of dairy protein fractions. J. Nutr. 134: 996S- 1002S (2004)
5. Lozano JM, Giraldo GI, Romero CM. An improved method for isolation of β-lactoglobulin. Int. Dairy J. 18: 55-63 (2008)
6. Kitts DD, Weiler K. Bioactive proteins and peptides from food source. Applications of bioprocesses used in isolation and recovery. Current Pharm. Des. 9: 1309-1323 (2003)
7. Korhonen H, Pihlanto A. Food-derived bioactive peptides - opportunities for designing future food. Current Pharm. Des. 9: 1297-1308 (2003)
8. Fitzerald RJ, Murray BA, Walsh DJ. Hypotensive peptides from milk proteins. J. Nutr. 134: 980S-988S (2004)
9. Teschemacher H, Koch G, Brantl V. Milk protein-derived opioid receptor ligands. Biopolimers. 43: 99-117 (1997)
10. Loukas L, Varoucha D, Zioudrou R, Straty A, Klee WA. Opioid activities and structure of alpha-casein-derived exophins. Biochem. 22: 4567-4573 (1983)
11. Akuzawa R, Miura T, Kawakami H. Bioactive components in caseins, caseinates, and cheeses. pp 217-234. In:Bioactive components in milk and dairy products. Wiley-Blackwell, Iowa, USA (2009)
12. Minors DS. Homeostasis, blood platelets and coagulation. Anaesthesia Inten. Care Med. 8: 214-216 (2007)
13. Jolles P, Loucheux-Lefebvre MH, Henschen A. Structural relatedness of κ-casein and fibrinogen γ-chain J. Mol. Evol. 11: 271-277 (1978)
14. Jolles P, Parker F, Floc'h F, Migliore D, Alliel P, Zerial A, Werner GG. Immunostimulating substances from human casein. J. Immunopharmacol. 3: 363-369 (1981)
15. Migliore-Samour D, Floc'h F, Jolles P. Biologically active casein peptides implicated in immunomodulation. J. Dairy Res. 56: 357-362 (1989)
16. Hata I, Udea J, Otani H. Immunostimulatory action of a commercially available casein phosphopeptide preparation, CPP-Ⅲ, in cell cultures. Milchwissenschaft. 54: 3-7 (1999)
17. Zucht HD, Raida M, Adermann K, Magert HJ, Forssman WG. Casocidin-I: A casein -derived peptide exhibits antibacterial activity. FEBS Lett. 372: 185-188 (1995)
18. Recio I, Visser S. Two ion-exchange methods for the isolation of antibacterial peptides from lactoferrin - in situ enzymatic hydrolysis on an ion-exchange membrane. J. Chromatogr. 831: 191-201 (1999)
19. Lavoh E, Regelson W. Antibacterial and immunostimulating casein-derived substances from milk: casocidin, isracidin peptides. Food Chem. Toxicol. 34: 131-145 (1996)
20. Reynolds EC. Remineralization of enamel subsurfaces lesions by casein phosphopeptidestabilized calcium phosphate solutions. J. Dent. Res. 76: 1272-1279 (1997)

21. Higurash S, Kunieda Y, Matsuyama H, Kawakami H. Effect of cheese consumption on the accumulation of abdominal adipose and decrease in serum adiponectin levels in rats fed a calorie dense diet. Int. Dairy J. 17: 1224-1231 (2007)
22. Pouliot Y, Gauthier SF. Milk growth factors as health products: some technical aspects. Int. Dairy J. 16: 1415-1420 (2006)
23. Gautheir SF, Pouliot Y, Saint-Sauveur D. Immunomodulatory peptides obtained by the enzymatic hydrolysis of whey proteins. Int. Dairy J. 16: 1315-1323 (2006b)
24. Donet-Hughes A, Duc N, Serrant P, Vidal K, Schiffrin EJ. Bioactive molecules in milk and their role in health and disease: the role of transforming growth factor-β. Immunol. Cell Biol. 78: 74-79 (2000)
25. Playford RJ, MacDonald CE, Johnson WS. Colostrum and milk-derived peptide growth factors for the treatment of gastrointestinal disorders. Am. J. Clin. Nutr. 72: 5-14 (2000)
26. Korhonen HJ. Bioactive components in bovine milk. pp 15-42. In:Bioactive components in milk and dairy products. Wiley-Blackwell, Iowa, USA (2009)

제15장

1. Wells AS. The role of milk in the British diet. Int. J. Dairy Technol. 54: 130-134 (2001)
2. Barrett E, Stanton C, Fitzgerald G, Ross RP. Biotechnology of food cultures for the nutritional enhancement of milk and dairy products. pp 255-274. In:Handbook of Functional Dairy Products. CRC Press, Washington, DC, USA (2004)
3. Bolotin A, Wincker P, Mauger S, Jailon O, Malarme K, Weissenenbach J, Ehrlich SD, Sorokin A. The complete genome sequence of the lactic acid bacterium Lactococcus lactis ssp. lactis IL1403. Genome Res. 11:731-753 (2001)
4. Ruas-Madiedo P, Hugenholtz J, Zoon P. An overview of the functionality of exopolysaccharides produced by lactic acid bacteria. Int. Dairy J. 12: 163-171 (2002)
5. Fuglsang A, Nilsson D, Nyborg NC. Cardiovascular effects of fermented milk containing angiotensin-converting enzyme inhibitors evaluated in permanently catheterized, spontaneously hypertensive rats. Appl. Environ. Microbiol. 68: 3566-3569 (2002)
6. Sipola M, Finckenberg P, Korpela R, Vapaatalo H, Nurminen ML. Effect of long-term intake of milk products on blood pressure in hypertensive rats. J. Dairy Res. 69: 103-111 (2002)
7. Kepler CR, Hirons KP, McNeill JJ, Tove SB. Intermediates and products of the biohydrogenation of linoleic acid by Butyrinvibrio fibrisolvens. J. Biol. Chem. 241: 1350-1354 (1966)
8. Jiang J, Bjorck L, Fonden R. Production of conjugated linoleic acid by dairy starter cultures. J. Appl. Bacteriol. 85: 95-102 (1998)
9. Ames BN. Effects of fermentation in B-vitamin content in milk in Sweden. J. Dairy Sci. 65: 353-359 (1999)
10. Lin TY, Lin CW, Lee CH. Conjugated linoleic acid concentration as effected by lactic cultures and added linoleic acid. Food Chem. 67: 1-5 (1999)
11. Kishino S, Ogawa J, Omura Y, Matsumura K, Shimizu S. Conjugated linoleic acid production from linoleic acid by lactic acid bacteria. J. Am. Oil Chem. Soc. 79: 159-163 (2002)
12. Coakley M, Ross RP, Nordgren M, Fitzgerald G, Dever R, Stanton C. Conjugated linoleic acid biosynthesis by human-derived Bifidobacterium species. J. Appl. Microbiol. 94: 138-145 (2003)

13. Lin MY, Young CM. Folate levels in cultures of lactic acid bacteria. Int. Dairy Sci. 10: 409-413 (2000)
14. Collins K. Folic acid supplement provided useful benefits. Better Nutr. Today's Living. 56: 18-19 (1994)
15. Morrison HI, Schaubel D, Desmeules M, Wigle DT. Serum folate and risk of fatal coronary heart disease. JAMA. 275: 1893-1896 (1996)
16. Smid EJ, Starrenburg M, Mireau I, Sybesma W, Hugenholtz J. Increase of folate levels in fermented foods. Innovations Food Technol. 13-15 (2001)
17. Bullerman LB, Berry EC. Use of cheese whey for vitamin B12 production. 3. Growth studies and dry-weight activity. Appl. Microbiol. 14: 358-360 (1966a)
18. Bullerman LB, Berry EC. Use of cheese whey for vitamin B12 production. I. Whey solids and yeast extract levels. Appl. Microbiol. 14: 353-358 (1966b)
19. Hunik J. Process for the production of vitamin B12. United States Patent US 6,492,141, B1, Netherlands: DSM, NV (2002)
20. Conly JM, Stein K. The production of menaquinones vitamin K2 by intestinal bacteria and their role in maintaining coagulation homeostasis. Prog. Food Nutr. Sci. 16: 307-343 (1992)
21. Morishita T, Tamura N, Makino T, Kudo S. Production of menaquinones by lactic acid bacteria. J. Dairy Sci. 82: 1897-1903 (1999)
22. Vandamme EJ, Van Loo J, De Laporte A. Dynamics and regulation of sucrose phosphorylase formation in Leuconostoc mesenteroides fermentations. Biotechnol. Bioeng. 29: 8-15 (1987)
23. Neves AR, Ramos A, shearman C, Gasson MJ, Almeida JS, Santos H. Metabolic characterization of Lactococcus lactis deficient in lactate dehydrogenase using in vivo 13C-NMR. Eur. J. Biochem. 267: 3859-3868 (2000)
24. Kleerebezen M, Beerthuyzen MM, Vaughan EE, de Vos W, Kuipers OP, Conrolled gene expression system for lactic acid bacteria: transferable nicin inducible expression cassettes for Lactococcus, Leuconostoc and Lactobacillus spp. Appl. Environ. Microbiol. 63: 4581-4584 (1997)
25. Eichenbaum Z, Federle MJ, Marra D, de Vos WM, Kuipers OP, Kleerebezem M, Scott JR. Use of the lactococcal nisA promoter to regulate gene expression in Gram-positive bacteria: comparison of induction level and promoter strength. Appl. Environ. Microbiol. 64: 2763-2769 (1998)
26. Hols P, Kleerebezem M, Schanck AN, Ferain T, Hugenholtz J, Delcour J, de Vos WM. Conversion of Lactococcus lactis from homolactic to homoalanine fermentation through metabolic engineering. Nat. Biotechnol. 17: 588-592 (1999)
27. Brabetz W, Liebl W, Schleifer KH. Studies on the utilization of lactose by Corynebacterium glutamicum, bearing the lactose operon of Escherichia coli. Arch. Microbiol. 155: 607-612 (1991)
28. Hosono A, Lee J, Ametani A, Natsume M, Hirayama M, Adachi T, Kaminogawa S. Characterization of a water-soluble polysaccharide fraction with immunopotentiating activity from Bifidobacterium adolescentis M101-4. Biosci. Biotechnol. Biochem. 61: 312-316 (1997)
29. Kitazawa H, Toba T, Kumano N, Adachi S, Yamaguchi T. Antitumoral activity of slime forming encapsulated Lactococcus lactis ssp. cremoris isolated from Scandinavian ropy sour milk villi. Anim. Sci. Technol. 62: 277-283 (1991)
30. Nakajima S, Suzuki Y, Kaizu H, Hirota T. Cholesterol lowering activity in ropy fermented milk. J. Food Sci. 57: 1327-1329 (1992)
31. van Kranenburg R, van Swam I, Marugg JD, Kleerebezen M, de Vos W. Exopolysaccharide

biosynthesis in Lactococcus lactis NIZO B40: functional analysis of the glycosyltransferasegenes involved in synthesis of the polysaccharide backbone. J. Bacteriol. 181: 338–340 (1999a)
32. van Kranenburg R, Vos HR, van Swam II, Kleerebezen M, deVos WM. Functional analysis of glycosyltransferase genes from Lactococcus lactis and other Gram - positice cocci: complementation, expression, and diversity. J. Bacteriol. 181: 6347–6353 (1999b)
33. Germond JE, Delley M, D'Amico N, Vincent SJ. Heterologous expression and characterization of the exopolysaccharide from Streptococcus thermophilus Sfi39. Eur. J. Biochem. 268: 5149–5156 (2001)
34. Fu JF, Tseng YH. Constructin of lactose utilizing Xanthomonas campestris and production of xanthan gum from whey. Appl. Environ. Microbiol. 56: 919–923 (1990)
35. Sybesma W, Hugenholtz J, Mierau I, Starrenburg M, Kleerebezen M, de Vos W. Production of bioavailable folic acid. World Intellectual Property Organization. Wo 02/097063 A1, 1–30, Netherlands, Jorritsma R. (2002)

우유 한잔의 과학

1판 2쇄 | 2010년 5월 24일

지은이 | 유(乳)과학연구회
발행인 | 이승호
편집인 | 윤성식
일러스트 | 석금동
디자인 | 김영애

펴낸곳 | (주)드림디앤디
주소 | 서울시 중구 묵정동 31-2번지 2층
편집문의 | 02-2268-6940
홈페이지 | www.dreamdnd.com
등록 | 제 301-2008-088 호

ISBN 978-89-961013-5-2
값 15,000원